이공계 학생을 위한

Maple 길잡이

최재룡 · 전영국 · 추인선 지음

KYOWOO CO. Publishing 敎友社

머리말

Maple은 1980년에 캐나다 Waterloo 대학의 Geddes와 Gonnet 교수에 의해 처음으로 개발된 기호연산시스템으로 기호를 포함하는 수식이나 방정식 등을 대수적으로 처리하는 능력을 갖는 획기적인 프로그램이다. 그 이후 많은 발전을 거듭한 후 1990년에 3D 컬러 그래픽스를 지원하는 Maple V와 1999년에는 Maple 6, 2001년에는 Maple 7이 출시되었다. 그리고 2006년에 이르러 새로운 인터페이스와 기능을 갖춘 Maple 10이 등장하였으며 2007년에 후속 버전인 Maple 11이 그 뒤를 이었다.

Maple은 미적분, 미분방정식, 정수론, 조합론, 행렬 및 행렬식, 통계학, 2D, 3D 그래픽스, 애니메이션 등 각종 수학 계산을 위한 명령어 또는 패키지를 제공한다. 그리고 수학식 또는 전부를 자바, C, Fortran 언어, LaTex 등으로 변환이 가능하고, Maple 작업창에서 직접 수학 문서 작성도 가능하다. 인터넷에서 수식을 처리하는 기능뿐만 아니라 수학학습을 지원하는 다양한 튜터 기능을 갖춘 패키지가 Maple 11에 포함되어 있다.

Maple은 다음과 같은 특징을 갖추고 있다. 첫째, 사용자가 원하는 수식을 2차원 폰트를 이용하여 수학교재와 같은 형태로 쉽게 문서를 작성할 수 있고 그 수식을 처리한 결과를 바로 볼 수 있다. 둘째, Maple이 갖추고 있는 강력한 그래프 기능과 애니메이션 기능을 사용하면 수학적 개념을 시각적으로 이해하는데 많은 도움이 된다. 특히 연산 처리에 대한 중간 과정을 볼 수 있으며 튜터 패키지 및 Maplet의 기능을 사용하여 고등학교 및 대학 수학용 학습 프로그램 개발에 최적인 도구로 사용할 수 있다. 셋째, 수학 및 응용 분야에서 이론식을 얻기 위한 시뮬레이션을 시행하고 정확도가 높은 수치 계산을 수행할 수 있다. 넷째, Maple의 명령어들을 이용하여 사용자가 필요로 하는 라이브러리 프로그램을 작성할 수 있어 확장성이 뛰어나다. 다섯째, MATLAB, Excel, 인터넷 등과 연동시켜 다양한 기능을 개발할 수 있다.

Maple에 관한 다양한 정보는 인터넷 웹사이트 http://www.maplesoft.com에서 얻을 수 있다. Maple은 지속적으로 향상되고 있는 시스템 소프트웨어이므로 거의 매년 새로운 버전을 사용자에게 제공하고 있다. 최근 Maple과 관련된 한글 서적들도 다양하게 출판되고 있다. 이 책은 Maple의 입문서로서 Maple을 처음 대하는 사람에게 길잡이가 되도록 설명과 예제를 다루었고, 이공계 분야에 관심을 가진 사람들에게 쉽게 참고하여 이용할 수 있도록 하였다.

이번에 소개하는 Maple 길잡이 개정판은 Maple 11에 포함된 새로운 인터페이스와 기능 위주로 수정, 보완하였다. 이러한 수정 작업의 일환으로 2002년에 출판된 Maple 길잡이에서 사용된 Maple 7 코드를 Maple 11에서 테스트하여 출력결과를 실었다. 이 개정판에서 새로이 소개하는 패키지는 Groebner(그뢰브너) 기저, 이산수학 및 Maplet이다. Groebner 기저는 다항식의 근을 구하는 알고리즘으로서 컴퓨터 대수에서 중요하게 다루어지고 있다. Groebner 기저는 대수 및 기하 분야에서 광범위하게 응용되고 있으므로 관심있는 독자는 전문 서적을 일독하기 바란다. 이산수학은 networks 패키지를 이용하여 그래프 및 트리를 다루면서 이산구조를 사용하는 수학을 일컫는다. 독자는 예제를 통하여 이산수학의 관심분야에 따라 Maple을 사용할 수 있을 것이다. 끝으로 Maplet에 대한 소개를 통하여 웹 환경에서 Maple의 기능을 구동시킬 수 있는 방법을 소개하였다.

모쪼록 이공계에서 주로 다루는 수학을 Maple과 함께 다루어 봄으로써 이공계 수학에 대한 계산의 즐거움을 느끼길 바란다. 또한 이 책이 수학에 관련되는 알고리즘이 컴퓨터에서 작동하는 방식을 이해하는데 디딤돌이 되길 기대한다. 이공계 기피 현상과 컴퓨터-수학의 연계 학문에 대한 국내의 어려운 여건 속에서도 "이공계 수학을 위한 Maple의 길잡이" 개정판을 출판해 주신 교우사와 학술진흥재단[1]에게 감사를 드린다.

2007년 5월

저자 일동

1) 이 저서는 2006년도 정부재원(교육인적자원부 학술연구조성사업비)으로 한국학술진흥재단의 지원을 받아 연구되었음(KRF-2006-311-D00199).

차 례

CHAPTER 1

Maple의 개요

1.1 컴퓨터 대수 시스템

Maple은 수학에 관련된 대상을 기호(symbol)로 처리하여 연산을 수행하는 컴퓨터 시스템으로서 수치계산과 대수적 연산을 수행하고 필요한 경우에 그래픽으로 그 결과를 처리하는 시스템이다. 이러한 시스템을 통틀어 컴퓨터 대수 시스템(Compute Algebra System, 약어 CAS)으로 부르고 있다. CAS에 속하는 것은 Maple 외에도 Mathematica, Derive, Reduce, MuPAD, Macsyma 등이 있다.

컴퓨터 대수 시스템을 혹자는 기호연산 시스템으로 간주하기도 하는데, 그것은 기호를 사용하여 수학적 연산을 수행한 후에 그 연산의 결과를 대수적인 결과와 함께 수치적으로 근사값을 계산해 내는 특징 때문에 붙여진 이름에서 연유된다. 예를 들면, Maple 입력 모드에서 "sqrt(2) * sqrt(3)"을 실행해 보면 그 결과가 $\sqrt{2}\sqrt{3}$ 이 되고, "evalf(%)"를 실행해 보면 $\sqrt{6}$ 의 근사치인 2.449489743의 실수값을 계산해 준다. "smartplot(sqrt(6) * x)"를 실행하면 함수의 그래프를 바로 볼 수 있다.

이와 같이 Maple은 수치계산과 대수적 계산을 수행하고, $y=\sqrt{6}x$와 같은 함수를 그래프로 보여주기도 한다. 또한 미지수를 포함한 대수방정식의 해를 찾아주고, 복잡한 수학문제를 작은 단위로 분해하여 각각의 부분을 모듈별로 프로그래밍할 수 있는 환경을 제공하고 있다. 그 외에도 특정 함수가 변화하는 모습을 애니메이션으로 구현할 수 있으며, 3차원 그래픽의 경우에는 월드와이드웹에서 구현되는 VRML 파일로 변환할 수 있는 등, 다양한 기호 연산 환경을 제공한다.

1) 수치계산

수치계산을 수행하는 Maple은 간단히 말해서 계산기보다 확장된 기능을 갖추고 있다고 보면 된다. 20!를 계산하고, 그 결과를 정수 단위로 인수분해 할 수 있으며, 다시 각각의 인수를 곱해 보면 20!의 결과와 같게 됨을 확인할 수 있다. 이와 같이 Maple이 다룰 수 있는 계산은 행렬과 벡터의 생성과 조작을 통한 연산을 포함하고 있으며, 방정식의 해를 원하는 정도에 따라 근사값을 구해내기도 한다. 근사값 계산과 달리 방정식의 해를 대수적으로 정확하게 계산하는 것을 대수적 연산이라 부른다.

```
> 20! ;
```

$$2432902008176640000$$

```
> ifactor(%) ;
```

$$(2)^{18}\ (3)^{8}\ (5)^{4}\ (7)^{2}\ (11)\ (13)\ (17)\ (19)$$

```
> expand(%) ;
```

$$2432902008176640000$$

$\sum_{i=1}^{10} \frac{1+i}{1+i^3}$의 결과는 다음과 같은 명령어로 구할 수 있다.

```
> sum((1+i)/(1+i^3), i=1..10) ;
```

$$\frac{285764268}{168247261}$$

다음의 예제는 k가 1에서 무한대로 움직일 때 $1/k$로 나타나는 수열의 합에 대한 결과가 무한대임을 보여주고 있다.

```
> Sum(1/k, k=1..infinity)=sum(1/k, k=1..infinity);
```

$$\sum_{k=1}^{\infty}\frac{1}{k}=\infty$$

2) 대수적 연산

정수의 사칙연산처럼 방정식 또는 다항식에 관련된 연산을 수행하거나 대수적인 성질을 가진 집합의 원소에 대한 연산의 결과를 보여주는 것이 대수적 연산에 속한다. 다항식의 곱이나 다항식의 인수분해, 다항식의 전개식, 수식의 단순화, 수식의 변형, 함수의 정의, 연립방정식의 해 구하기, 부등식의 해 구하기 등이 이에 속한다. 그 외에도 미분, 적분, 미분 방정식, 선형대수, 정수론, 논리 연산 등이 대수적 연산에 해당되는 분야이다.

```
> expr:=(x+y)^3;
```

$$\mathrm{expr} := (x+y)^3$$

```
> expand(expr);
```

$$x^3+3x^2y+3xy^2+y^3$$

```
> factor(%);
```

$$(x+y)^3$$

```
> simplify(cos(x)^2+sin(x)^2+2*cos(x)^2-2*sin(x)^2-cos(2*x));
```

$$2\cos(x)^2$$

```
> my_expr:=(x^2+b)/(x*(-3*x^2-x+4));
```

$$\mathrm{my\_expr} := \frac{x^2+b}{x(-3x^2-x+4)}$$

```
> convert(my_expr, parfrac, x);
```

$$\frac{1}{7}\frac{-1-b}{x-1}+\frac{1}{28}\frac{-16-9b}{3x+4}+\frac{1}{4}\frac{b}{x}$$

```
> solve({x<1, y^2<=1, x+y<1/2}, {x, y});
```

$$\left\{x<1,\ x+y<\frac{1}{2},\ y<1,\ -1<y\right\}$$

3) 그래픽 표현

수식의 연산을 표현하는 다른 방법은 그래픽으로 처리하는 것이다. 두 개의 미지수를 가지고 있는 함수가 정의되었을 때 그 함수를 시각적으로 보기 위해서는 2차원 평면에 2개의 축으로 표현되는 순서쌍을 정의역과 치역의 대응 관계로 해석하고 그것을 점으로 찍어보면 된다. 각각의 점들이 연속적으로 이어진 경우에는 연속적인 함수의 모습을 시각적으로 확인할 수 있다. 이와 같이, 한번에 그려진 복수개의 함수의 집합, 극좌표로 구성된 함수의 그래프, 벡터로 표현된 미분방정식의 해를 구하고자 하는 사용자는 수식의 시각적인 표현을 통하여 함수의 모습을 직관적으로 이해하게 된다.

```
> smartplot(cos(x));
```

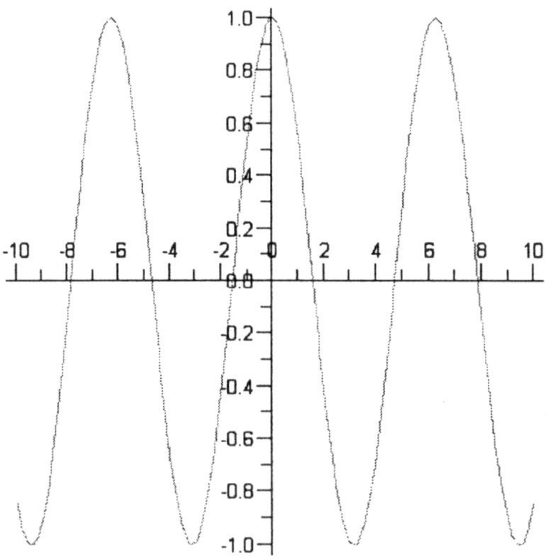

```
> plot({sin(x), cos(x)}, x=-2*Pi..2*Pi, y=-4..4,
  discont=true, title="y=sin(x) and y=cos(x)");
```

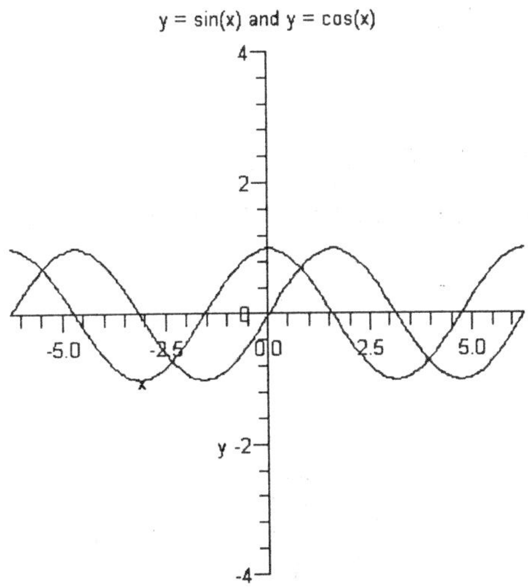

한편, 패키지 중에서 plottools를 사용하면 circle 명령어를 사용하여 단위원을 작성할 수 있고, 그 원을 그래픽으로 보기 위해서 plots 패키지의 display를 사용한다.

```
> with(plottools):
> c:=circle([0, 0], 1, color=green):
> plots[display](c, scaling=CONSTRAINED, title="Unit Circle");
```

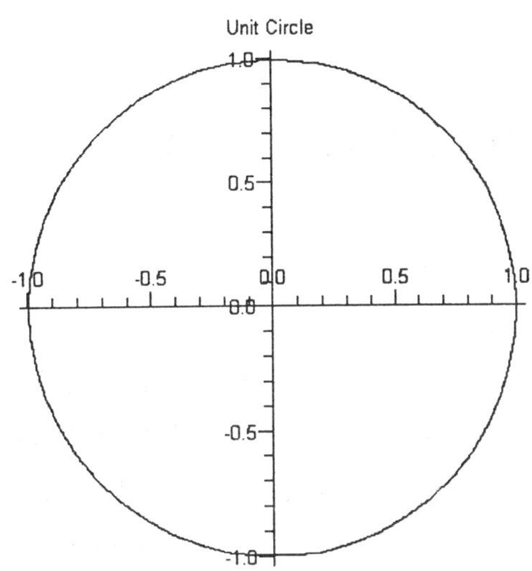

함수의 그래프를 애니메이션으로 처리하는 명령어는 "animate"이다. 다음은 극좌표에서 초당 60프레임으로 구동되는 애니메이션의 예를 보여준다. Maple에서 애니메이션을 구동하기 위하여 워크시트 상단에 있는 play 버튼(▶ 모양)을 누르면, 그래프가 연속적으로 변화하는 모습을 볼 수 있다.

```
> with(plots) :
> animate( [u * t, t, t=1..8 * Pi], u=1..4,
  coords=polar, frames=60, numpoints=100) ;
```

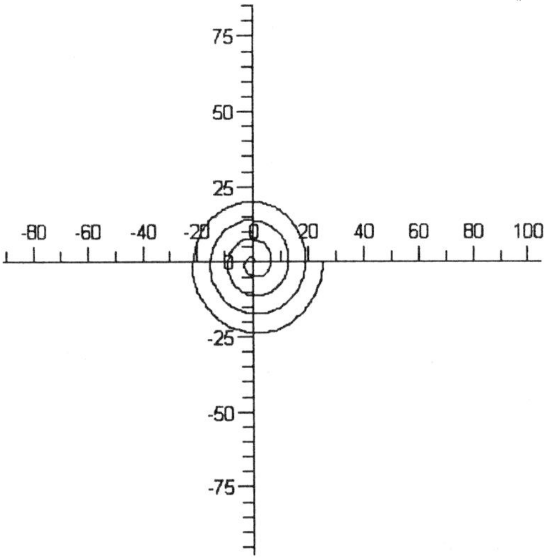

1.2 Maple과 알고리즘적 사고

Maple 특징 중 하나는 사용자에게 수학의 원리, 개념, 이해와 관련된 계산 환경을 제공하는 점이다. Maple (현재 버전 10)에 내장된 약 500개 이상의 내장 함수로 이루어진 명령어는 사용자가 지시한 입력에 대하여 연산의 결과를 대부분 즉각 출력해 주는 black box 형태로 알고리즘이 짜여져 있다. 그러므로 사용자는 계산을 수행하는 명령어를 단순히 실행하여 그 결과를 얻는다고 해서 수학의 원리, 개념, 이해를 증진시킨다고 보기는 어렵다. 그러나 사용자가 어떤 수학 문제를 해결하기 위하여 필요한 명령어를 선택하여 조합하는 것은 수학적인 추론을 하는 것과 관련이 있다. 문제해결에 관련되는 함수 또는 모듈을 찾아내고 그 함수 또는 모듈에 대응되는 Maple 명령어를 선택하여 조합하는 일련의 절차는 수학적 사고에 대한 스크립트를 작성하는 것과 같다. 다시 말하면, Maple의 내장된 기본 명령어를 합성함으로써 수학 문제를 해결하는 것은 궁극적으로 수학 지식을 구축하는 과정으로 볼 수 있다. 단, 여기서 사용자는 수학 개념과 그 개념에 관련된 절차적 이해를 하고 난 후에 Maple을 사용하는 것이 바람직하다는 점에 주목할 필요가 있다. 주어진 수식 입력에 대하여 계산 결과만 보여주는 black box식의 수식 처리는 그 결과가 어떻게 도출되었는지에 대하여 알려주는 바가 없다. 그러므로 Maple 사용자는 수학적 아이디어를 여러 각도에서 탐색하거나 수학적 예측을 입증하려는 등의 수학적 활동을 하는 경우에 Maple의 장점을 충분히 살릴 수 있다.

1) black box/white box 원리

이 부분을 Bruno Buchberger가 제안한 black box/white box 원리로 자세히 살펴보자. 그가 제안한 이 원리는 컴퓨터 대수 시스템을 사용하는 방법을 알고리즘적으로 구체화시키고 있다. 만약, 함수의 개념을 대응의 관계에서 파악하고, 순서쌍을 항(term)으로 간주하여 항에 따른 4칙연산을 이해했다고 하자. 그러면 이것을 black box 알고리즘으로 작성한 다음, 1차 방정식의 해를 구하기 위하여 항의 연산을 black box로 신속하게 처리하면서 해를 구하는 절차를 단계별로 이해하는데 활용하게 된다. 이렇게 이해된 일차방정식의 해결 과정은 white box로 간주된다. 이렇게 하나의 사이클이 끝나면 이것을 토대로 조금 난이도가 높은 연립 방정식의 해를 구하는 단계로 들어간다. 이 단계에서도, 미지수가 한 개인 1차 방정식의 해를 구하는 절차를 하나씩 계산해보고 그 과정을 이해하고자 하는데, 이전 단계의 일차방정식을 구하는 부분을 black box로 처리하여 활용한다. 그런 다음, 미지수 소거법과 같이 연립방정식의 단계별 과정을 이해하게 되면 이것이 white box로 불린다. 이와 같이 연립방정식의 단계별 과정을 이해하고 나면, 이 알고리즘의 신속한 실행을 위해서 Maple의 언어로 알고리즘을 작성하여 black box로 만든다. 이러한 방식으로 컴퓨터 대수 시스템을 이용하는 것을 black box/white box 원리라 부른다.

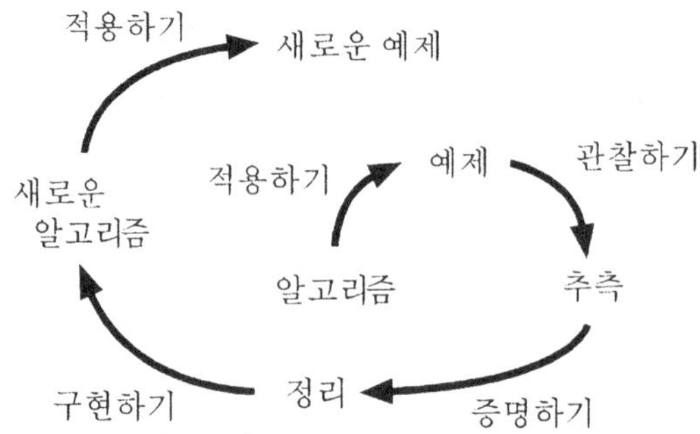

이 원리는 위의 그림에서 보는 바와 같이 일련의 사이클 속에서 움직이는 수학적 사고와 관련이 깊다. 즉, 하나의 black box에서 출발하여 그 알고리즘을 현재의 데이터에 적용해보고 일종의 실험적 수학 활동을 거쳐 나름대로 수학적 현상을 관찰하거나 특정 부분에 대하여 수학적 추측(conjecture)을 시도해본다. 이런 추측은 수학적 추론에 따라 증명을 시도하는 단계로 나아가게 되고, 증명을 하든지 아니면 반례를 제시함으로써 추측한 부분을 채택 또는 기각하는 검증 절차를 마치게 된다. 만약, 추측한 부분이 증명되었다면, 그 부분에 한하여 그 증명이 제시하는 알고리즘을 프로그래밍 언어로 구현하여 프로시저를 작성하게 된다. 이렇게 하여 생성된 알고리즘을 다른 데이터에 적용하여 그 다음 단계의 수학적 활동을 하게 되는데, 이러한 일련의 사이클을 수학 활동에서의 창조적 활동이라 부른다. 이런 사이클에서 Maple을 사용하는 것은 결국 수학 문제의 해결을 위하여 다양한 사고의 계층에서 알고리즘적으로 추론하는 활동으로 귀결된다. 이 방식은 부르바끼 수학에서 제창하는 추상적 수학, 모순에 의한 증명(proof by contradiction)과는 거리가 멀며, 어떤 문제의 해가 존재한다고 했을 때 그 해를 어떻게 구할 수 있는가에 대한 구체적 방법을 구성해가는 알고리즘적 사고를 전개하는 쪽에 매우 가깝다.

2) 문제해결의 예

다음의 그림에서 보는 바와 같이 길이가 다른 두 개의 사다리를 벽에 걸어놓고 있는 경우를 생각해 보자. 여기서 0보다 큰 a와 b를 구하는 것이 목적이다. 이 예제를 다루기 위하여 Maple 7에서 수식을 입력한 결과를 아래에 제시하였다. Maple 10의 출력 결과는 기본적으로 같으나 %1과 %2를 사용하는 대신에 직접 대수방정식을 사용하여 해를 출력하는 점이 다르다.

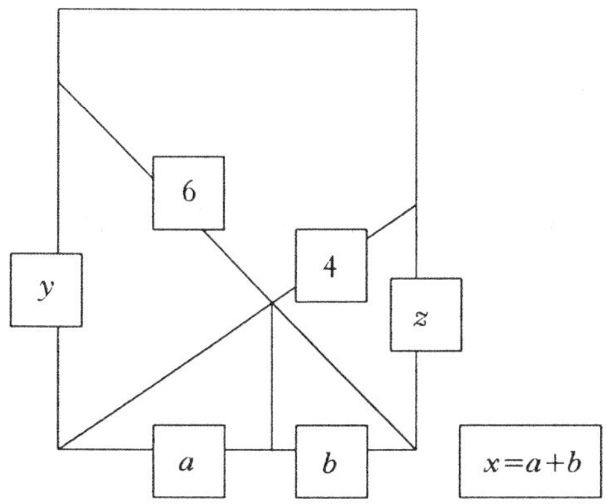


```
> eqns : ={x^2+y^2-36, x^2+z^2-16, b-x+a, a*z-2*x, b*y-2*x} ;
```

$$eqns := \{x^2+y^2-36,\ x^2+z^2-16,\ b-x+a,\ az-2x,\ by-2x\};$$

```
> sols : =solve(eqns) :
```

앞서 계산된 연립방정식의 해를 간략하게 정리하면 다음과 같다.

$sols := \{a=0,\ x=0,\ b=0,\ y=6,\ z=4\},\ \{a=0,\ x=0,\ b=0, y=6,\ z=-4\},$
$\{a=0,\ x=0,\ b=0,\ y=-6,\ z=4\},\ \{a=0,\ x=0,\ b=0,\ y=-6,\ z=-4\},$
$\{z=-12\%1+2\%1^3-2\%1^2+10,\ x=\%2\%1,\ a=\%2(-1+\%1),\ b=\%2,\ y=2\%1\}$
$\%1 := \mathrm{RootOf}(-5-5\_Z^2+10\_Z-2\_Z^3+\_Z^4,\ label=\_L3))$
$\%2 := \mathrm{RootOf}(5\_Z^2-520-72\%1^3+108\%1^2+432\%1)$

위의 결과에서 의미가 있는 것은 5개의 해 중에서 마지막해이다. 이 해는 다른 다항식의 근으로서 표현된 %1과 %2를 사용하여 대수적으로 정확하게 계산되었다. 이 방정식의 근은 4개와 2개가 각각 존재하므로 이들의 조합에서 길이를 나타내는 양의 조건을 만족하는 것이 최종적으로 sols의 해가 된다. 최종적으로 확인된 해를 근사적으로 구하고자 할 때에는 evalf 명령어를 사용하여 해의 근사치를 구하게 된다. 이제까지 작업한 내용을 토대로 길이가 다른 두 개의 사다리(m과 n)를 사용하여 a와 b를 계산하고자 할 때에는 다음과 같이 코드를 수정하여 실행하면 된다.

```
> padder : =proc(m : : integer, n : : integer)
  local eqns ;
  eqns : ={x^2+y^2-m^2, x^2+z^2-n^2, b-x+a, a*z-2*b*y-2*x} ;
```

```
solve(eqns)
end proc :
```

위와 같이 padder 프로시저를 정의한 다음에 두 사다리의 크기인 정수 7과 5의 경우를 계산하기 위하여 다음과 같이 실행해본다.

```
> padder(7, 5) ;
```

1.3 Maple 시스템의 특징

1988년에 출시된 Maple을 설계하는데 다음과 같은 점을 고려한 것이 눈에 띈다. 먼저, Maple은 C 또는 Lisp 언어 대신에 모든 수학적 알고리즘을 구현할 수 있는 특정한 컴퓨터 언어를 설계하는데 초점을 두었다. 두번째, PC와 같은 개인용 컴퓨터에서 충분히 작동될 수 있도록 용량을 최소화함으로써 대형의 수학문제를 해결하고 다수의 사용자가 동시에 사용할 수 있도록 설계하였다.

Maple 시스템에 대하여 조금 더 구체적으로 살펴보자. Maple 시스템은 수식 자체를 인식하여 내부의 자료구조와 형태(type)를 통해서 연산을 처리한다. 가령 다항식을 표현할 경우에 계수, 미지수, 지수, 항의 사칙연산 등이 각기 자료타입에 저장되고 필요한 부분은 치환이 가능하다. Maple 사용자는 수학에서 사용하는 대부분의 함수를 명령어로 호출하여 사용하거나, 사용자가 따로 정의한 부분을 토대로 수학적 지식을 구축할 수 있다. 다시 말하면, 지필계산에서 소요되는 지루한 계산을 Maple의 기능을 활용하여 그 결과를 확인하고, 사용자는 수학문제의 해결에 관련되는 수학적 사고의 전개 방식과 추론 과정에 집중할 수 있는 이점을 살려서 수학적 지식의 구축에 집중하게 된다.

1) Maple 시스템의 구성

Maple 시스템은 커널, 인터페이스, 라이브러리 등으로 구성되어 있는데, 이 중에서 수식 처리에 관련된 간단한 계산을 수행하는 부분의 집합이 커널이다. 좀더 정확하게 말하면 수식의 문법을 파악하는 인터프리터, 기억 용량을 줄이기 위해 사용된 수식을 한번만 저장하는 기능, 정수, 유리수, 실수, 복소수, 모듈 정수(Zn) 및 유리다항식에 필요한 기본 계산 기능을 포함하고 있다. 커널 외에 다항식을 인수분해하는 기능, 적분 계산 또는 연립방정식의 해를 찾는 기능 등과 같이 복잡한 계산을 수행하는 부분은 Maple 언어로 작성된 라이브러리로 구축되어 있다. 선형대수(linalg)와 같이 Maple 언어로 작성된 패키지도 라이브러리에 포함되며, 온라인 도움말도 여기에 속해있다. Maple은 필요한 경우에 이 라이브러리를 자동적으로 로드시킨다. 결국, Maple의 커널과 라이브러리를 함께 묶은 부분이 수학 계산을 수행하는 핵심 부분이며, 표준 패키지에 포함되지 않은 개인용 패키지는 Maple의 일부라고 보기는 어렵다.

Maple 시스템과 사용자 사이에서 상호작용하는 부분은 사용자의 편의성을 도모하기 위하여 워크시트의 GUI(Graphical User Interface) 환경으로 개발되었다. 이것은 사용자가 입력한 수식을 파싱하고 수식 기호를 입력 및 출력하는 문서 기능을 제공하며 상호작용적으로 그래픽을 처리한다. 그래픽스 부분은 다양한 좌표계에서 2차원 및 3차원 유클리드 기하를 구현하며 2차원 및 3차원 애니메이션을 만들어낸다. 특히 문서 편집을 할 때 필요한 수식 폰트는 2차원 형태로 제공되는데 팔레트는 문서편집을 하는 초보자에게 쉬운 인터페이스를 제공한다. 다양한 문서 파일 변환 기능을 갖춘 워크시트에 대한 자세한 설명은 7장을 참고하기 바란다.

2) Maple 언어의 특징

Maple 언어는 매우 조직적으로 짜여져 있고, 이해하기 쉬우며, 고급 언어에 속한다. 이 언어를 표면적으로 보면 파스칼과 같은 Algol 계열의 언어와 유사하다는 것을 알 수 있다. Maple 언어는 함수(functions), 표현열(sequences), 집합(sets), 목록(lists), 배열(arrays), 표(tables) 등의 자료구조를 갖추고 있다. 이러한 자료구조는 고유한 자료의 형태(data type)로 규격화 되어 있다. 따라서 자료형태를 검사하는 연산, 하나의 자료형태에서 다른 자료형태로 변환하는 연산, 복합형태의 자료형태를 생성하는 연산 등이 제공되고 있다.

다음의 예제를 보면 {3, 1, 2, 1}은 집합을 표시하는 자료 구조이다. 집합은 중복된 원소를 제거하고 보통 오름차순으로 자료를 나열하여 출력한다. 반면에 [3, 1,

2, 1]은 원소를 주어진대로 저장하는 리스트(목록) 자료 구조이다. 중복되는 원소와 주어진 순서를 보존하는 경우에 사용된다. (3, 1, 2, 1)은 자료를 일렬로 표현하는 열(sequence)이며 출력시 괄호를 보여주지 않는다.

```
> {3, 1, 2, 1};
```

$$\{1,\ 2,\ 3\}$$

```
> [3, 1, 2, 1];
```

$$[3,\ 1,\ 2,\ 1]$$

```
> (3, 1, 2, 1);
```

$$3,\ 1,\ 2,\ 1$$

배열은 통상 많이 사용되는 자료구조이며 일차원 배열인 경우에 자료의 위치를 정수로 식별하여 사용한다. 다음 코드를 보면 1부터 4까지의 자리를 확보하고 배열의 각 자리에 제곱수를 할당한 후 배열 전체를 출력하는 것을 알 수 있다.

```
> v:=array(1..4):
  for i to 4 do
  v[i]:=i^2
  end do:
  print(v);
```

$$[1\ 4\ 9\ 16]$$

표는 배열과 유사한데 원소의 위치를 정수로 식별하지 않고 사용자가 원하는 숫자 또는 문자로 식별할 수 있는 점이 다르다. 다음 예를 보면 표 S의 첫 번째 원소 22의 번지수는 5, 두 번째 원소 42의 번지수는 a로 할당하였다. 따라서 특정 원소를 불러올 때는 먼저 지정된 번지수를 사용해야 함을 알 수 있다.

```
> S:=table([(5)=22, (a)=42]);
```

$$S := \mathrm{table}([5=22,\ a=42]);$$

```
> S[5], S[a];
```

$$22,\ 42$$

보통 프로그래머는 알고리즘을 설계할 때 어떤 자료구조를 사용할 것인지 초기에 매우 진지하게 고려한다. 일반 프로그래밍과 달리 수식을 해결하는 수학적 알고리즘은 집합 또는 리스트와 같이 특정 형태(type)를 띤 자료구조가 생성 및 변환되어 원하는 문제해결의 해를 찾아내는 코드의 집합이라고 간주한다. 따라서 Maple 언어를 사용하면 다른 컴퓨터언어를 사용하는 것보다 기호연산을 수행하는 수학 알고리즘을 작성하는데 많은 이득을 볼 수 있다. 이것은 Maple의 커널과 라이브러리에 내장된 명령어를 호출하여 사용하는 이점과 새로운 프로시저를 작성할 경우에 Maple의 자료구조가 지닌 장점을 사용하면 매우 효율적인 코드를 작성할 수 있기 때문이다. 게다가 사용자는 Maple의 라이브러리에 포함된 특정 코드를 열람할 수 있고, 사용자가 원하는 경우에 라이브러리를 수정 또는 확장할 수도 있다. 그 외에 MathML, LaTeX, C/Fortran 코드 자동생성 및 Maplet 개발에 관한 기능은 7장을 참고하기 바란다.

3) Maple의 역사적 배경

여기서 잠깐 컴퓨터 대수의 역사적 기원과 Maple이 구현된 배경을 살펴보기로 하자. 컴퓨터 대수는 수학의 대수 분야와 컴퓨터 분야의 알고리즘을 결합하여 연구하는 분야로서 이것은 불과 30년 전에 성립된 학문 분야이다. 알고리즘이란 컴퓨터 프로그램처럼 특정 문제의 해결에 필요한 모든 조작이 단계별로 명시된 기계적 절차로 이해할 수 있다. 이런 알고리즘은 역사적으로 볼 때 대수와 긴밀한 관계 속에서 서로 영향을 주고 받으며 성장하였으나, 이슬람 과학이 쇠퇴하면서 그 성장을 멈추게 된다.

대수와 알고리즘이 함께 공존한 기원은 이슬람의 과학 속에서 찾을 수 있다. 메소포타미아의 실험적 수학을 거쳐 그리스의 공리적 수학의 토대에서 암흑기를 맞이하는 중세 유럽과 대조적으로 이슬람 세계는 중국과 유럽을 잇는 중개자 역할을 하면서 힌두의 알고리즘 수학을 결합시킴으로써 대수학을 발달시켰다. 이 과정에서 핵심적인 역할을 한 인물이 알크와리즈미(al-Khwarizmi)이다. 그는 인도의 알고리즘적 수학과 십진법 표현 및 기호계산 등의 방법을 발전시킴으로써 그리스와 인도 학문의 기초 위에 대수학을 건설하였다. 그가 820년경 펴낸 수학책(al-Jabr wal-Muqabala)이 “Dicit Algoritmi”이란 책의 제목을 달고 라틴어로 번역되었는데, 여기서 al-Jabr가 algebra로 al-Khwarizmi가 algorithm이란 영어 단어가 생겨나게 되었다.

여기서 주목해야 할 것은, 중세 시대의 암흑기에 대수학을 발전시킨 이슬람 과학이 수학에서 대수학이 주도적인 학문으로 발전되는 계기를 제공하게 되었다는 점이다. 그러나 알고리즘 분야는 지속적인 발전을 하지 못한 채 남아있게 되었다가 20세기에 컴퓨터가 만들어지면서 연산에 대한 연구가 조명을 받음으로써 각광을 받게 되었다. 여기서 재미있는 부분은 대수학 자체도 대수적 해를 어떻게 찾는가에 대한 구성적 수학(constructive mathematics)이 주된 방법으로 존재해 오고 있었다. 그러다가 이것이 부르바끼 학파의 영향을 받은 추상적 수학으로 넘어가면서 실베스터, 크로넥커 등이 쌓아올린 아름다운 소거이론(elimination theory)에 대하여 악평을 가하는 것이 분위기가 형성됨으로써 대수에서 알고리즘적 방법 사이에 거리감이 생기기 시작하였다. 이런 경향은 약 20세기 중반 이후에 이르러서야 Tarski, Ritt, Collins, Buchberger 등이 대수학을 구성적 수학으로 연구하기 시작하면서 알고리즘적 수학이 새로운 조망을 받게 되었다.

한편, 알고리즘의 연구는 20세기에 컴퓨터의 개발과 맞물려 급성장을 하게 되었다. 이러한 알고리즘에 관한 연구는 역사적으로 어떻게 나타나는가? 컴퓨터 하드웨어가 개발되기 이전에는 1670년 경에 라이프니쯔가 사칙연산을 수행할 수 있는 "Leibniz Wheel"을 발명하면서 계산을 기계화하는 작업을 시도하였다. 19세기에는 찰스 배비지가 보다 범용적인 계산을 수행할 수 있는 해석 엔진(analytical engine)을 고안하기도 하였다. 20세기에는 힐버트 프로그램하에서 수학의 형식화가 시도되었고, 처치, 튜링, 마코프, 포스트 등에 의하여 계산에 관한 모델과 범용 기계에 대한 연구가 활발히 이루어졌다. 이러한 이론적 연구와 함께 2차 세계 대전 중에 영국과 미국에서 대형 컴퓨터에 대한 가능성과 컴퓨터 하드웨어에 대한 연구가 지속되면서 마침내 미국에서 ENIAC과 EDVAC 등의 컴퓨터가 개발되었다. 이러한 컴퓨터는 각종 수치에 관한 연산을 수행하는데 활용되었으며, 러브레이스 백작부인이었던 아다가 언급했던 기호를 이용한 계산의 가능성은 프로그래밍 언어의 개발에 의하여 가능해졌다.

람다계산법과 다른 형식 언어에 대한 연구는 LISP 언어를 개발하는 토대를 이루었으며, 이 언어를 사용하여 초기의 기호계산 시스템이 1962년에 MIT에서 개발되었다. 참고로, LISP언어를 사용하지 않고 연구된 기호 계산은 1953년에 템플 대학과 MIT에서 수행되었다. 이렇듯 컴퓨터 언어의 발전과 더불어 알고리즘의 설계와 복잡도(complexity)에 대한 연구도 집중적으로 이루어지게 되었다. 그 결과 최근에는 계산 기하, 계산 수론 등의 분야가 새로운 분야로 대두되었다. 결국, 이슬람 수학의 시대 이후 약 천년이 지나서야 따로 성장했던 대수학과 알고리즘이 다시금 결합하게 된 것이다.

1960년 후반 이후에는 자연스런 상호작용을 지원하는 시스템을 개발하는데 초점이 맞추어지기 시작했으며, Reduce, Macsyma, Scratchpad, CAMAL 등의 컴퓨터 대수 시스템이 개발되었다. 이런 시스템을 일률적으로 비교하기는 어렵고, 단지 각각의 시스템이 어떤 면에 치중하여 설계되었는가에 따라 구별해 볼 수 있다. 일반적으로 컴퓨터로 계산하여 대수식을 처리하는 방법에서 어떤 연산을 수행할 수 있는지가 설계의 대상이 된다. 왜냐하면 대수에서 등장하는 모든 계산을 처리하는 범용의 시스템을 만들기란 매우 어렵기 때문이다. 1980년 이후에 오면, 사용하기 쉬운 인터페이스와 범용적 성격을 띤 기호 연산 시스템이 등장하는데, Maple은 이 중의 하나로써 Matlab, MathCAD, Derive, Mathematica, Axiom, MuPad 등과 함께 컴퓨터 대수 시스템으로 불리며 널리 사용되고 있다. 캐나다의 워털루 대학에서 Geddes 교수가 이끄는 컴퓨터 대수 연구팀과 스위스의 Bonnet 교수 등과 공동 작업에 의하여 설계된 Maple은 영국의 NAG 회사 등 유럽의 연구팀들과 연계하면서 계속 새로운 버전을 개발하고 있다.

1.4 Maple의 활용 방안

Maple 시스템을 활용하는 방향은 사용자가 수행하는 작업의 종류 중에서 Maple 시스템의 장점을 어떻게 충분히 살릴 것인가 하는 점과 밀접한 관련이 있다. Maple 시스템의 주된 장점은 규모가 큰 대수적 연산을 수행할 수 있고, 지필 계산으로 수행하기에 매우 어려운 과제를 정확하게 계산할 수 있는 점이다. 다음은 이러한 장점을 토대로 Maple을 활용하는 방향의 일부를 제시한 것이다.

1) 규모가 큰 연산의 확인

다음의 다항식을 4차 편미분하면 그 결과가 0이 되는지를 살펴보자. 즉, f가 4차

편미분 방정식의 해가 됨을 확인하는 것이다.

```
> f : =sin(n * z * sqrt(x^2+y^2+z^2)/sqrt(y^2+z^2))/sqrt(x^2+y^2+z^2) ;
```

$$f := \frac{\left(\dfrac{nz\sqrt{x^2+y^2+z^2}}{\sqrt{y^2+z^2}}\right)}{\sqrt{x^2+y^2+z^2}}$$

```
> simplify(diff(diff(f,x$2)+diff(f, y$2)+diff(f, z$2), x$2)+
  n^2 * (diff(f, x$2)+diff(f, y$2))) ;
```

$$0$$

2) 수학 알고리즘의 관찰과 실험

$\sqrt{2}$에 대한 연속분수(continued fraction)의 꼴과 뉴튼의 방법을 사용하여 계산된 결과를 비교해보자. $\sqrt{2}$는 $1+1/(2+1/(2+1/(2\cdots)$와 같은 분수 꼴로 나타낼 수 있다. 각각에 해당되는 항을 계산해보면 $c_0=1$, $c_1=1+1/2=1/2$, $c_2=1+1/(2+1/2)\ =7/5$, $c_3=1+1/(2+1/(2+1/2))=17/12$ 등으로 표시된다. 이것을 Maple 명령어로 계산하기 위하여 먼저 $\sqrt{2}$를 실수꼴로 계산하고 연속 분수의 꼴로 15개의 부분 분수의 리스트로 변환시킨 다음 임시변수 cvgts에 저장한다. 이것을 다음과 같은 명령어로 실행해 본다.

```
> convert(evalf(sqrt(2)), confrac, 14, cvgts) ;
```

$$[1,\ 2,\ 2,\ 2,\ 2,\ 2,\ 2,\ 2,\ 2,\ 2,\ 2,\ 2,\ 1,\ 1]$$

```
> cvgts ;
```

$$\left[1,\ \frac{3}{2},\ \frac{7}{5},\ \frac{17}{12},\ \frac{41}{29},\ \frac{99}{70},\ \frac{239}{169},\ \frac{577}{408},\ \frac{1393}{985},\ \frac{3363}{2378},\ \frac{8119}{5741},\ \frac{19601}{13860},\ \frac{27720}{19601},\ \frac{47321}{33461}\right]$$

즉 $1,\ 1+1/2,\ 1+1/(2+1/2)\cdots$ 이런 식으로 14번째까지 반복하면 47321/33461를 얻는다. 이것을 $\sqrt{2}$ 값과 비교하면 소수점 이하 9자리까지 같음을 확인할 수 있다.

```
> evalf(47321/33461);
```

$$1.414213562$$

```
> evalf(sqrt(2));
```

$$1.414213562$$

$\sqrt{2}$는 $f(x)=x^2-2$의 해이므로, 이 함수의 근을 뉴튼의 방법을 써서 구해보고, 그 근사치가 위에서 구한 cvgts의 순열과 어떤 관계에 있는지 살펴본다. $f(x)=x^2-2$에서 초기값 1을 정하고, 근사치를 반복하여 계산하면 $x_1=3/2$, $x_2=17/12$, $x_3=577/408$ 등으로 나타난다. 이 근사치는 cvgts의 근사치 중에서 홀수 번에 해당되는 값들이다. 이 관찰을 토대로 임의의 N에 대한 $f(x):=x^2-Nx-2$의 해를 구함에 있어서 일반적으로 $x_k=c_{2k-1}$이 됨을 확인할 수 있다.

참고로 뉴튼의 방법을 사용하여 방정식의 근을 구하는 방법은 다음과 같다. 임의의 함수 f(x)에 대하여 x[i]에서 접선의 식은 y=f(x[i])+f′(x[i]) * (x−x[i])이다. 이 접선의 공식을 사용하여 $y=0$가 되는 조건에서 x에 대하여 정리하면 x[i]−f(x[i])/f′(x[i])가 된다. 이것을 반복적으로 사용하면 x[i+1]= x[i]−f(x[i])/f′(x[i])에 의하여 해에 가까운 근사치를 얻게 된다.

그러나 이 알고리즘에서 x의 초기값에 따라 항상 근사해를 구할 수 있는지는 함수에 따라 다르게 나타날 수 있다. 이런 초기값 선정에 따른 문제를 여러 가지 경우를 통하여 살펴보는 것은 연습문제로 남긴다. 이 예제에서는 뉴튼의 방법을 사용하여 구한 해의 근사치와 연속분수의 꼴로 계산되는 결과가 서로 같음을 확인하는 도구로 Maple을 사용한 사례를 제시하였다. 이 과정에서 등장하는 지루한 계산을 신속하게 하고, 두 가지 서로 다른 알고리즘적 비교를 통하여 보다 통합적이고 입체적인 수학적 사고에 집중할 수 있는 환경을 제공하는 것이 Maple 시스템의 장점이다.

3) 수학 공식표와 데이터베이스 구성

수학 공식에 관한 표를 참조하거나 수학 지식의 데이터베이스를 사용하는 것은 Maple을 일종의 수학 전문가 시스템으로 간주하는 것이다. 수학공식에 관한 표와 데이터베이스가 Maple에 따로 존재하는 것은 아니지만, 우선 Maple의 온라인 도움말에 포함된 각종 워크시트가 일종의 데이터베이스화되어 있다고 보면 된다. 메뉴

"Help"에서 "Topic Search…" 또는 "Full Text Search…" 항목을 사용하여 키워드를 입력하면 원하는 자료를 신속하게 열람할 수 있다. 중급 정도의 사용자라면 spreadsheet 기능을 사용하여 수학공식을 입력함으로써 참조용 워크시트를 만들 수 있다. 만약 여러분이 고급 수준의 사용자라면 엑셀과 Maple을 연동하거나 Visual Basic과 Access를 사용하여 데이터베이스를 구축할 수 있을 것이다. 더 나아가 Maple 프로시저를 작성하여 텍스트파일의 데이터베이스를 구축하는 간단한 방법을 시도할 수도 있다.

4) 교수-학습용 예제와 연습 문제

Maple이 제공하는 온라인 도움말에는 각종 명령어를 소개하는 부분과 예제를 워크시트 형태로 체계적으로 제공하고 있다. 예를 들면, 도움말을 호출하는 명령어인 "???" 접두사를 사용하면 특정 예제를 바로 찾을 수 있다. 적분의 명령어인 "int"에 해당되는 예제를 바로 찾고 싶은 경우에는 "???int"를 입력하면 된다. Maple 언어를 능숙하게 구사한다면 이러한 예제를 교수-학습용 예제로 변환하고 한단계 더 나아가 튜토리얼 형태로 구현할 수 있다. Maple에서 제공하는 각종 예제를 일목요연하게 보고 싶다면 "?examples/index"라고 입력하면 된다.

한편, Help →Take Tour of Maple라는 메뉴를 선택하면 초보 사용자를 위하여 예제를 포함한 튜토리얼 형태의 워크시트를 제공하고 있다. 이러한 튜토리얼은 대학에서 사용하는 수치 및 기호계산, 행렬, 미분방정식, 특수함수, 최적화, 통계, Maple 프로그래밍, 수학/공학 사전 등을 포함하고 있으니 개인별 학습을 하는데 많은 도움이 될 것이다.

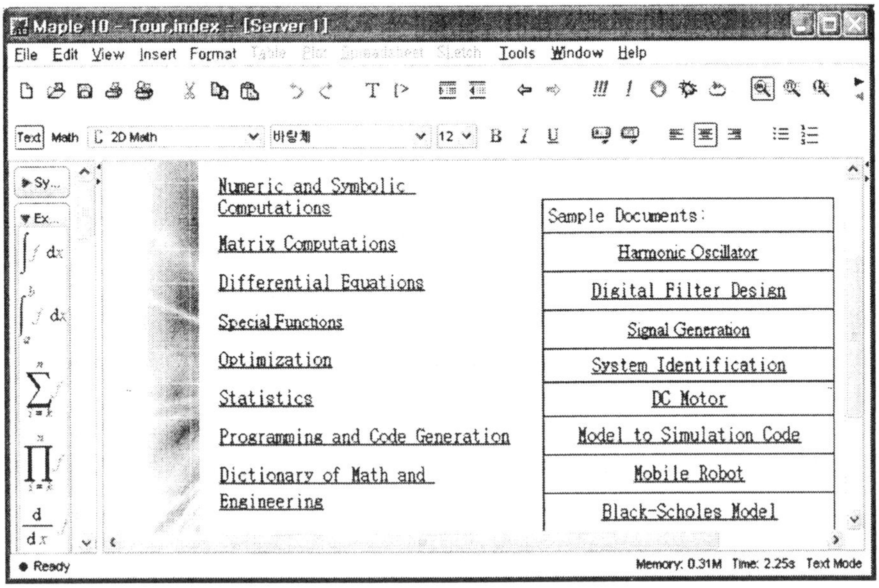

• 수학문서 편집 : 수학문서 편집에 관한 내용은 7장을 참고하기 바란다.

1.5 Maple의 새로운 기능

1) Maple 7 버전에서 제공하는 기능의 특징

Maple 10 이전에 출시된 버전 중에서 참고로 Maple 7 버전의 기능을 특징별로 소개한다.

• 미분방정식 계산의 향상 : 미분방정식에 관련된 기호 계산과 수치 계산의 기능이 강화되었다. 편미분방정식에 관한 완전해를 다룰 수 있도록 pdsolve 명령어의 기능이 향상되었고, odsolve 명령어에는 대칭 기법(symmetry methods)을 사용한 미분방정식의 계산 기법이 추가되었다. 그 외에도 선형 미분방정식의 유리계수와 비유리계수를 처리하는 기능과 수치 계산의 새로운 기법이 추가되었다. dpolyform 명령어를 사용하면 비다항식 시스템의 계산을 다항식 시스템

의 기법으로 처리할 수 있다.

- 고급 수학을 위한 패키지 추가 : CurveFitting, LinearFunctionalSystems, Linear-Operators, OthogonalSeries, RationalNormalForms, SolveTools, Polynomial-Tools 등과 같은 패키지가 수준 높은 수학을 다룰 수 있도록 제공되고 있다. 예를 들면, 대수 연립방정식의 해를 구하기 위하여 SolveTools 패키지를 사용하면, solve 명령어로 각 단계마다 상호작용적으로 문제해결의 과정을 밟을 수 있다.

- 계량 단위의 변환 : 공학 계산에서 많이 다루는 계량 단위와 차원의 변환과 관리에 대한 Units 패키지가 추가됨으로써 다양한 계량 단위와 차원에서 공학/과학 계산을 구할 수 있다. 예를 들면, 인치를 피트 단위로 손쉽게 변환시킬 수 있고, 입력된 신호 데이터를 frequency와 time 차원에서 각각 다룰 수 있게 된다. 사용자가 특정 계량 단위에 이름을 새로 부여할 수 있고, 출력 포맷을 선택할 수 있다. 이런 계량 단위는 역사적으로 사용된 계량 단위까지 지원한다.

- 웹 인터페이스 강화 : Maple 7의 표준 패키지로서 제공되는 TCP/IP 소켓을 사용하면 인터넷의 자료 또는 다른 컴퓨터의 데이터를 실시간으로 이용할 수 있다. 또한 Maple 계산의 결과를 HTML의 확장 언어인 XML 문서로 출판할 수 있다. Maple의 수식 표현과 Maple로 작성한 문서를 MathML을 지원하는 웹브라우저에서 읽을 수 있도록 MathML 2.0 규격을 지원하고 있다. MathML 브라우저가 없는 경우에는 변환된 MathML 문서를 WebEQ 자바 애플릿으로 구동시킬 수 있다.

- GUI(그래픽 사용자 인터페이스) : 계량 단위 변환을 위한 인터페이스와 벡터 입력을 위한 팔레트가 추가되었으며, 워크쉬트에 restart와 execute버튼을 사용할 수 있게 되었다. 또한 단축키 또는 편집 메뉴에서 명령어를 완성할 수 있는 기능을 첨가하여 사용자의 명령어 입력을 수월하게 해준다.

- Maple 시스템과 언어 : 프로시저를 호출하여 반환되는 타입을 가질 수 있고, Maple의 입출력에 관한 인터페이스를 바꿀 수 있다. 타입 확인에 관한 subtype, satisfies 등이 추가되고, RootOf에 관한 타입 체크를 할 수 있다. 또한 지역 변수와 광역 변수에 대한 체크도 가능하다. 그 외에도 한 개의 모듈 내에서 프로시저에 대한 각 단계별 디버깅 점검(trace)을 할 수 있다.

2) Maple 10 버전의 새로운 기능

Maple 10 버전에는 기존의 버전과 달리 사용하기 쉬운 인터페이스, 강화된 수치 계산, 교육용 기능이 추가되었다.

- 사용하기 쉬운 인터페이스 : Maple 10 이전 버전에서 제공하는 워크시트와 달리 수식을 포함한 문서를 작성하는 형태의 문서 모드(document mode) 인터페이스가 추가되었다. 즉 Maple 입력 모드인 "[>" 프롬트가 없이 수식 입력과 출력을 볼 수 있도록 제공하는 것이 문서 모드(document mode)이다. 여러분은 Digital Filter Design에 관한 문서를 작성한 예를 다음 화면에서 보게 된다. 이처럼 문서 모드에서 워드프로세서처럼 수식과 설명하는 글, 그래프 및 버튼 등 필요한 인터페이스를 사용하여 수학 문서를 만들게 된다.

또한 Maplet 10 버전에서는 수식입력의 어려움을 해소하기 위하여 방정식 편집기와 2차원 수식 입력기가 제공되며 사용자가 입력하는 수식 기호를 인식하는 기능까지 갖추고 있다. 그리고 Maple를 사용하는 과정에서 오른쪽 마우스를 클릭하면 주어진 상황에 따라 메뉴가 나타나는 context menu의 기능이 확장되었다.

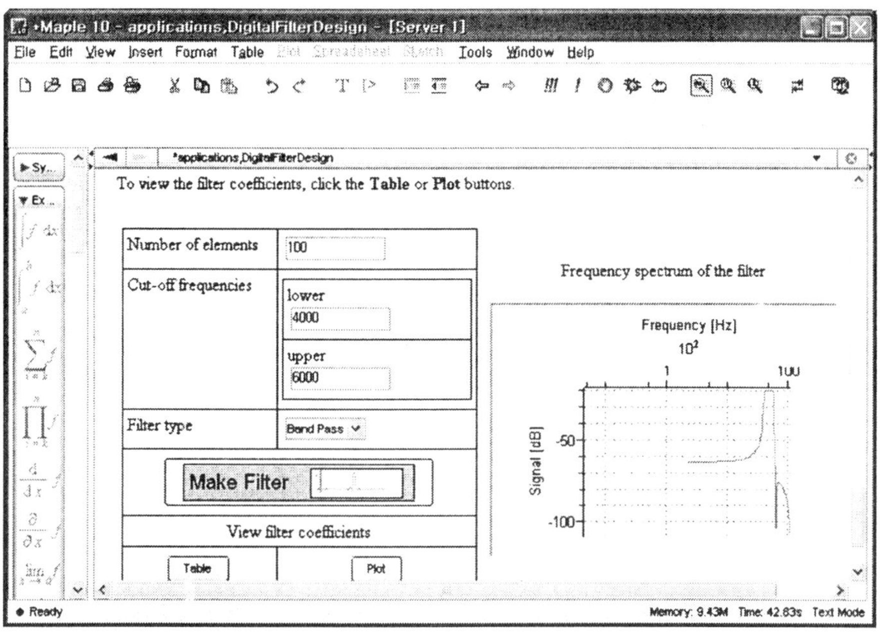

이 외에도 사용자의 입장을 고려하여 단계별로 빈 칸을 입력하면서 문제를 해결하는 task templates가 새로이 추가되었으며 데이터를 읽어들이고 분석하는데 상호작용 기능을 제공하는 task assistant가 유용하게 사용될 것이다. Maple의 기능을 자바 애플릿으로 구현할 수 있는 Maplet을 개발하는 Maplet Builder를 사용하면 마우스 클릭만으로 손쉽게 Maplet을 제작할 수 있다.

- 수치 계산의 향상 : 규모가 큰 데이터 분석과 그래픽 분석, 곡선 적합(curve fitting) 등 다양한 통계 계산을 지원하는 패키지가 추가되었다. 기존에 해결하기 어려웠던 선형 및 비선형 미분방정식을 해결하는 기능이 추가되었으며 linear integer programming과 같이 최적화 문제를 해결하는 optimization 패키지가 확장되었다. 그리고 수치계산의 속도를 향상시키기 위하여 함수를 컴파일하는 옵션이 추가되었다.

- 교육용 기능 : Maple 10 버전에서 눈에 띄는 것 중의 하나가 교육용 기능이다. 미적분 중에서 Rn→Rm에서 정의된 함수를 배우고 가르치는 용도로 개발된 것이 Student[VectorCalculus] 패키지이다. 이것은 공간 곡선과 백터장을 시각적으로 보여주고 애니메이션을 사용하여 탐구하는 튜터의 기능을 포함하고 있다. 이 외에도 중등수학용 튜터인 Student[Precalculus] 패키지가 학습용으로 유용하다. 각종 튜터에 대한 정보를 알고 싶으면 ?tutor를 입력해 보라.

주목할 만한 것 중의 하나는 Maple을 사용한 학습에 대한 평가를 할 수 있도록 Maple T. A.와 연계되어 있다는 점이다. Maple을 이용한 과제 제출 및 사지선다, 빈칸 채우기 등의 평가용 문항 제작을 손쉽게 할 수 있도록 다양한 템플릿을 제공하고 있다. 그 외에도 그래핑 계산기에 능숙한 사용자는 별도로 바탕화면에 있는 아이콘에서 제공하는 계산기 에뮬레이터를 통하여 Maple의 기능을 불러올 수 있다.

CHAPTER 2

Maple에의 초대

2.1 수치, 계승, 범위, 합, 특수함수

일반적인 수식계산용 프로그램은 모든 변수에 대하여 수치를 입력하지 않으면 안되었다. 그러나 Maple은 기본적인 기능으로 수치로 주어져 있지 않는 기호요소를 포함한 채로 계산할 수 있다. 또한 다른 기능으로 기호를 포함한 식(expression)의 간략화, 변환이 가능하다. 예를 들어 다음과 같이 실행해 보자.

```
> f:=x^3-y^3;
```

$$f := x^3 - y^3$$

```
> factor(f);
```

$$(x-y)(x^2+xy+y^2)$$

첫 번째 식은 이름 f에 식 x^3-y^3을 할당시키는 명령문이고 두 번째 식은 x^3-y^3을 인수분해(factor)하라는 명령문이다. Fortran, Pascal, C와 같은 프로그래밍언어를 다루어 본 경험이 있으면 위 예제의 기호 " : ="가 두 가지 다른 목적으로 사용된다는 것을 알 수 있다. 즉, 기호 f는 변수로 사용되고, 할당된 값이 주어져 있으며 기호 x와 y는 미지수로서 사용되며 값을 갖지 않는다는 것이다.

Maple 안에서 명령문은 주어진 환경에서 평가된다. 예를 들어, a에 값 1을 할당한다.

```
> a : =1 ;
```

$$a := 1$$

계속하여 다음 명령문을 실행하면 x에는 값 $1+b$가 할당된다.

```
> x : =a+b ;
```

$$x : 1+b$$

또한 다음 명령문을 실행하면 x는 0으로 평가되고, f에는 값 0이 할당된다. 이때 sin(0)은 자동적으로 0으로 간략화 시키는 것에 주의하기 바란다.

```
> b : =-1 ; f : =sin(x) ;
```

$$b := -1$$
$$f := 0$$

마지막으로 다음을 실행하면 x는 1로 평가되어, g에는 값 sin(1)이 할당된다.

```
> b : =0 ; g : =sin(x) ;
```

$$b := 0$$
$$g := \sin(1)$$

sin(1)은 전후관계로부터 그 이상의 평가 또는 간략화 할 수는 없지만, 사용자가 희망하는 정밀도로 sin(1)을 소수로 전개하여 부동소수점 수로 식을 평가할 수 있다.

Maple에서 수치계산은 수식처리 관점에서 수치를 다룬다.

```
> 3+4;
```

$$7$$

```
> 3*7;
```

$$21$$

Maple의 중요한 특징 중의 하나가 유리수의 사칙연산을 정확하게 할 수 있다는 것이다. 유리수의 사칙연산 결과는 반드시 유리수 형태(분수)로 출력된다. 즉, 부동소수점 근사 등으로는 출력하지 않는다. 이것은 수식처리 Maple의 수치계산 기능의 기본 규칙이다.

예를 들어, $2+\frac{1}{2}$의 계산결과는 $\frac{5}{2}$이지만 Maple에서는 2.5라고 간주하지 않는다. $\frac{5}{2}$는 유리수로 2.5는 부동소수점 근사의 수(컴퓨터 내부의 수치표시)로써 전혀 다른 대상으로 다룬다. 식을 정확하게 표시한다는 능력에 의해 식의 원래의 성질이나 구조에 관한 여러 가지 정보를 잃지 않기 위해서이다.

```
> 1/2+1/3+2/7;
```

$$\frac{47}{42}$$

```
> 2*(1+1/3);
```

$$\frac{8}{3}$$

Maple은 유리수를 처리하여 정확한 결과를 출력하는 능력이 있다. 이 "정확"과 "근사"의 차이점은 매우 중요하다. 컴퓨터로 정확하게 실행할 수 있으므로 광범위하게 문제를 풀 수 있게 된다.

```
> p:=1153*(3^58+5^40)/(29!-7^36);
```

$$p := \frac{13805075714975527214071994314}{5368630657311403714453245983}$$

Maple의 상수는 글로벌 변수 Digits에 의해 지정된 유효숫자의 디폴트(default) 값은 10이고 명령어 evalf 등을 사용하여 부동소수점 수로 평가할 수 있다.

```
> evalf(p);
```

$$2.571433313$$

즉, 명령어 evalf는 p값을 부동소수점 수로 지정된 유효숫자 10자리까지 계산하여 그 값을 출력한다. 식의 중간에 부동소수점 수가 존재할 경우에는 자동적으로 계산 전체를 부동소수점 수로 계산한다.

```
> 1/2.0+1/3+2/7;
```

$$1.119047619$$

삼각함수의 각은 라디안을 사용한다.

```
> h:=tan(3*Pi/7);
```

$$h := \tan\left(\frac{3}{7}\pi\right)$$

```
> evalf(h);
```

$$4.381286277$$

```
> Digits:=40:
> evalf(h);
```

$$4.381286267534823072404689085032695444160$$

Maple에서는 소인수분해, 소수인지 아닌지에 대한 여부를 체크할 수 있다.

```
> p:=2^(2^6)+1;
```

$$p := 18446744073709551617$$

```
> isprime(p);
```

$$\text{false}$$

여기서 isprime은 인자인 p가 소수이면 true, 소수가 아니면 false를 표시한다.

```
> ifactor(p);
```

$$(67280421310721)(274177)$$

Maple에서는 연산자 !은 피연산자의 계승을 표시한다. "$n!$"이라고 입력하면 이것은 함수적 형식 factorial(n)에 대한 간략형이다. 평가되지 않은 계승의 형태는 ! 이다.

```
> 0!, factorial(3), 10!, 3.4! ;
```

$$1,\ 6,\ 3628800,\ 10.136101851155132104090653258509332018 24$$

```
> (-2)! ;
```

Error, numeric exception : division by zero

Maple에서 n!!는 이중 계승함수를 표시하는 것이 아니고,
반복된 계승 $(n!)!$이다.

```
> 3!! ;
```

$$720$$

Maple에서 조합 $\binom{n}{r}$은 이항계수 binomial(n, r)이다.

```
> seq(binomial(10, k), k=0..10) ;
```

$$1,\ 10,\ 45,\ 120,\ 210,\ 252,\ 210,\ 120,\ 45,\ 10,\ 1$$

```
> sum(binomial(n, i), i=0..n) ;
```

$$2^n$$

다음은 $\ln x$의 n차 도함수를 구하는 예제이다.

```
> diff(ln(x), x$n) ;
```

$$\frac{(-1)^{n-1}(n-1)!}{x^n}$$

```
> seq( diff(ln(x), x$n), n=1..5 ) ;
```

$$\frac{1}{x},\ -\frac{1}{x^2},\ \frac{2}{x^3},\ -\frac{6}{x^4},\ \frac{24}{x^5}$$

즉, 범위를 식열로 변환하기 위해서는 $연산자를 사용한다. 연산자 $는 식열을 구

성한다. $의 기본적인 목적은 위 예제의 x$n과 같이 기호열을 표시하기 위한 것이다. 일반적으로 $ 연산자는 seq보다 효과적이지 못하다. 또한 “a..b”는 “a에서 b까지”라는 범위를 표시한다.

```
> $0..4 ;
```

$$0,\ 1,\ 2,\ 3,\ 4$$

$a..b에서 a와 b가 정수가 아닌 경우는 명령어 seq와 다르다. 그러나 a와 b가 특정의 값을 평가하기 위해 쓰일 때에는 seq 명령어는 $명령어보다 효과적이다.

```
> seq(a[i], i=1..4) ;
```

$$a_1,\ a_2,\ a_3,\ a_4$$

```
> seq(i^2, i=2/3..8/3) ;
```

$$\frac{4}{9},\ \frac{25}{9},\ \frac{64}{9}$$

범위는 sum과 int 명령어 등에서 공통된 사용법이 적용된다. sum(식, 변수=범위)와 같이 합을 구한다.

```
> sum(i^2, i=1..n) ;
```

$$\frac{1}{3}(n+1)^3-\frac{1}{2}(n+1)^2+\frac{1}{6}n+\frac{1}{6}$$

합을 구하는 범위의 상한과 하한이 각각 1과 n이라고 해석한다. Maple에서는 수치와 기호의 양쪽 모두 범위를 부여하여 합을 구할 수 있다.

```
> sum(i, i=0..n-1) ;
```

$$\frac{1}{2}n^2-\frac{1}{2}n$$

```
> sum(i^2, i=1..98765) ;
```

$$321140105228115$$

```
> sum(i^4 * 7^i, i=1..n-1) ;
```

$$-\frac{91}{54}7^n n+\frac{70}{81}7^n+\frac{14}{9}7^n n^2-\frac{7}{9}7^n n^3+\frac{1}{6}n^4 7^n-\frac{70}{81}$$

Maple에는 수학에서 표준적으로 사용하는 함수는 모두 준비되어 있다. 지수함수(exp), 초월함수(sin, cos, sinh⋯)는 물론 특수함수도 다룬다. 예를 들어, erf는 오차함수(error function)로, 임의의 x에 대하여

$$erf(x)=\frac{2}{\sqrt{\pi}}\int_0^x e^{-t^2}dt$$

와 같이 정의되어 있다.

```
> erf(3) ;
```

erf(3)

```
> evalf(erf(3)) ;
```

0.9999779095

Maple에서는 이항계수, Bernoulli 수, Euler 수, Fibonacci 수, Bell 수, Stirling 수와 같은 특수한 수치도 다룬다. 예를 들어, n차 Euler 수 $E(n)$은 지수생성함수

$$\frac{2}{e^t-e^{-t}}=\sum_{n=0}^{\infty}\frac{E(n)}{n!}$$

와 같이 정의되어 있다.

```
> euler(6) ;
```

-61

마찬가지로 Euler 다항식도 정의되어 있다.

```
> euler(4, x) ;
```

$$x^4-2x^3+x$$

다음은 주어진 식에 대하여 합을 취한 결과가 특수 함수로 출력되는 경우이다.

```
> sum((i-1)/(i+1), i=1..k) ;
```

$$k+2-2\psi(2+k)-2\gamma$$

여기서 ψ는 Digamma 함수를 의미하고, 예를 들어 $\psi(2)=1-\gamma$의 관계가 있다 (자세한 것은 "? Psi"를 입력하여 참고하기 바란다). 그리고 γ는

$$\lim_{n\to\infty}\left(\sum_{i=1}^{n}\frac{1}{i}-\ln(n)\right)$$

과 같은 Euler 상수이고 근사값은 0.5772156⋯.이다.

```
> sum(1/i^2+1/i^3, i=1..infinity) ;
```

$$\frac{1}{6}\pi^2+\zeta(3)$$

여기서 ζ는 리만 Zeta 함수를 의미하고 Re(z)>1에 대하여

$$Zeta(z)=\zeta(z)=\sum_{i=0}^{\infty}\frac{1}{t^z}$$

와 같이 정의된다.

```
> Zeta(2.2) ;
```

$$1.490543257$$

이 이외에도 소수부분을 반올림한 정수를 출력하는 trunc 함수, Bessel 함수, Legendre의 타원적분 함수, 초기하 함수 hypergeom 등 수학에서 사용하는 특수 함수는 대부분 다룬다. 수학에서 사용하는 함수에 대한 목록은 ?index, function 혹은 ?inifcns를 참조한다.

2.2 다항식

Maple에서 다항식을 전개하거나 전개하지 않는 형태로 다룰 수 있다.

```
> (x+1)^4*(x+2)^2;
```

$$(x+1)^4(x+2)^2$$

이 다항식을 전개하고 싶을 때 expand 명령어를 사용한다.

```
> expand(%);
```

$$x^6+8x^5+26x^4+44x^3+41x^2+20x+4$$

다시 인수분해하고 싶으면 factor 명령어를 사용한다.

```
> factor(%);
```

$$(x+1)^4(x+2)^2$$

Maple의 sort 명령어는 다항식의 변수를 내림차순으로 다시 나열한다. 원식은 보존되지 않고 다시 나열된 결과로 바뀐다.

```
> poly1:=x^2+x-3*x^4-4+x^5;
```

$$poly1 := x^2+x-3x^4-4+x^5$$

```
> sort(poly1);
```

$$x^5-3x^4+x^2+x-4$$

```
> poly1;
```

$$x^5-3x^4+x^2+x-4$$

다변수 다항식을 다시 나열하기 위해서는 두 가지 방법이 있다. 하나는 항의 총차수(total degree)의 내림차순으로 나열한다. 예를 들어 x^3y^3은 x^4y^4의 앞에 둔다. 다른 방법은 명령어에 옵션 plex와 순서를 x, y와 같이 지정하여 사전식(pure lexicographic) 순서로 나열하는 방법이다. 즉, 차수를 순서대로 나열할 수 있다.

```
> mpoly : =y^3+x^2*y^2+x^3;
```

$$mpoly := y^3 + x^2y^2 + x^3$$

```
> sort( mpoly, [x, y]);
```

$$x^2y^2 + x^3 + y^3$$

```
> sort( mpoly, [x, y], 'plex');
```

$$x^3 + x^2y^2 + y^3$$

또한 collect로 한 변수에 대하여 각 차수의 계수를 모두 묶어낼 수 있다. 예를 들어 어떤 다항식 안에 ax와 bx가 포함되어 있다고 할 때, collect로 $(a+b)x$로 묶을 수 있다.

```
> poly2 : =x*y+z*x*y+y*x^2-z*y*x^2+x+z*x;
```

$$poly2 := xy + zxy + yx^2 - zyx^2 + x + zx;$$

```
> collect(poly2, x);
```

$$(y + zy)x^2 + (y + zy + 1 + z)x$$

```
> collect(poly2, z);
```

$$(xy - yx^2 + x)z + xy + yx^2 + x$$

quo는 두 개의 다항식의 몫, rem은 나머지 등과 같이 다항식에 관한 연산이 가능하다.

```
> r : =rem(x^3+x+1, x^2+x+1, x);
```

$$r := 2 + x$$

```
> q : =quo(x^3+x+1, x^2+x+1, x);
```

$$q := x - 1$$

```
> collect((x^2+x+1)*q+r, x);
```

$$x^3 + x + 1$$

어떤 다항식이 또 다른 다항식으로 완전히 나누어 지면 true, 그렇지 않으면 false를 출력하는 divide 명령어가 있다.

```
> divide(x^3-y^3, x-y);
```

true

```
> rem(x^3-y^3, x-y, x);
```

0

degree와 coeff 명령어는 각각 다항식의 차수와 지정한 변수의 계수를 표시한다.

```
> poly3 := 43*x^4-x^3+2*x^2+x-1;
```

$$poly3 := 43x^4 - x^3 + 2x^2 + x - 1;$$

```
> degree(poly3);
```

4

```
> coeff(poly3, x^4);
```

43

다음은 임의의 변수에 대하여 그 계수를 구하는 방법이다.

```
> p := 2*x^2+3*y^3-5;
```

$$p := 2x^2 + 3y^3 - 5;$$

```
> coeff(p, x, 2);
```

2

```
> coeff(p, x^2);
```

2

```
> coeff(p, x, 0);
```

$$3y^3 - 5$$

그러나 다음과 같은 다항식의 계수를 구할 때 같은 차수끼리 묶어낸 뒤 계수를 찾아낸다.

```
> poly4 : =(x+1) * x^2+x^2 * (1-n) ;
```

$$poly4 := (x+1)x^2 + x^2(1-n) ;$$

```
> coeff(poly4, x^2) ;
```

$$2-n$$

이어서 collect 명령어로 실행한 뒤 x^2의 계수를 구하면 위와 같은 결과를 얻게 된다.

```
> poly5 : =collect(poly4, x) ;
```

$$poly5 := x^3 + (2-n)x^2$$

```
> coeff(poly5, x^2) ;
```

$$2-n$$

이 외에도 다항식의 계수와 관련된 명령어로 lcoeff(최고차수의 계수), tcoeff(최저차수의 계수), coeffs(모든 항의 계수) 등이 있다.

Maple은 유리식을 스스로 표준형으로 변환시키지 못한다.

```
> a : =expand((x * y/2-y^2/3) * (x-y) * (3 * x+y)) ;
```

$$a := \frac{3}{2}yx^3 - 2x^2y^2 + \frac{1}{6}xy^3 + \frac{1}{3}y^4$$

```
> a/(x^3-x^2 * y-x * y+y^2) ;
```

$$\frac{\frac{3}{2}yx^3 - 2x^2y^2 + \frac{1}{6}xy^3 + \frac{1}{3}y^4}{x^3 - yx^2 - xy + y^2}$$

그러나 normal을 사용하여 간략화를 실행시킬 수 있다.

```
> normal(%) ;
```

$$\frac{1}{6}\frac{(9x^2 - 3xy - 2y^2)y}{x^2 - y}$$

필요한 경우에 gcd와 lcm 명령어로 다항식의 최대공약수 및 최소공배수를 계산할 수 있다.

```
> gcd(x^3+1, x^2+3*x+2);
```

$$x+1$$

```
> p:=55*x^2*y+44*x*y-15*x*y^2-12*y^2:
> q:=77*x^2*y-22*x^2-21*x*y^2+6*x*y:
> gcd(p, q);
```

$$-3y+11x$$

```
> lcm(15*(x-5)*y, 9*(x^2-10*x+25));
```

$$5y(9x^2-90x+225)$$

Maple에서는 정수, 유한체, 대수적 수체를 포함한 다양한 영역에서 다항식을 인수분해 할 수 있다.

```
> factor(x^4-2);
```

$$x^4-2$$

```
> factor(x^4-2, sqrt(2));
```

$$(x^2-\sqrt{2})(x^2+\sqrt{2})$$

factor 명령어의 두 번째 인수는 대수적 확대를 의미한다. 이 인수에는 위와 같은 근 또는 RootOf을 할당한다. RootOf(x^4-2)는 x^4-2의 임의의 근을 제공한다. 입출력을 짧게 하기 위해 명령어 alias로 문자변수(예 : alpha)를 정의하여 출력을 쉽게 할 수 있다.

```
> alias(alpha=RootOf(x^4-2));
```

$$a$$

```
> factor(x^4-2, alpha);
```

$$(x^2+a^2)(x+a)(x-a)$$

Maple은 RootOf 명령어를 포함한 해를 출력하는 때가 있다.

```
> solve(x^5-2*x+3=0, x);
```

$$\text{RootOf}(\_Z^5-2\_Z+3,\ \text{index}=1)$$
$$\text{RootOf}(\_Z^5-2\_Z+3,\ \text{index}=2)$$
$$\text{RootOf}(\_Z^5-2\_Z+3,\ \text{index}=3)$$
$$\text{RootOf}(\_Z^5-2\_Z+3,\ \text{index}=4)$$
$$\text{RootOf}(\_Z^5-2\_Z+3,\ \text{index}=5)$$

RootOf(식)은 주어진 식의 모든 근을 저장하여 두는 장소라고 생각하면 된다. 즉, x가 다항식 z^5-2z+3의 하나의 근이라는 것이다. 근의 정확한 형태를 얻기 위해서는 allvalues를 사용한다.

```
> evalf(%);
```

$$0.9585321812+0.4984277790I,$$
$$-0.2467292569+1.320816347I,\ -1.423605849,$$
$$-0.2467292569-1.320816347I,$$
$$0.9585321812-0.4984277790I,$$

다음 예에서는 $x^6+x^5+x^4+x^3+1$을 정수 범위에서 인수분해 할 수는 없지만 2를 법(mod)으로 하는 정수 범위에서는 인수분해 할 수 있다는 것을 보여준다. 이것은 Maple이 명령어 factor를 바로 호출하는 것, 즉 Factor를 사용하여 정수 범위에서 계산되어 버리는 것을 방지하기 위한 것이다.

```
> f:=x^6+x^5+x^4+x^3+1;
```

$$f:=x^6+x^5+x^4+x^3+1;$$

```
> Factor(f) mod 2;
```

$$(x^2+x+1)(x^4+x+1)$$

이외에도 다항식를 다루기 위한 많은 명령어들이 내장되어 있다.

2.3 방정식

Maple의 solve 명령어는 초등초월함수를 포함한 방정식이나 선형 또는 다항식의 연립방정식을 풀기 위한 목적으로 사용된다. solve는 하나 혹은 그 이상의 방정식을 다루고 지정된 미지수에 대하여 정확하게 해를 구하려고 한다. 방정식들과 미지수는 {eq1, eq2}, {x, y}, {x}와 같이 집합기호를 사용하여 표시할 수 있다.

```
solve(방정식, 미지수) ;
solve(방정식1, 방정식2, , 미지수1, 미지수2, ) ;
```

```
> solve( x^2-1=0, x) ;
```

$$1,\ -1$$

다음 예제는 하나의 미지수에 대하여 하나의 방정식을 푸는 경우이고, 따라서 각 집합은 하나의 요소만 갖는다. 즉 두 해는 각각 x만의 집합으로 나란히 2개가 출력된다.

```
> solve({x^2=4}, {x}) ;
```

$$\{x=2\},\ \{x=-2\}$$

Maple은 집합으로 풀 수 있는 해를 모두 집합 표시로 출력한다. 예를 들어, 이차방정식은 두 개의 해를 갖기 때문에 Maple은 각 해는 중괄호를 사용한 집합으로 나타내고 “,”로 나열한 식열로 표시된다. 만약 해를 구하고자 하는 특정의 미지수를 지정하지 않으면 Maple은 모든 미지수에 대하여 해를 구한다.

```
> solve({x+y=0}) ;
```

$$\{y=y,\ x=-y\}$$

두 개의 방정식으로 해가 출력되었지만 실제 해는 하나뿐이다. 즉 y는 임의의 값을 갖고, x는 $-y$이다. x는 y와 관련하여 매개변수화 된다는 것을 의미한다.

방정식이 아니고 주어진 식(=0을 붙이지 않는 방정식도 포함)에 대하여 solve로 해를 구하려고 하면, Maple은 자동적으로 식이 0이라고 간주한다.

```
> solve({x^3-13*x+12}, {x});
```

$$\{x=1\}, \{x=3\}, \{x=-4\}$$

또한 solve 명령어는 연립방정식도 푼다.

```
> solve({x+2*y=3, y+1/x=1}, {x, y});
```

$$\{x=-1, y=2\}, \left\{y=\frac{1}{2}, x=2\right\}$$

solve 명령어와 함께 부등식을 지정하는 것으로 해를 제한할 수 있다.

```
> solve({x^2=y^2}, {x, y});
```

$$\{y=y, x=-y\}, \{x=y, y=y\}$$

```
> solve({x^2=y^2, x<>y}, {x, y});
```

$$\{y=y, x=-y\}$$

여기서 x<>y는 $x \neq y$의 Maple 표현이다. 방정식이나 변수를 집합으로 다루기 위해 중괄호로 묶었지만 이 중괄호는 붙이지 않아도 Maple은 스스로 방정식을 풀어준다. 해가 얻어지면 먼저 해가 옳은가 아닌가를 원래의 식에 대입하여 확인할 필요가 있다. 이 절에서는 예제를 중심으로 일차, 이차, 고차방정식, 연립방정식 등을 다룬다.

1) 일차, 이차방정식

a, b를 상수로 하는 방정식 일차방정식 $ax+b=0$ $a \neq 0$을 x에 대해 해를 모두 구하는 것을 "방정식의 해를 찾는다"라고 한다. 일차방정식의 해는 $-\frac{a}{b}$이다. 여기서 주의해야 할 것은 $a=0$이고 $b=0$일 때 해는 임의의 개수이고 이 방정식은 부정(indeterminate)이라 한다. 또한 $a=0$이고 $b \neq 0$일 때 해는 존재하지 않는다. 예를 들어 a에 관한 방정식 $f-ma=0$의 해를 구하여 보자.

```
> solve(f=m*a, a);
```

$$\frac{f}{m}$$

구하여진 해가 정확한지 원식에 대입하여 확인한다.

```
> eqs : ={-5 * x+2=6} ;
```

$$eqs := \{-5x+2=6\}$$

```
> sol_eqs : =solve(eqs, {x}) ;
```

$$sol\_eqs := \left\{x=-\frac{4}{5}\right\}$$

subs로 구하여진 미지수의 값을 방정식에 대입하여 해가 정확한지를 확인할 수 있다.

```
> subs(sol_eqs, eqs) ;
```

$$\{6=6\}$$

방정식 $-5x+2=6$의 해 $x=-\frac{4}{5}$는 $y=-5x-4$과 x축과의 교점임을 알 수 있다.

```
> plot(-5 * x-4, x=-2..2) ;
```

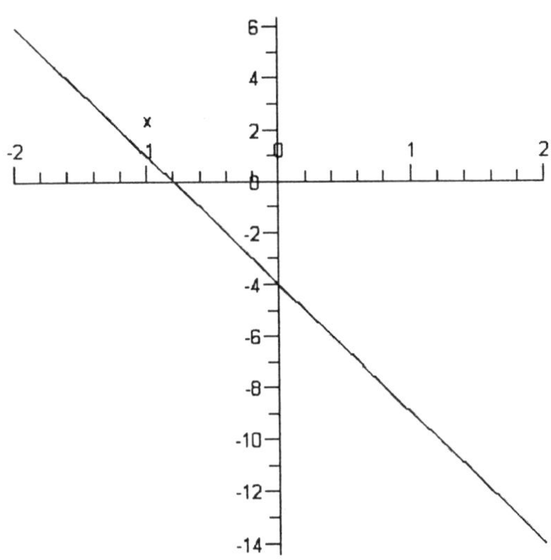

a, b, c를 상수로 하는 이차방정식 $ax^2+bx+c=0$ $(a\neq 0)$은

$$ax^2+bx+c=a(x-a)(x-b)=0$$

과 같이 좌변이 인수분해되면 해는 $x=\alpha$, $x=\beta x=a$이다. 또한 인수분해되지 않을 때는 근의 공식 $x=\dfrac{-b\pm\sqrt{b^2-4ac}}{2a}$을 사용하여 구할 수 있다. 예를 들어, $2x^2+3x-1=0$의 해는 실수해 $\dfrac{-3\pm\sqrt{17}}{4}$이다.

```
> solve({2 * x^2+3 * x-1=0}, {x}) ;
```

$$\left\{x=-\frac{3}{4}+\frac{1}{4}\sqrt{17}\right\},\ \left\{x=-\frac{3}{4}-\frac{1}{4}\sqrt{17}\right\}$$

즉, 방정식 $x^2-4x=4=0$의 해는 중복해(중근) $x=2$이다.

```
> solve({x^2-4 * x+4=0}, {x}) ;
```

$$\{x=2\},\ \{x=2\}$$

$x^2+2x+2=0$의 해는 $x=-1\pm i$이다. 이와 같이 해가 복소수인 것을 허수해라 한다.

```
> solve({x^2+2 * x+2=0}, {x}) ;
```

$$\{x=-1+\mathrm{I}\},\ \{x=-1-\mathrm{I}\}$$

이차방정식 $ax^2+bx+c=0(a\neq 0)$의 해가 실수 또는 복소수인가는 판별식 $D=b^2-4ac$의 부호에 의해 결정된다. 즉, $D>0$이면 서로 다른 두 개의 실근, $D=0$이면 중근, $D<0$이면 서로 다른 두 개의 허근임을 의미한다.

```
> solve({x^2=2}, {x}) ;
```

$$\{x=\sqrt{2}\},\ \{x=-\sqrt{2}\}$$

```
> solve({y^2=-2}, {y}) ;
```

$$\{y=I\sqrt{2}\},\ \{y=-I\sqrt{2}\}$$

```
> solve({(x-1)^2}, {x}) ;
```

$$\{x=1\},\ \{x=1\}$$

다음 그래프에서 x축과 $y=x^2-2$의 그래프의 교점이 $x^2=2$의 해라는 것을 알 수 있다. 이 판별식은 $D=8$이고 $D>0$이다. 그러나 $y=x^2+2$의 곡선은 x축과 만나지 않는다. 이 때 방정식의 판별식은 $D=-8$이고 $D<0$이므로 해는 복소수이다. 또한 $y=(x-1)^2$의 곡선은 x축과 단 하나의 점, 즉 해가 되는 $x=1$에서 만나고(접하고), 이 때 판별식은 $D=0$이다.

```
> plot({x^2-2, x^2+2, (x-1)^2}, x=-2..2);
```

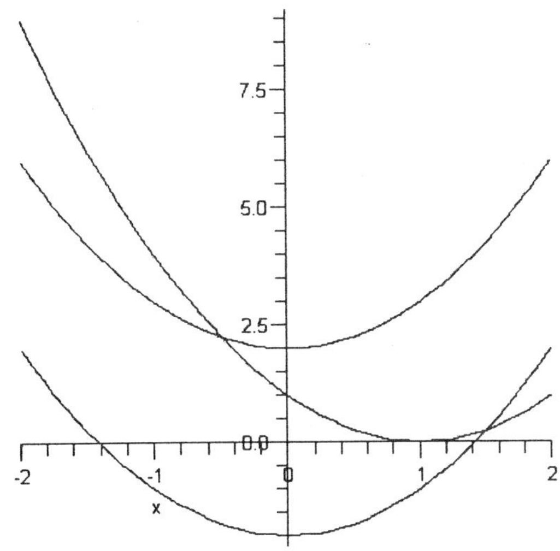

다음은 $3x^2-2x+1=0$을 풀고, 얻어진 해를 원식에 대입하여 정확한지를 확인한다.

```
> eqs2 := {3*x^2-2*x+1=0}:
> sol_eqs2 := solve(eqs2, {x});
```

$$sol\_eqs2 := \left\{x=\frac{1}{3}+\frac{1}{3}I\sqrt{2}\right\},\ \left\{x=\frac{1}{3}-\frac{1}{3}I\sqrt{2}\right\}$$

```
> subs(sol_eqs2[1], eqs2); subs(sol_eqs2[2], eqs2);
```

$$\left\{3\left(\frac{1}{3}+\frac{1}{3}I\sqrt{2}\right)^2+\frac{1}{3}-\frac{2}{3}I\sqrt{2}=0\right\}$$

$$\left\{3\left(\frac{1}{3}-\frac{1}{3}I\sqrt{2}\right)^2+\frac{1}{3}+\frac{2}{3}I\sqrt{2}=0\right\}$$

```
> simplify(%);
```

$$\{0=0\}$$

$ax^2+bx+c=0$의 해를 α, β라고 하면 그 해와 계수 사이에는 다음 관계가 있다.

$$\alpha+\beta=-\frac{b}{a},\ \alpha\beta=\frac{c}{a}$$

2차방정식 $2x^2-5x-3=0$의 해를 구하고 해와 계수의 관계를 살펴보자.

```
> sol := {solve(2*x^2-5*x-3=0, x)};
```

$$sol := \left\{3,\ -\frac{1}{2}\right\}$$

```
> alpha := sol[1]; beta := sol[2];
```

$$\alpha := 3$$

$$\beta : -\frac{1}{2}$$

```
> alpha+beta;
```

$$\frac{5}{2}$$

```
> alpha*beta;
```

$$-\frac{3}{2}$$

2) 고차방정식

다음 고차방정식을 살펴보자.

$$a_nx^2+a_{n-1}x^{n-1}+\cdots+a_1x+a_0=0,\ (n\geq 3)$$

이 방정식의 해는 Maple에서 풀 수 있는 것도 있지만 대수적으로 풀 수 없는 경우(2.3.5절 참조)도 있다. 4차방정식 $x^4-5x^2+6x=2$의 해를 구하여 보자.

```
> eq := x^4 - 5 * x^2 + 6 * x = 2 :
> solve({eq}, {x}) ;
```

$$\{x=1\},\ \{x=1\},\ \{x=-1+\sqrt{3}\},\ \{x=-1-\sqrt{3}\}$$

다음은 x의 해만으로 구성된 리스트를 만들고 검증하여 보자.

```
> sols := [solve(eq, x)] ;
```

$$sols := [1,\ 1,\ -1-\sqrt{3},\ -1-\sqrt{3}]$$

```
> sols[1] ;
```

$$1$$

```
> evalf(sols) ;
```

$$[1.,\ 1.,\ 0.732050808,\ -2.732050808]$$

```
> sols := {solve(eq, x)} ;
```

$$sols := [1,\ -1+\sqrt{3},\ -1-\sqrt{3}]$$

```
> sols[1] ;
```

$$1$$

구하여진 해를 원식에 대입하여 확인한다.

```
> subs( x = sols[1], {eq} ) ;
```

$$\{2=2\}$$

해가 구체적으로 구하여지지 않는 경우에는 RootOf(식)의 형태로 표시된다. 그러나 이 경우에도 allvalues 명령어 등을 사용하여 (근사)수치해를 구할 수 있다.

```
> solve(x^5 - 3 * x^4 + 2 * x^2 - x + 3, x) ;
```

$$\mathrm{RootOf}(\_Z^5-3\_Z^4+2\_Z^2-\_Z+3,\ index=1)$$
$$\mathrm{RootOf}(\_Z^5-3\_Z^4+2\_Z^2-\_Z+3,\ index=2)$$
$$\mathrm{RootOf}(\_Z^5-3\_Z^4+2\_Z^2-\_Z+3,\ index=3)$$

$$\text{RootOf}(\_Z^5-3\_Z^4+2\_Z^2-\_Z+3,\ \text{index}=4)$$

$$\text{RootOf}(\_Z^5-3\_Z^4+2\_Z^2-\_Z+3,\ \text{index}=5)$$

```
> evalf(%);
```

$$1.327862375,\ 2.725868853$$

$$0.03687403922+0.8565945569I,\ -1.127479307$$

$$0.03687403922-0.8565945569I$$

3) 연립방정식

Maple에서 연립일차방정식은 다음과 같이 방정식을 원소로 갖는 집합을 정의할 수 있고, 이를 사용하여 편리하게 해를 구한다.

```
> eqns:={u+v+w=1, 3*u+v=3, u-2*v-w=0};
```

$$eqns := \{u+v+w=1,\ 3u+v=3,\ u-2v-w=0\}$$

미지수 u, v, w에 대하여 푼다.

```
> sols:=solve(eqns);
```

$$sols := \left\{u=\frac{4}{5},\ w=-\frac{2}{5},\ v=\frac{3}{5}\right\}$$

구하여진 해를 원식에 대입하여 옳은 해인가를 확인한다.

```
> subs(sols, eqns);
```

$$\{3=3,\ 1=1,\ 0=0\}$$

다음은 연립방정식 $x+y=0$, $x-y=4$를 풀고, 그 해는 직선 $y=-x$, $y=x-4$의 교점이라는 것을 나타내어 보자.

```
> solve({x+y=0, x-y=4}, {x, y});
```

$$\{y=-2,\ x=2\}$$

```
> plot({-x, x-4}, x=0..4);
```

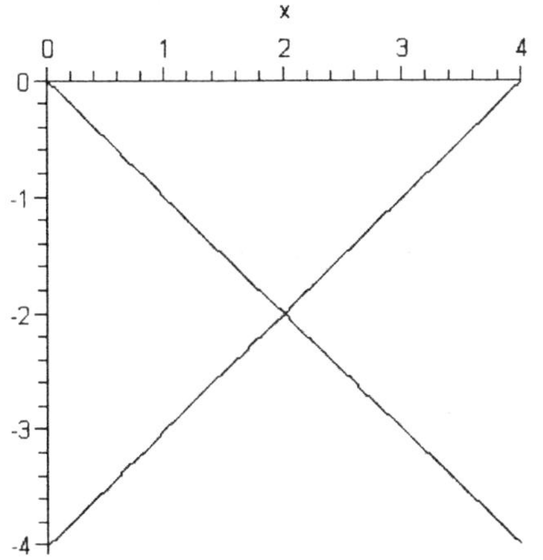

그러나 연립방정식 $-x+y=0$, $x-y=4$의 해는 존재하지 않는다(불능)는 것을 알 수 있다. 즉 두 직선 $y=x$, $y=x-4$는 평행이다.

```
> plot({x, x-4}, x=0..4);
```

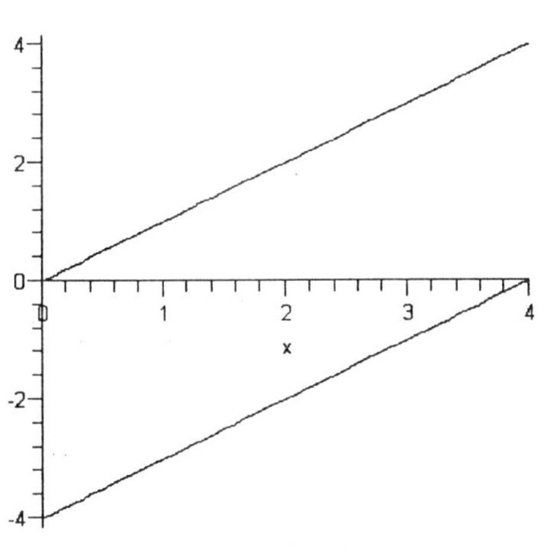

해가 불능인 경우 Maple은 아무것도 출력하지 않는다.

```
> solve({-x+y=0, x-y=4}, {x, y});
```

연립방정식 $x+y=0$, $-2x-2y=0$의 해는 무수히 존재하고($y=-x$인 실수의 조합은 모두 해), 이 연립방정식의 해는 부정이다. 즉 $y=-x$와 $2y=-2x$는 같은 직선이다.

```
> solve({x+y=0, -2*x-2*y=0}, {x, y});
```

$$\{x=-y,\ y=y\}$$

연립방정식 $x^2-2y=2$, $x-y=1$의 해는 각각 그래프의 교점이다.

```
> solve({x^2-2*y=2, x-y=1}, {x, y});
```

$$\{y=1,\ x=2\},\ \{y=-1,\ x=0\}$$

```
> plot({x^2/2-1, x-1}, x=-1..3);
```

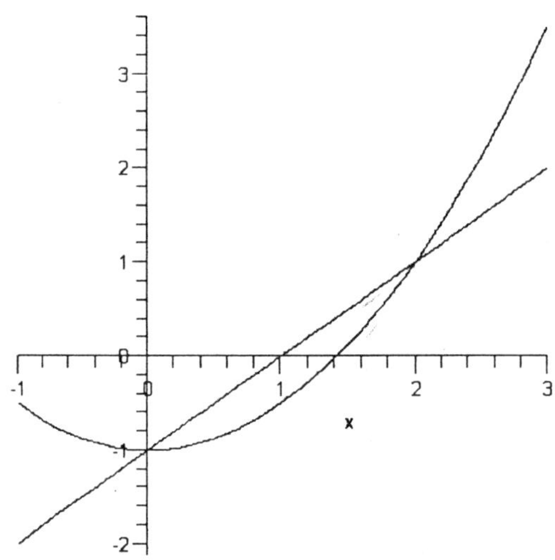

다음은 4개의 미지수를 포함한 연립방정식의 해를 구하여 보자.

```
> eqn1 := 3*r+4*s-2*t+u=-2:
> eqn2 := r-s+2*t+2*u=7:
> eqn3 := 4*r-3*s+4*t-3*u=2:
> eqn4 := -r+s+6*t-u=1:
> SolutionSet := solve({eqn1, eqn2, eqn3, eqn4}, {r, s, t, u});
```

$$SolutionSet := \left\{t=\frac{3}{4},\ s=-1,\ r=\frac{1}{2},\ u=2\right\}$$

subs 명령어를 사용하여 구한 r, s, t, u의 값을 방정식에 대입하여 해가 정확한

지를 확인할 수 있다.

```
> subs(SolutionSet, {eqn1, eqn2, eqn3, eqn4}) ;
```

$$\{2=2,\ 1=1,\ -2=-2,\ 7=7\}$$

방정식의 수가 미지수의 수보다 적을 때 Maple은 하나 또는 복수의 미지수를 자유변수로 다루어 해공간을 구성한다.

```
> solve({eqn1, eqn2, eqn3-eqn1}, {r, s, t, u}) ;
```

$$\left\{t=\frac{18}{17}s+\frac{123}{68},\ r=-\frac{1}{34}-\frac{9}{17}s,\ u=\frac{29}{17}-\frac{5}{17}s,\ s=s\right\}$$

```
> subs(%, {eqn1, eqn2, eqn3-eqn1}) ;
```

$$\{-2=-2,\ 7=7,\ 4=4\}$$

방정식의 계수에 매개변수를 사용할 수도 있다.

```
> eqn1 : ={x+y+z=a, x+2*y-a*z=0, b*z+a*y=0} :
> solve(eqn1, {x, y, z}) ;
```

$$\left\{x=\frac{(a^2+2b)a}{a^2+b+a},\ y=-\frac{ba}{a^2+b+a},\ z=\frac{a^2}{a^2+b+a}\right\}$$

다항식의 연립방정식을 푸는 알고리즘도 포함하고 있다.

```
> eqn2 : ={x^2+y^2=1, x^2+x=y^2} :
> solve(eqn2, {x, y}) ;
```

$$\{y=0,\ x=-1\},\ \left\{y=\frac{1}{2}\ \mathrm{RootOf}(\_Z^2-3,\ label=\_L1),\ x=\frac{1}{2}\right\}$$

다음은 미지수가 5개인 선형연립방정식을 예로 들어보자.

```
> eqn1 : =x+2*y+3*z+4*t+5*u=41 :
> eqn2 : =5*x+5*y+4*z+3*t+2*u=20 :
> eqn3 : =3*y+4*z-8*t+2*u=125 :
> eqn4 : =x+y+z+t+u=9 :
> eqn5 : =8*x+4*z+3*t+2*u=11 :
```

모든 미지수에 대하여 그 연립방정식을 푼다.

```
> s1 : =solve({eqn1, eqn2, eqn3, eqn4, eqn5}, {x, y, z, t, u}) ;
```

$$s1 := \{t=-11,\ z=-1,\ y=3,\ x=2,\ u=16\}$$

또한 미지수의 부분집합에 대하여 해를 선택하여 구할 수 있다. 그러면 Maple은 다른 미지수의 항으로 해를 출력한다.

```
> s2 : =solve({eqn1, eqn2, eqn3}, {x, y, z}) ;
```

$$s2=\left\{x=-\frac{527}{13}-7t-\frac{28}{13}u,\ z=-\frac{70}{13}-7t-\frac{59}{13}u,\ y=\frac{635}{13}+12t+\frac{70}{13}u\right\}$$

매개변수의 해를 구하는 것도 가능하다. 예를 들어 $u=1$과 $t=1$을 위의 해 s2에 대입하면 다음과 같다.

```
> subs({u=1, t=1}, s2) ;
```

$$\left\{z=-\frac{220}{13},\ x=-\frac{646}{13},\ y=\frac{861}{13}\right\}$$

Maple은 solve 명령어에 의해 해를 구하여 내부서식의 순서로 출력한다.

사용자가 임의의 집합에서 원소의 순서를 고정시킬 수 없기 때문에 solve는 x, y, z의 순서대로 해를 출력하지 않는다. 그러나 리스트는 지정한 순서를 유지한다.

```
> subs(s2, [x, y, z]) ;
```

$$\left[-\frac{527}{13}-7t-\frac{28}{13}u,\ \frac{635}{13}+12t+\frac{70}{13}u,\ -\frac{70}{13}-7t-\frac{59}{13}u\right]$$

이 명령어는 방정식의 해를 미지수 x, y, z 순으로 구한다.

다음은 해를 함수로 다루기 위해 $x=x(u,\ t)$, $y=y(u,\ t)$, $z=z(u,\ t)$라고 정의한다. subs를 사용하여 지정된 변수에 대하여 방정식의 해를 쉽게 선택할 수 있다.

```
> subs(s2, x) ;
```

$$-\frac{527}{13}-7t-\frac{28}{13}u$$

그러나 이것은 x에 대한 하나의 식이지 함수가 아니다.

```
> x(1, 1);
```

$$x(1,\ 1)$$

4) fsolve, isolve, msolve, rsolve 명령어

solve 명령어는 모든 해를 기호를 사용한 형태로 구하려고 한다. 특정의 범위 안에서 수치해만를 구하고 싶을 때에는 fsolve를 사용한다. fsolve는 다항식에 대하여 모든 실근(연산에 복소수를 지정 했을 때에는 모든 허근)을 수치해로 구할 수 있지만, 일반적으로는 하나의 수치해만을 구할 수 있다.

```
> fsolve(x^4-2, x);
```

$$-1.189207115,\ 1.189207115$$

```
> fsolve(x^4-2, x, complex);
```

$$-1.189207115,\ -1.189207115I,\ 1.189207115I,\ 1.189207115$$

```
> fsolve(x=cos(x), x);
```

$$0.7390851332$$

```
> eq1 := sin(x+y)-exp(x)*y=0:
> eq2 := x^2-y=2:
> fsolve({eq1, eq2}, {x, y}, {x=-1..1, y=-2..0});
```

$$\{x=-.6687012050,\ y=-1.552838698\}$$

```
> poly := 23*x^5+105*x^4-10*x^2+17*x:
> solve({poly}, {x});
```

$$\{x=0\},\ \{x=\mathrm{RootOf}(23\_Z^4+105\_Z^3-10\_Z+17,\ \mathrm{index}=1)\}$$
$$\{x=\mathrm{RootOf}(23\_Z^4+105\_Z^3-10\_Z+17,\ \mathrm{index}=2)\}$$
$$\{x=\mathrm{RootOf}(23\_Z^4+105\_Z^3-10\_Z+17,\ \mathrm{index}=3)\}$$
$$\{x=\mathrm{RootOf}(23\_Z^4+105\_Z^3-10\_Z+17,\ \mathrm{index}=4)\}$$

방정식에 대해서 fslove는 단일 실수해를 계산하려고 한다. 그러나 다항식에 대해서는 복소수가 아닌 모든 실수해를 계산한다.

다음은 주어진 구간 $a..b$, $x=a..b$ 혹은 $\{x=a..b,\ y=c..d,\ \cdots\}$에서 해를 구한다. 범위는 폐집합, 즉 끝점은 범위에 포함된다.

```
> fsolve(poly, x, -1..1);
```

$$-.6371813185,\ 0.$$

옵션 maxsols=n은 n에 가장 가까운 해를 구한다. 하나 이상의 해가 구하여지는 다항식에 대해서만 의미가 있다.

```
> fsolve(poly, x, maxsols=3);
```

$$-4.536168981,\ -.6371813185,\ 0.$$

```
> q:=3*x^4-16*x^3-3*x^2+13*x+16:
> fsolve(q, x, 1..2);
```

$$1.324717957$$

```
> fsolve(q, x, 4..8);
```

$$5.333333333$$

```
> fsolve(q, x, complex);
```

$$-0.6623589786-0.5622795121I,$$
$$-0.6623589786+0.5622795121I,\ 1.324717957,$$
$$5.333333333$$

또한 fsolve는 해가 존재해도 그 해를 찾지 못할 경우가 있다. 이런 경우에는 범위를 지정하면 된다.

```
> fsolve({cos(x)=0}, {x}, Pi..2*Pi);
```

$$\{x=4.712388980\}$$

정확한 해를 찾기 위해 글로벌 변수 Digits의 값을 높이면 된다.

```
> Digits : =30 :
> fsolve({cos(x)=0}, {x}) ;
```

$$\{x=1.57079632679489661923132169164\}$$

다음은 방정식의 모든 미지수에 대하여 정수해를 구하는 isolve 명령어이다.

```
>isolve({3 * x-4 * y=7 }) ;
```

$$\{x=5+4\_Z1,\ y=2+3\_Z1\}$$

Maple에서는 $_N1,\ \cdots,\ _N_n$을 해의 매개변수로 사용하고 있다.

또한 Maple에서는 m을 법으로 하는 방정식의 모든 미지수에 대하여 msolve 명령어를 사용하여 해를 구한다.

```
> msolve({ 3 * x-4 * y=1, 7 * x+y=2 }, 17) ;
```

$$\{y=6,\ x=14\}$$

Maple에서는 해의 매개변수로 $_N1,\ \cdots,\ _Nn$을 사용한다.

```
> msolve({ 2^n=3 }, 19) ;
```

$$\{n=13+18\_Z1^{\sim}\}$$

$_NN1$의 옆에 있는 −기호는 msolve가 매개변수 $_NN1$의 이름을 바꾸었다는 것을 의미한다. 이 경우 $_NN1$은 정수이다.

rsolve(점화식, 미지함수) ; 는 점화식을 풀기 위한 명령어다. 예를 들어, 점화식 $f_n=-3f_{n-1}2f_{n-2}$을 풀어보자.

```
> rsolve(f(n) =-3 * f(n-1)-2f(n-2), f) ;
```

$$(-f(0)-f(1))\ (-2)^n+(2f(0)+f(1))\ (-1)^n$$

초기치를 더할 때에는 초기조건을 점화식에 첨가한다.

```
> recs : ={2 * a(n)+b(n)=a(n-1), a(n)+3 * b(n)=2 * b(n-1), a(0)=1, b(0)=1} ;
> rsolve(recs, {a, b}) ;
```

$$\left\{a(n)=-\frac{1}{3}+\frac{4}{3}\left(\frac{2}{5}\right)^n,\ b(n)=\frac{1}{3}+\frac{2}{3}\left(\frac{2}{5}\right)^2\right\}$$

```
> rsolve(f(n) = -3 * f(n-1) - 2 * f(n-2), f(k));
```

$$(-f(0)-f(1))\ (-2)^k+(2f(0)+f(1))\ (-1)^k$$

```
> rsolve({f(n) = -3 * f(n-1) - 2 * f(n-2), f(1..2) = 1}, {f});
```

$$\{f(n)=(-2)^n-3(-1)^n\}$$

```
> rsolve({y(n) = n * y(n-1), y(0) = 1}, y);
```

$$\Gamma(n+1)$$

5) 명령어 solve의 한계

다항식의 차수가 5차 이상이면 일반적인 해를 갖지 않는다. Maple의 solve 명령어로 모든 방정식을 쉽게 풀 수 있다고 할 수는 없다. Maple이 의도하는 것은 알고리즘적이고 지필작업으로 문제를 풀려고 할 때 사용하는 수법을 사용할 필요가 없다. 이러한 경우 Maple은 어떤 방법으로든지 수식처리로 문제의 해를 풀기 위해 최선을 다하지만, 대개 사용자는 수치해를 구하지 않으면 안된다. 특히 Maple에서도 삼각함수가 포함된 방정식을 다루기가 쉽지가 않다.

```
> solve({sin(x) = 0}, {x});
```

$$\{x=0\}$$

Maple은 무한 개의 해 중에서 하나만을 출력한다는 것에 주의한다. 그러나 fsolve 명령어를 사용하여 해의 범위를 지정하면 fsolve는 해를 구체적으로 출력한다.

```
> fsolve({sin(x) = 0}, {x}, 3..4);
```

$$\{x=3.141592653589793284626433832 8\}$$

만약 Maple이 해를 구할 수 없으면 아무것도 출력하지 않는다. 이것은 해가 존재하지 않는다는 의미가 아니고 단지 Maple이 해를 찾을 수 없었다는 것을 의미한다. 다음은 명백하게 해가 존재하는데 Maple이 그것을 찾을 수 없는 경우의 예제이다.

```
> solve({exp(cos(x)) =ln(2+sin(x))}, {x}) ;
> plot({exp(cos(x)), ln(2+sin(x))}, x=0..Pi) ;
```

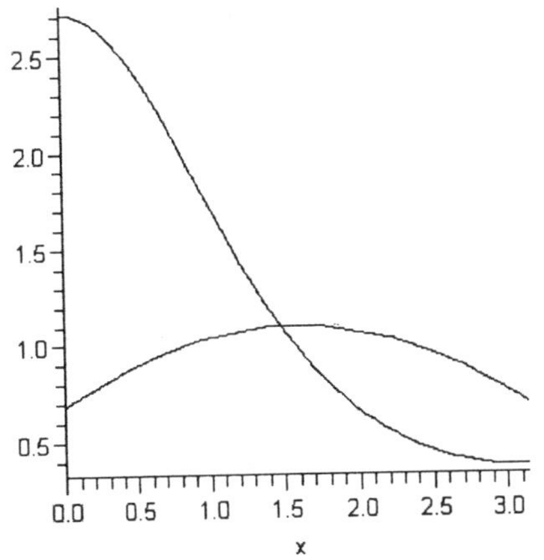

이러한 형태의 문제는 수식처리 시스템에서는 공통된 것이고, 방정식을 컴퓨터 언어로 풀려고 할 때 한계점이다.

다음은 Maple이 제거할 수 있는 특이점을 다룰 때 틀리기 쉬운 예제이다.

```
> expprr : =(x-1)^2/(x^2-1) ;
```

$$expprr := \frac{(x-1)^2}{x^2-1}$$

Maple은 다음의 해를 구해보면 방정식이 부정형이 되어 결과 값을 출력하지 않음을 확인할 수 있다.

```
> soln : =solve({expprr=0}, {x}) ;
```

이 함수의 극한을 구하면 $x=1$이다.

```
> Limit(expprr, x=1) ;
```

$$\lim_{x\to 1}\left(\frac{(x-1)^2}{x^2-1}\right)$$

```
> value(%) ;
```

$$0$$

위 식을 그래프로 그려보면 다음과 같은 결과를 얻는다.

```
> plot(expprr, x=-5..5, y=-10..10);
```

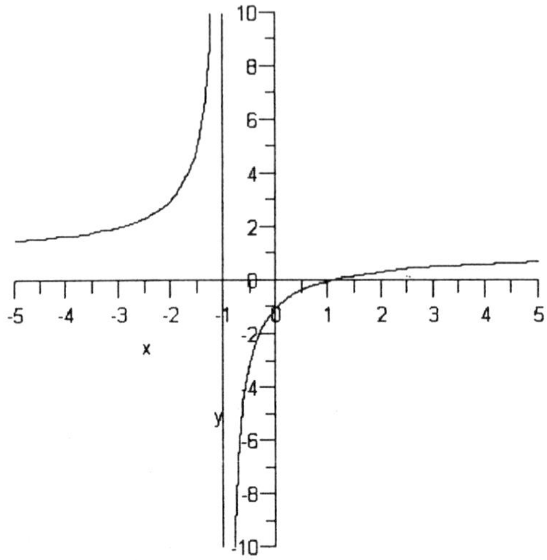

Maple은 식을 풀기 전에 x=1을 미리 제거한다. 방정식을 풀 때에는 방법이나 명령어에 관계없이 구하여진 해를 반드시 검증할 필요가 있다. 다행히 이것은 앞에서 설명한 것과 같이 매우 간단하다.

2.4 함수의 극한과 연속

limit 명령어로 극한값을 계산할 수 있다.

```
> r:=(sin(x)-x)/x^3;
```

$$r := \frac{\sin(x)-x}{x^3}$$

```
>limit(r, x=0);
```

$$-\frac{1}{6}$$

```
>limit(r, x=infinity);
```

$$0$$

```
> limit(Psi(2*exp(x))-x, x=infinity);
```

$$\ln(2)$$

```
> Limit(sin(x), x=0) =limit(sin(x), x=0);
```

$$\lim_{x\to 0}\sin(x)=0$$

수학적으로 극한

$$\lim_{x\to a}f(x)=L$$

은 x가 a에 가까이 갈 때 $f(x)$의 극한값 L이라는 의미이다.

Maple에서 limit(f, x=a); 혹은 limit(f,a x=a, dir); 는 변수 x가 대수식 a에 가까이 갈 때 주어진 대수식 f의 극한값을 계산한다. 여기서 dir은 좌극한(left), 우극한(right), 실수(real) 또는 복소수(complex)를 지정하는 옵션이다.

```
> limit(sin(x)/x, x=0);
```

$$1$$

```
> limit(exp(x), x=infinity);
```

$$\infty$$

```
> limit(exp(x), x=-infinity);
```

$$0$$

```
> limit(1/x, x=0, real);
```

$$undefined$$

```
> limit(1/x, x=0, right);
```

$$\infty$$

```
> limit(1/x, x=0, left);
```

$$-\infty$$

함수 Limit 명령어는 limit의 inert 형식이다.

```
> Limit(sin(x), x=0);
```

$$\lim_{x \to 0} \sin(x)$$

다음은 x가 1에 가까이 갈 때에 유리함수의 극한값이다.

```
> f:=x->(x^2-2*x+1)/(x^4+3*x^3-7*x^2+x+2);
```

$$f := x \to \frac{x^2-2x+1}{x^4+3x^3-7x^2+x+2}$$

```
> Limit(f(x), x=1);
```

$$\lim_{x \to 1}\left(\frac{x^2-2x+1}{x^4+3x^3-7x^2+x+2}\right)$$

```
> value(%);
```

$$\frac{1}{8}$$

함수 $f(x)$가 $x=a$에서 연속이라는 것은 $\lim_{x \to a} f(x)$가 존재하여 $\lim_{x \to a} f(x) = f(a)$인 경우이다. 미분가능인 함수는 반드시 연속이라는 성질과 연속인 함수만이 적분가능이지만, Maple에서는 극한값이 존재하는 함수 전체를 연속이라고 가정한다. 예를 들어, $f(x)=\frac{x^2-3x+2}{x-1}$인 모든 실수에서 연속이고 x = 1에서 함수가 정의되지 않는다. 그렇지만

```
> limit((x^2-3*x+2)/(x-1), x=1);
```

$$-1$$

이 얻어 진다. 따라서 $f(1)=-1$로 정의하면 $x=1$에서도 연속이 되어, $f(x)$는 모든 실수 x에서 연속이 된다.

2.5 미분과 적분

이 절에서는 diff와 int 명령어를 사용한 간단한 예를 들어본다.

1) 미분

도함수 혹은 편도함수(partial derivative)를 계산하려고 할 때는 기본적으로 diff 명령어를 사용한다. diff(식, 변수1, 변수2, …) ; 는 첫 번째 인수에는 미분하려고 하는 식을 부여하고 두 번째 인수에는 어느 변수에 대하여 미분할 것인지를 지정한다.

```
> diff(sin(x), x) ;
```

$$\cos(x)$$

```
> diff(sin(x), y) ;
```

$$0$$

```
> diff(x * sin(cos(x)), x) ;
```

$$\sin(\cos(x)) - x\cos(\cos(x))\sin(x)$$

```
> diff(sin(x) * cos(x), x) ;
```

$$\cos(x)^2 - \sin(x)^2$$

```
> diff(erf(x), x) ;
```

$$\frac{2e^{-x^2}}{\sqrt{\pi}}$$

오차함수 erf(x)와 그 도함수를 동시에 plot하여 보자.

```
> plot({erf(x), diff(erf(x), x)}, x=-5..5);
```

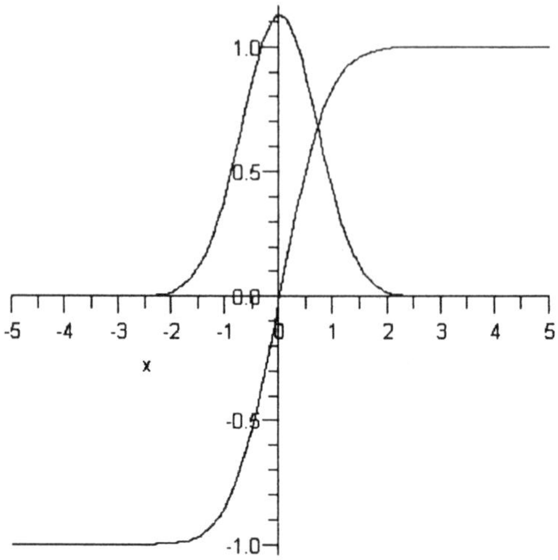

만약 도함수를 구할 수 없을 때 (즉 식이 정의되지 않은 함수일 때) diff는 그 자신을 되돌려 호출한다. Maple은 diff 함수를 2차원의 $\frac{\partial}{\partial x}$ 형태로 출력한다.

```
> diff(f(x), x);
```

$$\frac{d}{dx}f(x)$$

```
> diff(f(x, y), x, y);
```

$$\frac{\partial^2}{\partial y \partial x}f(x,\ y)$$

```
> diff(f(x, y), x, y)-diff(f(x,y), y, x);
```

$$0$$

하나 이상의 미지수를 미분할 때, 즉 명령문 diff(f(x), x, y) ; 는 다음과 같이 순환적으로 diff를 호출하는 것과 같다.

```
> diff(diff (f(x), x), y);
```

$$0$$

또한 $ 연산자를 사용하여 편리하게 고차도함수를 구할 수 있다.

```
> diff(sin(x), x$3) ;
```

$$-\cos(x)$$

마찬가지로 다음의 명령문

```
> diff(g(x, y), x$2, y$3) ;
```

$$\frac{\partial^5}{\partial y^3 \partial x^2} g(x,\ y)$$

는 함수 $g(x,\ y)$를 각각 x와 y에 대하여 2차도함수와 3차도함수를 계산하는 다음의 명령문과 같은 의미이다.

```
> diff(g(x, y), x, x, y, y, y) ;
```

$$\frac{\partial^5}{\partial y^3 \partial x^2} g(x,\ y)$$

대문자로 정의된 Diff는 주어진 식을 평가하지 않고 식을 되돌리는 diff 함수의 inert 형식이다. 사용자가 Diff를 사용하면, Maple은 식을 미분의 정의 식 형태로 출력하기 위하여 사용하였다고 인식한다.

```
> Diff(tan(x), x) =diff(tan(x), x) ;
```

$$\frac{d}{dx} tan(x) = 1 + \tan(x)^2$$

다음은 Maple의 D 연산자(Differential operator)를 이용하여 함수를 미분해 본다.

```
> D(sin+cos) ;
```

$$\cos - \sin$$

이 도함수는 D(f)(x)=diff(f(x), x)를 만족하는 하나의 인수함수이다. 즉 D(f)=unapply(diff(f(x), x), x)를 의미한다.

```
> D(exp+cos^2+Pi+tan) ;
```

$$\exp - 2\sin\cos + 1 + \tan^2$$

```
> D(ln);
```

$$z \to \frac{1}{z}$$

```
> D(ln)(x) = diff(ln(x), x);
```

$$\frac{1}{x} = \frac{1}{x}$$

다음 함수 h의 두 번째 변수 y에 대한 편미분 $\frac{\partial}{\partial y}h$는 다음과 같이 구할 수 있다.

```
> h := (x, y) -> x^5-x^2*y-y^2;
```

$$h := (x, y) \to x^5 - x^2y - y^2$$

```
> D[2](h);
```

$$(x, y) \to -x^2 - 2y$$

마찬가지로 각 변수 x와 y에 대한 1차 편미분을 구하여 본다.

```
> D[1, 2](h);
```

$$(x, y) \to -2x$$

implicitdiff는 음함수, 즉 하나의 방정식으로 정의된 함수를 미분하기 위해 사용된다.

```
> implicitdiff(f, y, x);
```

을 호출하면 변수 x에 대하여 함수 y의 편도함수 $\frac{dy}{dx}$를 계산한다.

```
> f := y = x^2/z:
> implicitdiff(f, y, x);
```

$$\frac{2x}{z}$$

```
> implicitdiff(f, y, z) ;
```

$$-\frac{x^2}{z^2}$$

2) 적분

int(식, 변수) ; 를 사용하여 적분을 계산한다. 사용법은 diff 명령어와 비슷하다.

```
> f : =(x^3+9*x^2+28*x+27)/((x+3)^3*x) ;
```

$$f := \frac{x^3+9x^2+28x+27}{(x+3)^3x}$$

주어진 함수 f의 x에 관한 부정적분은 다음과 같이 계산한다.

```
> Int(f, x) =int(f, x) ;
```

$$\int \frac{x^3+9x^2+28x+27}{(x+3)^3x}dx = -\frac{1}{2(x+3)^2}+\ln(x)$$

여기서 Int는 적분기호를 사용하여 부정적분을 표시하고자 할 때 사용한다. 반면에 int는 부정적분을 계산한다.

다음은 위의 함수 f를 $x=1$에서 $x=2$까지 정적분을 계산한다.

```
> int(f, x=1..2) ;
```

$$\frac{9}{800}+\ln(2)$$

예를 들어 $x=0$에서 $x=\pi$까지 정적분을 계산한다.

```
> int(sin(x), x=0..Pi) ;
```

$$2$$

이 명령문은 다음과 같이 생각할 수 있다.

```
> Int(sin(x), x=0..Pi) ;
```

$$\int_0^\pi \sin(x)dx$$

```
> value(%);
```

$$2$$

미분적분학의 기본정리는 함수 f가 구간 $[a, b]$에서 적분가능할 때

$$F(x) = \int_a^x f(t)dt, \ a \le x \le b$$

인 함수 $F(x)$는 $f(x)$의 원시함수라고 한다. Maple은 함수의 미분적분을 지필작업으로 계산하는 것과 같이 식을 그대로 계산한다. 따라서 다음과 같이 함수를 미분하여 그 결과를 다시 적분하면 원래의 함수가 얻어지는 것을 알 수 있다.

```
> f:=x -> x*sin(a*x):
> Diff(f(x), x);
```

$$\frac{\partial}{\partial x}(x \sin(ax))$$

```
> df:=value(%);
```

$$df := \sin(ax) + x\cos(ax)a$$

```
> Int(df, x);
```

$$\int (\sin(ax) + x\cos(ax)a)dx$$

Maple에서는 피적분함수를 괄호로 묶지 않는다는 것에 주의한다.

```
> value(%);
```

$$-\frac{\cos(ax)}{a} + \frac{\cos(ax) + x\sin(ax)a}{a}$$

```
> simplify(%);
```

$$x\sin(ax)$$

수치적분은 부동소수점 표시로 다음과 같이 근사값을 쉽게 얻을 수 있다.

```
> evalf(int(exp(-x^3), x =0..1));
```

$$0.8075111821$$

다음과 같이 복잡한 유리함수의 적분의 계산도 가능하다.

```
> int(x^5/(43-x^2)^(19/2), x);
```

$$\frac{1}{3315}\frac{14792-2924x^2+255x^4}{(43-x^2)^{17/2}}$$

```
> int(ln(t)^2 * t^(1/2) * exp(-t), t=0..infinity);
```

$$\frac{1}{4}\pi^{5/2}-2\sqrt{\pi}\gamma-4\sqrt{\pi}\ln(2)+\frac{1}{2}\sqrt{\pi}\gamma^2+2\sqrt{\pi}\gamma\ln(2)+2\sqrt{\pi}\ln(2)^2$$

여기서 γ는 Euler 상수, 즉

$$\gamma=\lim_{n\to\infty}\sum_{i=1}^{n}\frac{1}{i}-\ln(n)$$

이고 evalf 명령어를 사용하여 γ의 근사값 0.5772156649를 구할 수 있다. 위의 적분계산결과를 부동소수점 수의 근사해로 구하여 본다.

```
> evalf(%);
```

$$0.829626906$$

옵션 continuous는 피적분함수의 불연속인 점을 무시하도록 한다.

```
> int(x/(x^3-1), x);
```

$$\frac{1}{3}\ln(x-1)-\frac{1}{6}\ln(x^2+x+1)+\frac{1}{3}\sqrt{3}\arctan\left(\frac{1}{3}(2x+1)\sqrt{3}\right)$$

```
> int(1/(x+a)^2, x=0..2, 'continuous');
```

$$\frac{2}{a(2+a)}$$

옵션 CauchyPrincipalValue는 불연속인 점에서의 좌극한과 우극한을 하나의 극한으로 간주하도록 한다.

```
> int(1/x^3, x=-1..2, 'CauchyPrincipalValue');
```

$$\frac{3}{8}$$

적분(정적분 또는 부정적분)에 대하여 해를 구할 수 없을 때에는 적분 기호를 이용하여 prettyprinting 출력으로 입력 명령문를 출력한다. 예를 들면

```
> Int(exp(-t) / (1+t^(3/2)), t=0..infinity);
```

$$\int_0^{\infty} \frac{e^{-t}}{1+t^{3/2}} dt$$

이 결과를 다른 Maple의 명령어를 사용하여 처리할 수 있다. 여기서 출력결과는 상수이므로 evalf 명령어를 사용하여 수치 근사해를 구할 수 있다. 즉 수치적분을 한다.

```
> evalf(%);
```

$$0.6130734051$$

다음 예제는 출력된 부정적분을 함수의 Taylor 급수로 계산한다.

```
> Int(exp(x^3), x);
```

$$\int e^{x^3} dx$$

```
> taylor(%, x=0, 15);
```

$$x+\frac{1}{4}x^4+\frac{1}{14}x^7+\frac{1}{60}x^{10}+\frac{1}{312}x^{13}+O(x^{16})$$

어떤 적분에 대하여서는 다루기 힘든 형태로 출력된다.

```
> x/(x^3-x^2+1);
```

$$\frac{x}{x^3-x^2+1}$$

```
> int(%, x=0..1); 출력생략
```

```
> evalf(%);
```

$$0.556825463+0.I$$

2.6 급수

Maple의 급수(series)는 특별한 자료형식으로 어떤 특정의 점에 대하여 전개한 지정된 변수에 관한 멱급수로 식을 나타낸다. 식으로 Maple에 직접 입력할 수 없지만, taylor 혹은 series 명령어로 다음과 같이 만들 수 있다.

taylor 명령어를 사용하면 Taylor 공식은 다음과 같이 나타낼 수 있다. 함수 $f(x)$의 $x=a$의 근방의 Taylor 전개는 5차의 다항식까지 전개하여 제일 뒤에 오차항이 붙는다. 즉, 함수 $f(x)$의 $x=a$ 근방에서 다항식의 근사값을 구할 수 있다.

```
taylor(f, x=1, n)
taylor(f, x)
series(f, x=a, n)
series(f, x)
```

전개할 점 x를 지정하지 않으면 Maple 안의 디폴트값은 $x=0$이다. n의 차수(order)를 정하지 않으면 디폴트값 6인 글로벌변수 Order의 값이 된다.

```
> s : =series(exp(x), x=0, 4) ;
```

$$s := 1+x+\frac{1}{2}x^2+\frac{1}{6}x^3+O(x^4)$$

0( )항은 절사차수를 나타낸다. 절사차수는 사용자가 설정할 수 있다.

```
> type(s, series) ;
```

true

```
> op(0, s) ;
```

$$x$$

```
> op(s) ;
```

$$1,\ 0,\ 1,\ 1,\ \frac{1}{2},\ 2,\ \frac{1}{6},\ 3,\ O(1),\ 4$$

이 자료형태의 0번째 피연산자는 $x-a$이고, x는 지정된 변수이며 a는 전개할 특정점을 나타낸다. 홀수번째 피연산자는 계수(일반적인 식)이고, 짝수번째 피연산자는 정수인 멱지수에 해당한다. 지수는 호스트 컴퓨터 상의 단어 크기에 의해 제한되고 차수가 낮은 쪽부터 순서대로 나열된다.

제일 마지막 피연산자는 특별한 차수를 나타내는 기호 0(1)로 절사차수를 나타내는 정수 n과의 조합이다.

```
> s : =series(sqrt(sin(x)), x) ;
```

$$s := \sqrt{x}-\frac{1}{12}x^{5/2}+\frac{1}{1440}x^{9/2}+O(x^{13/2})$$

```
> type(s, series) ;
```

false

```
> type(s, `+`) ;
```

true

또한 Maple은 형식적인 멱급수를 계산할 수 있다(powerseries 참조).

```
> series(ln(1+z), z=0) ;
```

$$z-\frac{1}{2}z^2+\frac{1}{3}z^3-\frac{1}{4}z^4+\frac{1}{5}z^5+O(z^6)$$

```
> series(erf(x), x=0) ;
```

$$\frac{2}{\sqrt{\pi}}x-\frac{2}{3\sqrt{\pi}}x^3+\frac{1}{5\sqrt{\pi}}x^5+O(x^6)$$

```
> series(exp(-x^2) * (1-erf(x)), x=0,4) ;
```

$$1-\frac{2}{\sqrt{\pi}}x-x^2+\frac{8}{3\sqrt{\pi}}x^3+O(x^4)$$

```
> series(GAMMA(x), x=0,3) ;
```

$$x^{-1}-\gamma+\left(\frac{1}{12}\pi^2+\frac{1}{2}\gamma^2\right)x+\left(-\frac{1}{3}z(3)-\frac{1}{12}\pi^2\gamma-\frac{1}{6}\gamma^3\right)x^2+O(x^3)$$

```
> evalf(%);
```

$$1.x^{-1}-0.5772156649+0.9890559955x-0.907490760x^2+O(x^3)$$

Maple에서는 점근급수를 다룰 수도 있다.

```
> f:=n*(n-1)/(2*n-3);
```

$$f := \frac{n(n-1)}{2n-3}$$

```
> asympt(f, n);
```

$$\frac{1}{2}n+\frac{1}{4}+\frac{3}{8n}+\frac{9}{16n^2}+\frac{27}{32n^3}+\frac{81}{64n^4}+\frac{243}{128n^5}+O\left(\frac{1}{n^6}\right)$$

series 명령어의 출력은 주어진 함수의 점근급수이다. 이것은 반복하여 근사값을 구하는 경우에도 사용된다.

```
> series(sin(x), x=0, 10);
```

$$x-\frac{1}{6}x^3+\frac{1}{120}x^5-\frac{1}{5040}x^7+\frac{1}{362880}x^9+O(x^{10})$$

```
> approx:=convert(%, ratpoly);
```

$$approx := \frac{\frac{551}{166320}x^5-\frac{53}{396}x^3+x}{1+\frac{13}{396}x^2+\frac{5}{11088}x^4}$$

여기서 convert는 임의의 식을 다른 형태로 변환하라는 명령어이고, ratpoly는 유리 다항식 혹은 유리함수이다.

다음은 점 $x=\pi$에서 $\sin(x)$의 전개를 생각한다.

```
> f:=x -> sin(x);
```

$$f := x \rightarrow \sin(x)$$

```
> taylor(f(x), x=Pi);
```

$$-(x-\pi)+\frac{1}{6}(x-\pi)^3-\frac{1}{120}(x-\pi)^5+O((x-\pi)^6)$$

```
> poly := convert(%, polynom);
```

$$poly := -x+\pi+\frac{1}{6}(x-\pi)^3-\frac{1}{120}(x-\pi)^5$$

```
> plot([f(x), poly], x=0..7, view=[0..5, -1..1]);
```

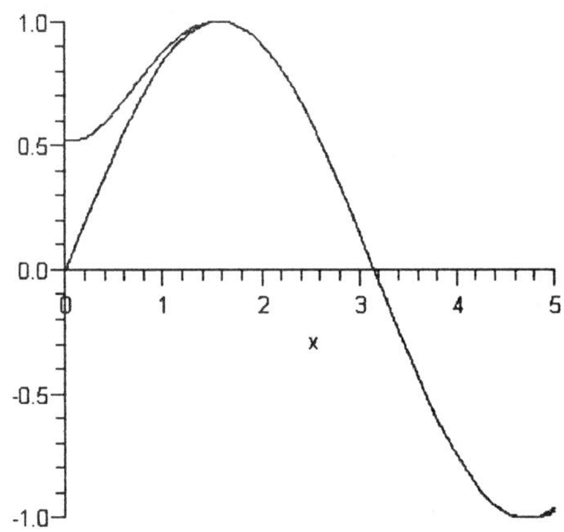

2.7 미분방정식

dsolve(eqns, 미지함수) ; 는 상미분방정식을 풀기 위한 명령어다. eqns는 미분방정식과 초기조건이고, 미분할 때 미지의 함수는 diff(f(x), x)와 같이 독립변수를 붙인 형태로 서술한다.

```
> dsolve(diff(f(x), x) * x^2+f(x)=0, f(x));
```

$$f(x) = \_C1 e^{\frac{1}{x}}$$

초기치를 더할 때에는 초기조건을 방정식에 덧붙인다.

```
> eqs : ={diff(f(x), x$2)+1=exp(x), f(0)=0, f(1)=3} ;
```

$$eqs := \left\{ \frac{d^2}{dx^2} f(x) + 1 = e^x,\ f(0),\ f(1) = 3 \right\}$$

```
> dsolve(eqs, f(x)) ;
```

$$f(x) = e^x - \frac{1}{2}x^2 + \left(\frac{9}{2} - e\right)x - 1$$

이처럼 초기값 문제, 경계값 문제를 포함한 상미분방정식(Ordinary Differential Equation)을 수식처리로 풀 수도 있다. 초기조건이 있는 미분방정식을 풀어보자.

```
> eqns1 : =diff(v(t), t)+2*t =0 ;
```

$$eqns1 := \frac{d}{dt} v(t) + 2t = 0$$

```
> init1 : =v(1) =5 ;
```

$$init1 := v(1) = 5$$

```
> dsolve({eqns1, init1}, {v(t)}) ;
```

$$v(t) = -t^2 + 6$$

만약 초기조건을 입력하지 않으면 dsolve는 임의의 상수 _C(복소수)를 포함한 해를 되돌린다.

```
> eqns2 : =diff(y(x), x$2)-y(x) =1 ;
```

$$eqns2 := \frac{d^2}{dx^2} y(x) - y(x) = 1$$

```
> dsolve({eqns2}, {y(x)}) ;
```

$$\{y(x) = e^x\_C2 + e^{-x}\_C1 - 1\}$$

다음은 2차상미분방정식을 풀어보자.

```
> odeqn := { diff(y(t), t, t)+5 * diff(y(t), t)+6 * y(t)=0 } ;
```

$$odeqn := \left\{ \frac{d^2}{dt^2} y(t) + 5\left(\frac{d}{dt} y(t)\right) + 6y(t) = 0 \right\}$$

초기조건을 설정한다.

```
> init2 := {y(0)=0, D(y)(0)=1} ;
```

$$init2 := \{y(0)=0,\ D(y)(0)=1\}$$

dsolve로 푸는 것이지만 odeqn과 init2의 두 개의 집합을 묶는다.

```
> soln := dsolve(odeqn union init2, {y(t)}) ;
```

$$soln := y(t) = e^{-2t} - e^{-3t}$$

다음은 이 해에 값을 대입하여 검산하고 확인한다. subs 명령어는 해의 집합으로부터 값을 간단하게 꺼낼 수 있다.

```
> subs(soln, y(t)) ;
```

$$e^{-2t} - e^{-3t}$$

이것은 Maple이 결과의 값을 되돌렸다는 것뿐이고 아직 함수로써 정의되었다는 것은 아니다. unapply를 사용하여 t의 함수 y를 만들어보자.

```
> y1 := unapply(%, t) ;
```

$$y1 := t \rightarrow e^{-2t} - e^{-3t}$$

```
> y1(a) ;
```

$$e^{-2a} - e^{-3a}$$

이제 y1이 상미분방정식의 조건에 만족됨을 보이자.

```
> subs(y=y1, odeqn) ;
```

$$\left\{ \frac{d^2}{dt^2} y1(t) + 5\left(\frac{d}{dt} y1(t)\right) + 6y1(t) = 0 \right\}$$

```
> evalf(%);
```

$$\{0.=0.\}$$

y1은 다음의 입력으로 초기조건을 만족하고 있다는 것을 알 수 있다.

```
> subs(y=y1, init2);
```

$$\{y1(0)=0,\ D(y1)(0)=1\}$$

```
> eval(%);
```

$$\{0=0,\ 1=1\}$$

해를 검증하는 다른 편리한 방법도 있다. 그러나 그것은 처음에는 조금 귀찮게 느껴질지도 모른다. y를 새로운 함수 이름으로 정의한다. 이번에는 y1을 사용하지 않는다.

```
> y:=unapply(subs(soln, y(t)), t);
```

$$y:=t\rightarrow e^{-2t}-e^{-3t}$$

y를 포함하는 방정식을 입력하면 Maple은 이 함수를 사용하여 결과를 다음과 같이 평가한다. 모두 한번으로 가능하므로 편리한 방법이다.

```
> odeqn;
```

$$\{0=0\}$$

```
> init2;
```

$$\{1=1,\ 0=0\}$$

임의의 함수와 그 도함수도 초기조건에 필요한 경우에는 다음과 같이 입력한다.

D(함수)(변수)=value(D@@@@n)(함수)(변수)=value

미분방정식과 도함수를 포함한 초기조건을 다음과 같이 부여한다.

```
> difeq1:=diff(y(t), t$2)+5*diff(y(t), t)+6*y(t) =0;
```

$$difeq1:=\frac{d^2}{dt^2}y(t)+5\left(\frac{d}{dt}y(t)\right)+6y(t)=0$$

```
> ini : =y(0) =0, D(y)(0) =1 ;
```

$$ini := y(0)=0,\ D(y)(0)=1$$

다시 dsolve 명령어를 사용하여 해를 구한다.

```
> dsolve({difeq1, ini}, {y(t)}) ;
```

$$y(t)=e^{-2t}-e^{-3t}$$

Maple은 미분방정식의 해를 음함수 형태로 반환한다. 다음과 같이 해를 구하면 된다.

```
> difeq2 : =t * diff(y(t), t) =y(t) * ln(t * y(t))-y(t) ;
```

$$def\text{eq2} := 2t\left(\frac{d}{dt}y(t)\right)=y(t)\ln(ty(t))-y(t)$$

```
> dsolve({difeq2}, {y(t)}) ;
```

$$\left[\left\{y(t)=\frac{e^{\frac{t}{\_C1}}}{t}\right\}\right]$$

그러나 Maple이 음함수의 해를 찾지 못하는 경우도 있다.

편미분방정식(Partial Differential Euqtion)의 해법은 쉽지가 않다. Maple에서는 pdsolve(pde, vars) ; 로 편미분방정식을 풀 수 있는 경우가 있다. 여기서 pde는 편미분방정식을 나타낸다. vars는 변수를 지정하여 나타낸다. 다음 예제는 1차원파동방정식이다.

```
> wave : =diff(u(x, t), t, t)-c^2 * diff(u(x, t), x, x) ;
```

$$wave := \frac{\partial^2}{\partial t^2}u(x,\ t)-c^2\left(\frac{\partial^2}{\partial x^2}u(x,\ t)\right)$$

```
> sol : =pdsolve(wave, u(x, t)) ;
```

$$sol := u(x,\ t)=\_F1(ct+x)+\_F2(ct-x)$$

해에는 두 개의 임의의 함수 _F1과 _F2의 항이 들어 있다. 이 해를 plot하기 위해서는 다음과 같은 특별한 함수가 필요하다.

```
> f1 : =xi -> exp(-xi^2) ;
```

$$f1 := \xi \rightarrow e^{-\xi^2}$$

```
> f2 : =xi -> piecewise(-1/2 < xi and xi < 1/2, 1, 0) ;
```

$$f2 := \xi \rightarrow piecewise\left(-\frac{1}{2} < \xi \text{ and } \xi < \frac{1}{2},\ 1,\ 0\right)$$

이 함수를 해에 대입한다.

```
> subs(_F1=f1, _F2=f2, c=1, sol) ;
```

$$u(x,\ t) = f1(t+x) + f2(t-x)$$

이 해를 꺼내기 위해 subs를 사용한다.

```
> subs(%, u(x, t)) ;
```

$$e^{-(t+x)^2} + \left[\begin{cases} 1 & -\frac{1}{2} < t-x \text{ and } t-x < \frac{1}{2} \\ 0 & otherwise \end{cases}\right]$$

```
> f : =unapply(%, x, t) ;
```

$$f := (x,\ t) \rightarrow e^{-(t+x)^2} + plecewise\left(-\frac{1}{2} < t-x \text{ and } t-x < \frac{1}{2},\ 1,\ 0\right)$$

이제 주어진 방정식의 해 f를 plot할 수 있다.

```
> plot3d(f, -8..8, 0..5, grid =[25, 25]) ;
```

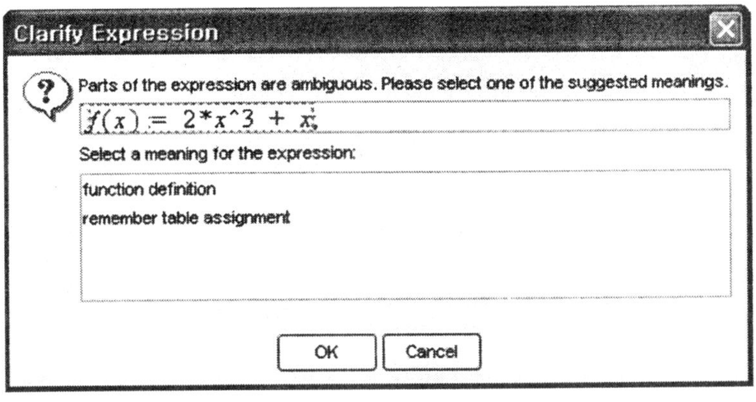

이외에도 Laplace 변환법을 이용한 미분방정식의 해법, 급수(series)를 사용하는 방법, 미분방정식에 관련된 패키지 odeplot, pdeplot 등의 상세한 설명 등은 각 Help 기능을 참조한다. 특히 DEtools 패키지에는 미분방정식의 해를 구하거나, 계산, plot 등 도움이 되는 많은 명령어가 포함되어 있고, difforms 패키지와 liesymm 패키지에는 편미분방정식에 관한 여러 가지 프로그램이 포함되어 있다.

2.8 유용한 명령어

Maple 명령어들은 주로 식(expression)을 다루기 위해 자주 사용된다.

이 절에서는 simplify, factor, expand, convert, normal, combine, map, lhs, rhs, unapply, assign, select, remove, selectremove, nops, op 명령어들을 간단히 설명한다.

1) simplify 명령어

Maple의 simplify 명령어를 사용하여 식에 대한 간략화 규칙을 적용시킬 수 있다. Maple은 삼각함수, 추상근(radical), 로그함수, 지수함수, 멱승, 여러 가지 특수함수 등을 포함한 식과 구성 형태에 대하여 여러 가지 간략화 규칙을 갖는다.

```
> simplify(4^(1/2)+3);
```

$$5$$

```
> simplify(exp(a+ln(b*exp(c))));
```

$$be^{a+c}$$

```
> expr:=cos(x)^5+sin(x)^4+2*cos(x)^2-2*sin(x)^2-cos(2*x);
```

$$expr := \cos(x)^5+\sin(x)^4+2\cos(x)^2-2\sin(x)^2-\cos(2x)$$

```
> simplify(expr) ;
```

$$\cos(x)^4(\cos(x)+1)$$

간략화만을 실행하기 위해서는 원하는 형태를 명확하게 한다.

```
> aa := (x^a)^b + 4^(1/2) ;
```

$$aa := (x^a)^b + \sqrt{4}$$

```
> simplify(aa, power) ;
```

$$(x^a)^b + 2$$

여기서 simplify(식, power) ; 는 멱승, 지수, 로그함수로 표현된 식을 간략화하는데 사용된다.

```
> simplify(sin(x)^2 + ln(2 * y) + cos(x)^2) ;
```

$$1 + \ln(2) + \ln(y)$$

```
> simplify(sin(x)^2 + cos(x)^2, trig) ;
```

$$1$$

여기서 simplify(식, trig) ; 는 삼각함수로 표현된 식을 간략화하는데 사용된다.

```
> simplify(sin(x)^2 + ln(2 * y) + cos(x)^2, 'trig') ;
```

$$1 + \ln(2y)$$

```
> simplify(sin(x)^2 + ln(2 * y) + cos(x)^2, 'ln') ;
```

$$\sin(x)^2 + \ln(2) + \ln(y) + \cos(x)^2$$

2) factor와 expand 명령어

factor 명령어는 다항식을 인수분해한다.

```
> factor(6 * x^2 + 18 * x - 24) ;
```

$$6(x+4)(x-1)$$

```
> rat_expr : =(x^3-y^3)/(x^4-y^4) ;
```

$$rat\_expr := \frac{x^3-y^3}{x^4-y^4}$$

위의 식은 분모와 분자에 공통 인수 $x-y$를 갖고 있으므로 factor를 이용하여 인수분해하면 공통인수는 약분된다.

```
> factor(rat_expr) ;
```

$$\frac{x^2+xy+y^2}{(y+x)(x^2+y^2)}$$

Maple은 일변수와 다변수의 다항식을 인수분해할 수 있다. 또한 대수적 전개에 있어서도 다항식을 인수분해할 수 있다.

expand 명령어는 기본적으로 factor 명령어의 역이다. 다른 전개의 수와 마찬가지로 곱하여진 항목의 전개에 기인한다. 이것은 조작 명령어들의 가장 유용한 것중의 하나이다. expand를 사용한 결과가 원래의 식보다 커지거나 더욱 복잡해진다고 생각할 수도 있지만 이것은 특별한 경우이다. 실제로 많은 식을 전개한다는 것은 실질적인 간략화의 결과이다.

```
> expand((x+1) * (x+2)) ;
```

$$x^2+3x+2$$

```
> expand(sin(x+y)) ;
```

$$\sin(y)\cos(x)+\cos(y)\sin(x)$$

```
> expand(exp(a+ln(b))) ;
```

$$e^a b$$

```
> expand(ln(x/(1-x)^2)) ;
```

$$\ln\left(\frac{x}{(1-x)^2}\right)$$

```
> expand((x+1) * (y+z)) ;
```

$$xy+xz+y+z$$

만약 둘 이상의 인수와 함께 expand를 호출하면 주어진 부분식을 전개하지 않고 첫 번째 인수를 전개한다.

```
> expand((x+1) * (y+z), x+1) ;
```

$$(x+1)y+(x+1)z$$

전개하는 동안 전개가 중지된 임의의 부분식을 명확하게 할 수 있을 뿐만 아니라 원하는 전개 규칙도 프로그램할 수 있으므로 expand는 매우 편리하다.

처음으로 Maple을 사용할 때 simplify는 가장 유용한 명령어인 것 같지만 그렇지는 않다. 불행하게도 Maple에서 "간략하게 하다(simplify)"라는 단어는 그다지 명확하지 못하다. 하나의 식을 simplify 하도록 요구할 때, Maple은 식을 검토하고 기교적으로 많은 검사를 하고 난 뒤에 적당한 간략화 규칙을 적용하려고 시도한다. 그러나 이것은 그다지 시간이 걸리지 않는다. 일반적으로 수학적 규칙은 무엇이 보다 간단한가가 정의되어 있지 않기 때문에 Maple은 사용자가 무엇을 성취하려고 하는가를 추측할 수 없다.

사용자가 식을 간단하게 하는 조작법을 알고 있을 때는 직접 명확하게 할 수 있다. 특히, 이러한 경우 expand 명령어가 유용하다. 그것은 종종 실질적인 간략화의 결과로서 생기고, 또한 다른 많은 명령어와 사용할 것을 대비하여 식을 편리한 형식으로 남겨 놓는다.

3) convert 명령어

convert 명령어는 임의의 식을 다른 형식의 식으로 변환한다.

```
> convert(9, binary) ;
```

$$1001$$

```
> convert([1, 2, 3, 4], `+`) ;
```

$$10$$

```
> convert(1.23456, fraction);
```

$$\frac{3858}{3125}$$

이외에도 급수를 다항식으로 변환하는 polynom, 삼각함수식을 지수형태로 변환하는 exp, expln, expsincos, 분수식을 부분 분수식으로 변환하는 parfrac, 부동소수점 수를 유리수꼴로 변환하는 rational 명령어 등이 있다.

```
> convert(cos(x), exp);
```

$$\frac{1}{2}e^{Ix}+\frac{1}{2e^{Ix}}$$

```
> convert(1/2*exp(x)+1/2*exp(-x), trig);
```

$$\cosh(x)$$

```
> A:=array(1..2, 1..2, [[a, b], [c, d]]);
```

$$A:=\begin{bmatrix} a & b \\ c & d \end{bmatrix}$$

```
> convert(A, 'listlist');
```

$$[[a, b], [c, d]]$$

```
> convert(A, 'set');
```

$$\{a, b, c, d\}$$

```
> convert(%, 'list');
```

$$[a, b, c, d]$$

4) normal 명령어

normal 명령어는 유리식을 정규형식으로 인수분해한 식 $\frac{\text{분자}}{\text{분모}}$로 변환한다. 여기서 분자(numerator)와 분모(denominator)는 상대적으로 계수가 정수인 기약 다항식이다. 즉 normal 명령어는 공통분모가 되도록 분수를 만든다.

```
> rat_expr := (x^2 - y^2)/(x - y)^3 ;
```

$$rat\_expr := \frac{x^2-y^2}{(x-y)^3}$$

```
> normal(rat_expr) ;
```

$$\frac{y+x}{(-x+y)^2}$$

```
> normal(rat_expr, 'expanded') ;
```

$$\frac{y+x}{x^2-2xy+y^2}$$

5) combine 명령어

combine 명령어는 합, 곱, 멱승에서의 항들을 결합시킨다. expand를 적용한 변환의 반대인 경우도 있다.

```
> combine(Int(x, x=a..b) - Int(x^2, x=a..b)) ;
```

$$\int_a^b (-x^2+x)dx$$

```
> combine(Limit(x, x=a) * Limit(x^2, x=a) + c) ;
```

$$\lim_{x \to a}(x^3+c)$$

```
> combine(4 * sin(x)^3, trig) ;
```

$$-\sin(3x)+3\sin(x)$$

```
> combine(exp(x)^2 * exp(y), exp) ;
```

$$e^{2x+y}$$

6) map 명령어

map 명령어는 리스트, 집합, 배열 등을 포함한 문제를 풀 때 매우 유용하다. 다중 해를 구하거나 혹은 배열의 각 요소에 연산을 적용시킨다. map은 자료구조 혹은 식의 각 요소에 명령어를 적용한다.

```
> map(f, [a, b, c]);
```

$$[f(a),\ f(b),\ f(c)]$$

```
> data_list := [0, Pi/2, 3 * Pi/2, 2 * Pi];
```

$$data\_list := \left[0,\ \frac{1}{2}\pi,\ \frac{3}{2}\pi,\ 2\pi\right]$$

```
> map(cos, data_list);
```

$$[1,\ 0,\ 0,\ 1]$$

map 명령어에 두 개 이상의 인수를 부여하면, Maple은 첫 명령어에 대하여 마지막 인수를 무시한다.

```
> map(f, [a, b, c], x, y);
```

$$[f(a,\ x,\ y),\ f(b,\ x,\ y),\ f(c,\ x,\ y)]$$

예를 들어, x에 대하여 리스트의 각 항목을 미분하기 위해서는 다음 명령어들을 사용한다.

```
> fcn_list := [sin(x), ln(x), x^2];
```

$$fcn\_list := [\sin(x),\ \ln(x),\ x^2]$$

```
> map(Diff, fcn_list, x);
```

$$\left[\frac{d}{dx}\sin(x),\ \frac{d}{dx}\ln(x),\ \frac{d}{dx}(x^2)\right]$$

```
> map(value, %);
```

$$\left[\cos(x),\ \frac{1}{x},\ 2x\right]$$

```
> map(x -> x^2, [-1, 0, 1, 2, 3]);
```

$$[1,\ 0,\ 1,\ 4,\ 9]$$

7) lhs와 rhs 명령어

명령어 lhs와 rhs들은 각각 식의 왼쪽과 오른쪽을 지정한다.

```
> eqn : =x+3 =y−1 ;
```

$$eqn:=x+3=y-1$$

```
> lhs(eqn) ;
```

$$x+3$$

```
> rhs(eqn) ;
```

$$y-1$$

8) unapply 명령어

식을 함수로 바꾸기 위해서는 unapply 명령어가 필요하다. 이 명령어를 사용하기 위해서는 식과 함께 unapply를 제공하고 Maple이 식을 함수로 만들도록 호출한다. 예를 들어, 식 $x^2+\sin(x)+1$을 함수로 변환시킨다.

```
> p : =x^2+sin(x)+1 ;
```

$$p:=x^2+\sin(x)+1$$

```
> p(Pi) ;
```

$$x(\pi)^2+\sin(x)(\pi)+1$$

```
> f : =unapply(p, x) ;
```

$$f:=x\rightarrow x^2+\sin(x)+1$$

```
> f(Pi) ;
```

$$\pi^2+1$$

다음은 x, y를 변수로 갖는 x^2+y^2+4에 대응시키는 함수 f를 만들어 보자.

```
> f : =unapply(x^2+y^2+4, x, y) ;
```

$$f:=(x,\ y)\rightarrow x^2+y^2+4$$

```
> f(a, b) ;
```

$$a^2+b^2+4$$

9) assign 명령어

assign 명령어는 해집합에서 "=" 기호를 ": =" 기호로 바꾸는 것이라고 생각할 수 있다. 또한 이름을 식에 할당시키고 싶을 때 assign 명령어는 유용하다. 그러나 빠르게 해를 할당하는 것은 효과적이지만 함수를 만들지는 못한다.

```
> assign(a,2) ; a ;
```

$$2$$

```
> assign(b=99) ;
> assign(c=a) ;
> a,b,c ;
```

$$2,\ 99,\ 2$$

```
> s : =solve({x+y=1, 2 * x+y=3}, {x,y}) ;
```

$$s := \{y=-1,\ x=2\}$$

```
> assign(s) ;
> x, y ;
```

$$2,\ -1$$

다음은 assign 명령어가 미분방정식을 푸는데 유용하게 쓰이는 예이다.

```
> s2 : =dsolve({diff(f(x), x)=6 * x^2+1, f(0)=0}, {f(x)}) ;
```

$$s2 := f(x)=2x^3+x$$

```
> assign(s2) ;
```

그러나 이것으로 아직 함수를 만들 수 없고

```
> f(x) ;
```

$$2x^3+x$$

의 결과는 식 $2x^3+x$에 대한 하나의 간단한 이름이지 함수가 아니다. x가 아닌 다른 인수로 함수 f를 호출한다.

```
> f(1);
```

$$f(1)$$

이것은 assign을 사용하여 다음을 할당시키기 위하여 Maple에게 묻는 것과 같다.

```
> f(x):=2*x^3+x;
```

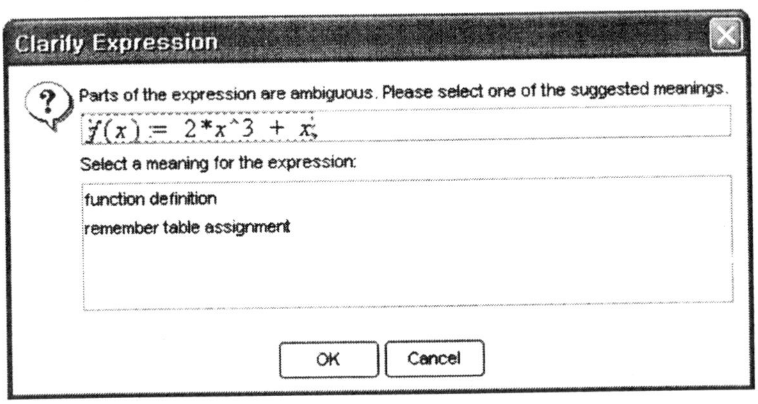

위 화면에서 remember table assignment 선택한다.

$$f(x):=2x^3+x$$

위의 명령문은 다음의 할당과 전혀 다른 것이다.

```
> f(x):=x -> 2*x^3+x; #(remember table assignment 선택한다.)
```

$$f(x):=x \rightarrow 2x^3+x$$

첫 번째 할당은 특별한 인수 x에 대해서만 함수 f의 값을 정의하는 것이다. 두번째 할당은 함수 $f: x \rightarrow 2x^3+x$를 정의하는 것이고, 따라서 사용자가 $f(x)$, $f(y)$ 혹은 $f(1)$을 표현하는 것과 관계없이 사용한다.

x의 함수로 해 f를 정의하기 위해서는 명령어 unapply를 사용한다.

```
> subs(s2, f(x));
```

$$2x^3+x$$

```
> f : =unapply(%, x) ;
```

$$f(x) := x \to 2x^3 + x$$

```
> f(1) ;
```

$$3$$

10) select, remove, selectremove 명령어

명령어 select (f, exp, b1, …, bn) ; 은 부울식(Boolean) f를 만족하는 식 exp의 연산자를 선택한다. remove는 select의 반대이다. 또한 selectremove는 select(..)와 remove(..)와 같은 꼴이다.

```
> integers : =[$10..20] ;
```

$$integers := [10, 11, 12, 13, 14, 15, 16, 17, 18, 19, 20]$$

```
> select(isprime, integers) ;
```

$$[11, 13, 17, 19]$$

```
> remove(isprime, integers) ;
```

$$[10, 12, 14, 15, 16, 18, 20]$$

```
> selectremove(isprime, integers) ;
```

$$[11, 13, 17, 19], [10, 12, 14, 15, 16, 18, 20]$$

명령어 select는 식 exp와 같은 종류의 오브젝트를 만든다.

```
> f : =2 * exp(a * x) * sin(x) * ln(y) ;
```

$$f := 2e^{ax}\sin(x)\ln(y)$$

```
> select(has, f, x) ;
```

$$e^{ax}\sin(x)$$

```
> remove(has, f, x) ;
```

$$2\ln(y)$$

```
> selectremove(has, f, x) ;
```

$$e^{ax}\sin(x),\ 2\ln(y)$$

여기서 has(f, x)는 f가 식 x를 포함하고 있으면 true, 그렇지 않으면 false를 리턴한다.

11) nops와 op 명령어

이 두 명령어는 식을 부분식으로 분해하고 부분식을 유도하기 위해 유용하게 사용된다. nops는 식이 갖고 있는 피연산자의 수를 사용자에게 설명한다.

```
> nops(x^5) ;
```

$$2$$

```
> nops(x+y+z) ;
```

$$3$$

op로 식의 일부분을 액세스할 수 있다. 식열로 부분을 리턴한다.

```
> op(x^5) ;
```

$$x,\ 5$$

또한 수치 혹은 범위에 의해 특정의 항을 지정할 수 있다.

2.9 함수의 정의

Maple에서의 함수 호출은 f(식열) 형태이다. 여기서 f는 함수이름인 경우도 있다. 일반적으로 함수이름 f는 이름, 프로시저 정의, 정수, 부동소수점, 괄호에 넣은 대수식, 함수 중의 하나이다.

```
> sin(x) :
> min(2, 3, 1) ;
```

$$1$$

```
> g() ;
```

$$g(\ )$$

```
> a[1](x) ;
```

$$a_1(x)$$

다음과 같이 함수 호출을 실행한다. 먼저 f를 평가한다(상징적으로 하나의 프로시저를 만든다). 다음에 Maple은 왼쪽에서 오른쪽으로 식열(인수)의 피연산자를 실행한다(만약 임의의 인수가 식열을 평가하면 Maple은 식열 안으로 평가된 인수의 식열을 출력한다). 그리고 f가 프로시저를 평가하면 Maple은 그것을 인수열로 불러낸다.

```
> x : =1 :
> f(x) ;
```

$$f(1)$$

```
> s : =2, 3 :
> f(s, x) ;
```

$$f(2,\ 3,\ 1)$$

```
> f : =g ;
```

$$f := g$$

```
> f(s, x) ;
```

$$g(2,\ 3,\ 1)$$

```
> g : =(a, b, c) -> a+b+c ;
```

$$g := (a,\ b,\ c) \rightarrow a+b+c$$

```
> f(s, x) ;
```

$$6$$

다음 규칙은 괄호 속에 넣은 대수식의 의미를 정의한다.

```
> (f+g)(x), (f-g)(x), (-f)(x), (f@g)(x);
```

$$f(x)+g(x),\ f(x)-g(x),\ -f(x),\ f(g(x))$$

여기서 @는 함수의 합성, 즉, $f@g$는 $f\circ g$를 의미한다. 또한 화살표 기호(→)를 사용하여 필요한 함수를 정의할 수도 있다. 기호(: =)는 좌변에 함수의 이름을, 우변에 (화살표를 사용하여) 함수의 정의를 각각 할당한다.

```
> f:=x->x^2;
```

$$f := x \rightarrow x^2$$

f에 값을 대입하고, 미분하여 보자.

```
> f(3);
```

$$9$$

```
> diff(f(x), x);
```

$$2x$$

다음과 같은 사용방법도 있다.

```
> g:=(x,y) -> sqrt(x^2+y^2);
```

$$g := (x,\ y) \rightarrow \sqrt{x^2+y^2}$$

```
> g(3, 4);
```

$$5$$

```
> nx:=x -> [x, 2*x, 3*x]:
> nx(3);
```

$$[3,\ 6,\ 9]$$

이름으로 사용할 수 없는 Pi, set와 같은 문자열은 Maple이 미리 정의하고 있는 용어이므로 함수로도 사용할 수 없다. 만약 이와 같은 용어를 이름으로 사용하여도 "protected"라는 경고를 리턴하고 사용하기를 거부한다.

CHAPTER 3

Maple 언어구조와 명령문

이 장에서는 Maple 언어구조 즉, 구문(syntax)[1], 의미론(semantics)[2], 문자 등을 간단히 언급하고 Maple 상수, 명령문, 식(expression) 등을 다룬다.

3.1 언어요소

구문과 의미론은 Maple 프로그래밍 언어를 정의할 방법론을 제시한다. 구문은 문장에 단어를 결합시키는 규칙을 포함한다. 의미론은 예외적인 정보 또는 구문으로 대체할 수 없는 경우에 사용되고, 명령어를 받아들일 때 Maple이 무엇을 행할 것인가를 결정한다.

---

1) 구문(syntax) : 언어 구조와 표현을 지배하는 규칙. 구문은 프로그래밍 언어로 작성된 프로그램이 그 언어에서 정당한 프로그램인가 아닌가를 판별하는 기준이 된다.

2) 의미론(semantics) : 프로그래밍 언어에서 단어와 단어 사이, 기호와 기호 사이의 관계 또는 그들의 의미를 기술하는 것이다. 언어의 의미는 언어의 구문(syntax)보다 표현하기 어렵다.

1) 구문

구문은 올바른 Maple 식, 명령문 또는 프로시저(procedure, 4장)를 포함한 입력 형태를 정의한다. 구문은

- x^(y^z)에서 소괄호( )가 필요한가?
- 한 행을 넘는 문자열을 어떻게 입력할 것인가?
- 부동소수점 수 2.3×10^{-3}을 어떻게 입력할 수 있는가?

에 대답하는 것과 같다. Maple이 그들과 관련되어 무엇을 할 것인가가 아니고 Maple에 관한 식이나 프로그램의 입력에만 관련되어 있다. 만약 입력문이 구문적으로 올바르지 않다면, Maple은 error라고 표시하고 오류가 발견된 곳을 지시한다.

Maple은 많은 종류의 부동소수점 형식에 대응한다.

```
> 2.3e-3, 2.3E-03, +0.0023 ;
```

0.0023, 0.0023, 0.0023

그러나 소수점과 지수 끝에 붙은 숫자 사이에는 최소한 하나의 유효숫자가 놓여져야 한다.

```
> 2.e-3 ;
```

Error, incorrect syntax in parse : missing operator or ' ; ' (4)

2.e−3

즉, 올바른 표현은 다음과 같다.

```
> 2.0e-3 ;
```

2) 의미론

Maple 언어의 의미론은 식, 명령문, 프로그램 실행을 어떻게 특정지울 것인지, 즉, 식, 명령문, 프로그램 실행과 함께 Maple이 무엇을 할 것인가 하는 것이다.

- x/2 * z를 실행시키면 x/(2 * z) 또는 (x/2) * z와 같은가? x/2/z는 무엇을 의미하는가?

- x가 0을 취할 때, sin(x)/x를 계산하면 어떻게 되는가?
- 왜 sin(0)/0을 계산하면 오류가 아닌 1이라는 답이 되는가?
- 다음 루프

```
> for i from 1 to 5 do print(i^2) end od ;
```

를 실행한 후 i의 값은 무엇인가?

다음은 이러한 문제에 공통적으로 발생하기 쉬운 잘못이다. 대부분의 사용자는 x/2 * z와 x/(2 * z)가 동등하다고 생각한다.

```
> x/2 * z, x/(2 * z) ;
```

$$\frac{1}{2}xz,\ \frac{1}{2}\frac{x}{z}$$

Maple은 파일에서 구문 오류가 생긴 곳을 표시하고, 행수를 지시한다. 다음과 같이 프로그램을 작성한다.

```
> f : =proc(x)
  t : =1-x^2
  t * sqrt(t)
  end :
```

Warning, ‘t’ is implicitly declared local to procedure ‘f’

위와 같이 프로그램을 작성한 후에 “Enter”키를 눌러 실행시키면 에러 메시지 Error, missing operator or ‘ ; ’이 표시되고 Maple은 3행째 시작하는 부분의 오류를 표시한다. ‘ ; ’는 두 계산식, t : = 1-x^2와 t * sqrt(t)를 구분하기 위해 필요하다. 따라서 위 프로그램의 올바른 표현은 다음과 같다.

```
> f : =proc(x)
  t : =1-x^2 ;
  t * sqrt(t)
  end proc :
```

3) 문자

Maple의 문자집합은 영문자, 아라비아 숫자, 특수문자로 구성된다. 영문자는 26개의 소문자와 26개의 대문자를 구별하여 사용한다. 한 특수문자는 32 종류가 있다. 문자열의 범위를 한정하는 역인용부호(`)와, 평가를 늦추는 단일인용부호('), 등의 사용법은 혼동하지 않아야 된다.

```
> `x` := 1;
```

$$x := 1$$

```
> 'x' := 1;
```

Error, first argument to _Inert_ASSIGN must be assignable

Maple에서 문자열의 길이는 특별한 제한을 두지 않는다. 문자열에서 나타나는 역인용부호 문자를 만들기 위해서는 문자열을 연 뒤에 하나의 역인용부호 대신에 연속하여 두개를 입력한다.

```
> 'a``b``c';
```

a`b`c

또한 역인용부호로 묶인 예약어도, 토큰으로 사용되는 원래의 목적과는 달리 Maple 문자열이다.

3.2 상수, 분수, 부동소수점 수, 복소수

1) 상수

Maple에는 기호상수의 개념이 정의되어 있다. 전역변수 constants에는 처음에 다음과 같이 이름열이 할당되어 있다.

```
> constants;
```

$$false,\ \gamma,\ \infty,\ true,\ Catalan,\ FAIL,\ \pi$$

이와 같은 특정 이름은 Maple 안에서 상수형으로 해석된다. 전역변수 constants를 재정의하고 더욱 상수형 이름을 문자형태로 첨가할 수도 있다. 예를 들어,

```
> constants : =constants, g ;
```

를 실행하면 이름 g는 상수형으로 첨가되어

$$false,\ \gamma,\ \infty,\ true,\ Catalan,\ FAIL,\ \pi,\ g$$

```
> type(g, constant) ;
```

true

을 실행하면 g가 Maple에서 전역상수임을 의미하는 true가 출력된다.

일반적으로 무평가 함수의 인수가 모두 상수형이거나, 합, 곱, 멱승 등의 피연산자가 모두 상수형일 때 Maple 식은 상수형이 된다. 상수형의 식에는 다음과 같은 것이 있다.

$$\sin(1),\ f(2,3),\ \exp(\gamma),\ 4+Pi,\ 2*E/Pi \wedge (1/2),\ \cdots$$

2) 분수와 유리수

Maple에서 분수와 유리수는 정확하게 계산된다. 분수는 Maple에 의해 간략화되므로 분모는 언제나 양이고 최소항까지 통분된다.

```
> -30/12 ;
```

$$-\frac{5}{2}$$

만약 분수를 간략화 한 뒤에 분모가 1이면 Maple은 자동적으로 정수로 변환한다. type 명령어는 정수 혹은 분수인 복합형 이름인 유리수 rational을 인식한다.

```
> x : =4/6 ;
```

$$x := \frac{2}{3}$$

```
> type(x, rational) ;
```

true

하나의 분수는 두 개의 피연산자인 분모와 분자를 갖는다. 피연산자를 선택하는 op 명령어처럼, 다음과 같이 각각 분수의 분자와 분모를 꺼내는 명령어 numer와 denom을 사용할 수 있다. 즉, numer와 denom은 분수식의 분자와 분모를 선택하기 위해 사용한다.

```
> numer(3/4) ;
```

3

```
> denom((1+x)/(1+y)) ;
```

$3+3y$

3) 부동소수점 수

부호가 없는 부동소수점 수는 다음과 같은 형식이다.

natural. natural
natural.
.natural
natural exponent
natural. natural exponent
.natural exponent

여기서 지수부 exponent는 중간에 공백이 없는 부호붙은 정수가 뒤따르는 문자 "e" 또는 "E"이다. Maple에서 부동소수점 수(floating-point number)는 하나의 unsigned_float 혹은 signed_float (즉, +unsigned float 또는 −unsigned float)이다.

```
> 1.2, -2., +.2 ;
```

1.2, −2., 0.2

```
> 2e2, 1.2E+2, -.2e-2;
```

$$200.,\ 120.,\ -0.022$$

여기서 주의해야할 것은

```
> 1.e2;
```

Error, incorrect syntax in parse : missing operator or ‘ ; ’ (5)

1.e2

는 올바르지 않고 그 공백은 유의해야 한다. 예를 들어,

```
> .2e -1 <>.2e-1;
```

$$-.8 \neq 0.02$$

Maple에서 부동소수점 수의 형태는 float이다. type 명령어는 Maple이 integer, fraction 혹은 float이라고 정의한 복합형 이름 numeric을 인식한다. 또한 부동소수점 수는 두 개의 연산자인 가수부(significand) m과 지수부 e를 갖는다. 즉, $m \times 10^e$와 같이 나타낸다. op는 이것을 두 개의 연산자를 갖는 자료형태로 인식한다.

```
> x := 231.3;
```

$$x := 231.3$$

```
> op(1, x);
```

$$2313$$

```
> op(2, x);
```

$$-1$$

즉, op(231.3) ; 라고 입력하면 2313×10^{-1}에 대한 식열 2313과 -1이 출력된다. 또한 Maple은 Float 명령어를 사용할 수도 있다. 즉, Float(m, e) $= m \times 10^e$와 같이 가수부 m과 지수부 e를 사용하여 부동소수점 수 $m \times 10^e$를 만든다. Maple은 정수로써 부동소수점 수의 가수부를 표시한다. 크기는 호스트 컴퓨터의 단어 크기에 의해 제한된다. 이 크기의 제한은 시스템에 의존하고, 대개는 9자리 혹은 10자리의 길이로 사용할 수 있다.

산술 연산과 수학 함수의 호출에 대하여 피연산자의 하나가 부동소수점 수일 때, 자동적으로 부동소수점 평가가 행하여진다. 일반적으로는 evalf 명령어를 사용하면 부동소수점 수 평가가 행하여진다. 부동소수점 수 평가를 할 때에 가수부로 사용되는 유효숫자는 전역 이름 Digits에 의해 정하여지고 기본값은 10이다.

```
> x := 2.3 : y := 3.7 :
> 1-x/y ;
```

$$0.3783783784$$

일반적으로 evalf 명령어는 부동소수점 수가 아닌 식의 평가를 가능하면 부동소수점 식으로 평가하기 위해 사용된다.

```
> x := ln(2) ;
```

$$x := \ln(2)$$

```
> evalf(x) ;
```

$$0.6931471806$$

```
> evalf(x, 15) ;
```

$$0.693147180559945$$

4) 복소상수

Maple에서는 허수단위 $\sqrt{-1}$ 을 디폴트 I로 표시한다. 다음의 세 가지 표현은 같은 의미이다.

```
> sqrt(-1), I, (-1)^(1/2) ;
```

$$I, I, I$$

복소수 $a+bi$를 Maple에서는 a+b*I인 꼴로 입력한다. Maple에서는 복소수에 대한 특별한 표현은 사용하지 않는다. 명령어 Re와 Im는 각각 실수부와 허수부를 선택하기 위해 사용한다.

```
> x := 2+3*I;
```

$$x := 2+3I$$

```
> Re(x), Im(x) ;
```

$$2,\ 3$$

Maple에서 복소수의 형태는 complex(numeric)이다. 이것은 실수부와 허수부가 numeric에는 즉 정수(integer), 분수(rational), 혹은 부동소수점 수(float)라는 것을 의미한다. 복소수의 계산은 자동적으로 행하여진다.

```
> x : =1+I ; y : =2.0-I ;
```

$$x := 1+I$$
$$y := 2.0-1.I$$

```
> x+y ;
```

$$3.0+0.I$$

또한 Maple은 복소상수의 기본 함수와 많은 특별 함수를 평가할 수 있다. 만약 a와 b가 수치상수이거나 a와 b 중의 하나가 소수라 하여도 자동적으로 평가한다.

```
> exp(2+3 * y), exp(2+3.0 * y) ;
```

$$-2951.126040-420.6728152I, -29513126040-420.6728152I$$

인수가 복소 부동소수점 상수가 아니라면, 어떤 경우에는 evalc 명령어를 사용하여 a와 b가 실수인 $a+bi$ 형태로 식을 전개할 수 있다.

다음과 같이 a는 numeric 형태가 아니므로 출력결과도 a+bi 형태가 아니다.

```
> 1/(a-I) ;
```

$$\frac{1}{a-1}$$

```
> evalc(%) ;
```

$$\frac{a}{a^2+1}+\frac{1}{a^2+1}$$

여기서 연산자 %는 가장 뒤에 실행한 식을 값으로서 갖는다. 연산자 %%는 두 번째 앞의 식을, %%%는 세 번째 앞의 식을 값으로서 갖고 있다. 이러한 연산자들의 가장 공통적인 사용은 이미 계산된 결과를 이 연산자들이 참조하는 대화식 Maple 세션이다.

3.3 명령문

Maple에는 지정문(assignment statement), 선택(selection)문, 반복(repetition)문, read문, save문, 공문(empty statement), quit문 그리고 식(expressions)과 같은 명령문 형태가 있다. 또한 subs 명령어를 사용하는 대입(substitution)도 하나의 명령문 형태이다.

1) 지정문

Maple에서 지정문의 구문은 다음과 같다.

이름 : =식 ;

이것은 실행한 식의 결과에 변수이름의 값을 할당시킨다는 의미이다. 즉, $x := 1$과 같이 x에 1을 할당하는 명령문을 의미한다.

<u>이름</u> : Maple에서의 이름(name)은 문자열 혹은 첨자가 붙은 이름이다. 이름은 수식의 미지수이면서, 프로그래밍 변수이다. Maple이 이름을 하나의 값으로 대응시킬 때는 단지 프로그래밍 변수가 된다. 즉, Maple이 이름에 하나의 값을 대응시키지 않으면 이름은 미지수로 남는다.

```
> 2*y-1;
```

$$2y-1$$

```
> x:=3; x^2+1;
```

$$x := 3$$

$$10$$

```
> a[1]^2 ; a[1] : =3 ; a[1]^2 ;
```

$$a_1^2$$

$$a_1 := 3$$

$$9$$

```
> f[Cu] : =1.512 ;
```

$$f_{cu} := 1.512$$

화살표 →를 사용하여 함수를 정의할 수 있다.

```
> phi : =t -> t^2 ; #여기서 remember table assignment옵션을 선택한다.
```

$$\phi := t \rightarrow t^2$$

다음 예제는 함수를 정의하는 것이 아니라는 것에 주의한다. 대신에 엔트리[3] phi에 대한 함수의 정의를 기억 테이블(remember table)에서 만든다.

```
> phi(t) : =t^2 ; remember table assignment 선택
```

$$\phi(t) := t^2$$

<u>첨자붙은 이름</u> : 문자열과 더불어 이름의 또 다른 형태에는 다음과 같은 첨자붙은 이름(indexed name 혹은 subscripted name) 형태가 있다.

이름[식열] ;

첨자붙은 이름 그 자신도 하나의 이름이므로 첨자를 연달아 붙여 사용할 수 있다.

```
> A[1, 2] ;
```

$$A_{1,\,2}$$

3) entry : 여러 개의 데이터가 저장되어 있는 표 또는 리스트의 개별 요소.

```
> A[i, 3 * j - 1] ;
```

$$A_{i,\ 3j-1}$$

```
> b[1][1], data[cu, gold][1] ;
```

$$b_{1_1},\ data_{cu,\ gold_1}$$

첨자붙은 이름 A[1, 2]의 사용은 임의의 언어로서 A가 하나의 배열이라는 것을 의미하지 않는다. 다음 명령문은 네 개의 첨자붙은 이름으로 하나의 수식을 구성한다(그러나 A가 배열 혹은 표로 평가되면 A[1, 1]은 배열 혹은 표 (1, 1) 요소의 값을 갖는다).

```
> a : = A[1, 2] + A[2, 1] - A[1, 1] * A[2, 2] ;
```

$$a := A_{1,\ 2} + A_{2,\ 1} - A_{1,}\ A_{2,\ 2}$$

2) 무지정문 : 할당된 값의 제거

이름이 할당된 값을 수행하지 않을 경우 미지수로 판단하고 할당된 값일 경우는 변수로 판단한다. 종종 이미 할당된 값을 수행한 이름에 할당하지 않아야(제거) 할 때가 필요하고 특별한 조작을 통하여 그 이름을 다시 미지로 사용할 수 있다. Maple에서 이것을 해결하는 방법은 이름 그 자체로 할당하는 것이다. 명령문

evaln(name)

은 name을 하나의 이름으로 평가한다(다른 함수의 호출처럼 name의 값을 name으로 평가하는 것과는 반대이다). 따라서 다음과 같이 이름에 아무것도 할당하지 않을 수 있다.

```
> a : = evaln(a) ;
```

$$a := a$$

```
> i : = 4 ;
```

$$i := 4$$

```
> a[i] : =evaln(a[i]) ;
```

$$a_4 := a_4$$

특별한 경우로 name이 문자열일 때, 단일 인용부호(‘ ’)로 우변의 평가를 늦추어 변수를 할당하지 않을 수도 있다.

```
> a : =‘a’ ;
```

$$a := a$$

assigned 명령어를 사용하여 어떤 이름이 할당된 값을 갖고 있다면 확인할 수 있다.

```
> restart :
> assigned(a) ;
```

false

또한 assign 명령어는 변수를 할당할 수도 있다.

```
> assign(a=b) ;
> assigned(a) ;
```

true

```
> a ;
```

$$b$$

Maple은 표준적으로 assign 명령어의 모든 인수를 평가한다. 따라서 assign $(a=b)$와 같이 미리 할당하므로 Maple은 값 2를 b에 할당한다.

```
> assign(a=2) ;
> b ;
```

2

한 수준의 평가단계에서는 아직 a가 값 b를 갖고 있다는 것을 나타낸다.

```
> eval(a, 1) ;
> a ;
```

2

a의 값을 바꾸어도 b의 값에 아무런 영향을 주지 않는다.

```
> a := 3 :
> b ;
```

$$2$$

종종 등식의 집합이나 리스트에도 assign 명령어를 적용할 수 있다.

```
> eqn1 := x+y = 2 : eqn2 := x-y = 3 :
> sol := solve({eqn1, eqn2},{x, y}) ;
```

$$sol := \left\{y = -\frac{1}{2},\ x = \frac{5}{2}\right\}$$

방정식의 집합 sol에 변수 x와 y를 할당한다.

```
> assign(sol) ;
> x ;
```

$$\frac{5}{2}$$

```
> assigned(x) ;
```

true

3) 선택문

선택문(혹은 조건문)은 다음과 같이 네 가지 형식으로 사용한다.

```
if expr then statseq end if
if expr then statseq1 else statseq2 end if
if expr then statseq elif expr then statseq end if
if expr then statseq elif expr then statseq else ststseq end if
```

여기서 expr은 식을 의미하고, statseq은 명령문열을 표시한다. Maple에서는 if로 시작된 명령문열은 반드시 end if 혹은 fi로 마쳐야 한다. 선택문은 복수의 조건을 나타낼 수 있으므로 경우문[4] 서식으로써 생각할 수 있고, 이 경우 else 절은 "미리 지정된 경우"가 된다. 선택문의 if 절 또는 elif 절에 쓰여진 각각의 expr은 반드시 부울식으로서 평가된다. Maple에서 부울식의 평가는 true, false, FAIL이 사용된다. 부울값 FAIL은 문제가 완전히 풀리지 않을 때 프로시저로부터 되돌림 값 즉, "알 수 없는" 값으로 사용할 경우가 있다.

Maple은 선택문에 대해 먼저 if 절의 식(expr)을 평가한다. 만약 결과의 부울 값이 true이면 Maple은 then 절의 명령문열을 실행한다. 만약 결과의 부울 값이 FAIL이면 Maple은 else 절의 명령문열을 실행한다.

```
> x := -2 :
> if x<0 then 0 else 1 end if ;
```

$$0$$

선택문은 중복된다. 즉, then 절 또는 else 절에서의 명령문열은 if 문을 포함하는 임의의 명령문이 된다. 다음 예제는 부울값 FAIL의 사용 예이다.

```
> r := FAIL :
> if r then print(1)
    else if not r then print(0)
        else print(-1)
    end if
    end if ;
```

$$-1$$

만약 Maple이 판단해야 할 경우가 많아지면, 중복된 if 문의 사용은 혼동되어 판독할 수 없게 된다. 구문 elif expr then statseq는 필요한 선택문이 만들어질 때까지 몇번이고 반복할 수 있다. 즉, 조건에 의해 분기하고 명령문을 실행한다. 여기서 elif 절을 사용한 부호함수를 수행할 수 있다.

---

4) case statement : 파스칼 언어에서 제어문의 하나로 제어변수의 값에 따라 여러 가지 작업을 한다. 이는 if 문의 확장된 형태로 복잡한 조건식을 명확히 나타낼 수 있어 편리하다.

```
> x := -2 :
> if x<0 then -1
    elif x=0 then 0
    else 1
  end if ;
```

$$-1$$

이 형태에서 미리 정하여진 경우로써 임의의 else 절과 함께 경우문으로 선택문을 관측할 수 있다.

구문 elif expr then statseq은 "else if expr then statseq"과 같은 의미이지만, 후자의 경우 시작의 if 절의 각각에 대하여 마지막에 end if가 필요하게 된다. elif 절을 사용하면 마지막을 결정하는 end if를 여러번 사용할 필요가 없게 된다.

4) 반복문

Maple에서 가장 일반적인 반복문은 for 루프이다. 그러나 많은 루프를 보다 효과적이고 간편한 형식으로 대신할 수 있다.

for-from 루프 : 대표적인 for-from 루프의 형식은 다음 예와 같다.

```
> for i from 2 to 5
  do i^2 end do ;
```

$$4$$
$$9$$
$$16$$
$$25$$

이 결과의 열은 다음과 같은 순서에 따라 얻어진다. 먼저 Maple은 i에 값 2를 지정한다. 2는 5보다 작으므로 Maple은 do와 end do 사이의 계산을 실행한다. 그 다음에 i가 3까지 1씩 증가하고 다시 검증하여 루프를 실행하고, i는 다시 4, 5가 되어 루프를 반복 실행한다. 이 경우 i의 마지막 값은

```
> i;
```

6

이 되어 있다. 왜냐하면 $i=6$이 되어 5를 넘으므로 do문 실행이 중지된다. 또한 루프 do-end do 절의 end do는 od로 대신할 수 있다.

for-from 루프의 구문은 다음과 같다.

for name form expr by expr to expr while expr do statseq od ;

각 절 "for name", "from expr", "by expr", "to expr", "while expr" 중에서 어떤 것이 생략될 경우도 있다. statseq 안의 명령문 그룹은 0번 이상 실행된다.

statseq 명령문의 열을 생략할 수도 있다. 최초의 for 절 이외의 다른 절은 임의의 순서로 나타낼 수 있다. 만약 하나의 절을 생략하면 다음 표와 같이 디폴트값을 갖는다.

절	디폴트값
for	dummy variable(가변수)
from	1
by	1
to	infinity
while	true

앞의 예를 다음과 같이 쓸 수도 있다.

```
> for i from 2 by 1 to 5
  while true do i^2 od:
> for i from 5 by -1 to 2
  do i^2 od;
```

25

16

9

4

10^5보다 큰 첫 번째 소인수를 찾기 위해서는

```
> for i from 10^5
  while not isprime(i) do od ;
```

로 쓸 수 있고, i는 10^5보다 큰 첫 번째 소인수이다.

```
> i ;
```

$$100003$$

루프의 본체가 비어 있으면 공문이다. Maple은 공문을 인정한다. 홀수만을 체크하는 프로그램을 만들면 다음과 같다.

```
> for i from 10^5+1 by 2
  while not isprime(i) do od ;
> i ;
```

$$100003$$

다음은 주사위를 임의로 다섯번 던지는 경우의 예제이다.

```
> die : =rand(1..6) :
> to 5 do die() od ;
```

$$5$$
$$2$$
$$5$$
$$6$$
$$2$$

절을 모두 생략하면 무한 루프가 된다. 또한 루프

do statseq end do ;

는 for name from 1 by 1 to infinity while true do statseq od ; 와 같다. 이와 같은 서식은 어떤 것도 부여할 수 없을 때 break 문, 프로시저로부터 return, quit 문의

실행에 의해 종료시키지 않는 이상 무한 루프가 되거나 오류가 생기게 된다.

while 루프 : while 루프는 for 루프의 while 절 이외의 모든 절을 생략한 하나의 for 루프이다. 즉,

```
while expr do statseq od ;
```

식 expr은 while 조건이고 반드시 true, false 또는 FAIL로 평가되어야 한다.

```
> x : =256 :
> while x>1 do x : =x/4 od ;
```

$$x := 64$$
$$x := 16$$
$$x := 4$$
$$x := 1$$

while 루프는 다음과 같은 작용을 한다. 첫째로 Maple은 while 조건을 평가한다. 만약 그것이 true라고 평가되면 Maple은 루프 본체를 실행한다. 이 루프는 while 조건이 false 또는 FAIL이라 평가할 때까지 반복한다. 주의해야 할 것은 Maple이 루프 본체를 실행하기 전에 Maple은 while 조건을 실행한다. 만약 while 조건이 true, false, FAIL 중의 하나로 평가되지 않으면 오류가 발생한다.

```
> x : =1/2 :
> while x>1 do x : =x/2 od ;
> x ;
```

$$\frac{1}{2}$$

```
> while x do x : =x/2 od ;
Error, invalid boolean expression
```

for-in 루프 : 정수의 리스트 L을 가정하고 L에서 7보다 작은 정수를 찾는 문제를 생각하자.

```
> L：=[3, 7, 2, 5, 8, 7, 9]：
> for i in L do
  if i<7 then print(i) end if；
  end do；
```

3

2

5

이 예제는 대상의 성분을 전부 순회한다. 이 때 그 대상은 리스트이다. 그러나 그 대상이 집합, 항의 합 또는 요소의 합일 수도 있다. for-in 루프의 구문은 다음과 같다.

for name in expr while expt do statseq od；

break와 next 명령어：Maple 언어에는 두 개의 부가적인 루프 제어문 break와 next가 있다. Maple이 특수명 break를 인식하면 이것이 위치하는 루프 중에서 가장 안쪽의 반복문으로부터 빠져나온다. 그리고 반복문에 계속되는 최초의 문이 실행된다.

```
> L：=[2, 5, 7, 8, 9]：
> for i in L do
  print(i)；
  if i=7 then break end if；
  end do；
```

2

5

7

```
> I；
```

7

특수명 next를 인식하면 이것이 존재하는 가장 안쪽 반복문의 statseq (즉, dood 블럭)의 반복을 계속하여 실행한다. 다음의 반복을 계속하여 실행한다는 것은 반복의 첨자를 새롭게 하여 계속하여 실행하기 전에 종료 기준을 확인한다. 그리고 종료 기준에 달하면 반복문으로부터 빠져나온다.

```
> L : =[7, 2, 5, 8, 7, 9] :
> for i in L do
  if i=7 then next end if ;
  print(i) ;
  end do ;
```

2

5

8

9

break나 next가 반복문 이외의 문에 나오면 오류가 생긴다.

```
> next ;
Error, break or next not in loop
```

5) read 문과 save 문

사용자는 read 문과 save 문을 직접 사용하여 명백히 하거나 혹은, 어떠한 파일로부터 자동적으로 로드(load)되는 명령어를 실행하는 파일 체계를 사용한다. 예를 들어 적분의 계산은 Maple 라이브러리로부터 많은 명령어들을 로드시켜 사용한다. read 문과 save 문은 Maple의 자료와 프로그램을 파일로부터 읽어들이거나 파일에 저장한다. save 문은 두 가지 형식을 갖는다. 첫 번째 형식은 파일 안으로 현재의 세션을 저장한다.

```
save filename ;
```

즉 모든 자료를 세션 안에 저장시킨다. 파일은 read 명령어를 실행한 후 다시 Maple로 읽어들일 수 있다. 식 filename은 파일의 특정의 이름을 반드시 평가한다.

만일 이름의 끝에 문자 .m이 붙어있으면 Maple은 그 내부서식으로 환경을 저장한다. 보다 일반적으로 다음과 같이 사용할 경우도 있다.

```
read nameseq, filename ;
```

여기서 nameseq는 반드시 할당된 값들의 이름열이어야 한다. Maple은 각 변수 이름과 그 값을 저장한다.

read 문은 save 문과 같은 서식으로 사용된다. 파일이 Maple의 내부서식이라면 간단히 읽어들일 수 있다. 그 파일 중의 Maple의 자료나 프로시저에 액서스할 수 있게 된다. 파일이 사용자 서식일 때에는 파일의 내용은 문법적으로 Maple에서 유효한 명령문이 아니면 안된다. 이 파일을 읽어들이면 Maple 세션에 사용자가 type－in하고 있는 것과 같이 각각의 명령문이 실행된다. interface 명령어의 echo 변수의 설정으로 입력행의 echo 표시를 제어할 수 있다. 이 절의 보다 상세한 내용은 Maple의 Programming의 Flow control 절을 참조한다.

3.4 식

식(expression)은 Maple 언어의 기본적인 표현식이다. 식의 형식은 2장에서 다룬 상수와 복소수, 변수와 미지수의 이름, 수식, 부울(Boolean) 식, 급수, 그리고 다른 자료구조들을 포함하고 있다. 모든 프로그래밍 언어 연산자, 단항 연산자와 이항 연산자의 연산 실행에 있어서의 우선순위가 있다. 그러나 어떤 식이라도 소괄호 ( )로 둘러 싸인 경우 그 식이 우선된다. 이 기능은 특정의 평가 순위를 지정할 때에 사용한다.

1) 내부구조 : Expression Trees

Maple 식은 내부적으로는 각각의 노드[5]가 특별한 자료 형태와 같은 트리 구조

5) node : 트리 구조에서 자료를 갖는 각각의 위치

로 표시된다. 예를 들면, 다음 수식

```
> f : =sin(x)+2 * cos(x)^2 * sin(x)+3 ;
```

$$f := \sin(x)+2\cos(x)^2\sin(x)+3$$

의 구조는 "+"가 붙은 식 트리의 첫 번째 노드는 덧셈이고, 식의 형태를 표시한다. 이 식은 덧셈의 세 항에 대응하는 세 개의 가지(branches)를 갖고 있다. 각 가지의 노드는 덧셈에서 각 항의 형태를 나타낸다.

식을 포함한 프로그램을 작성할 때, 식의 형식은 무엇으로 할 것인가, 식이 갖고 있는 피연산자 혹은 가지를 얼마나 많게 할 것인가, 이러한 피연산자의 선택 방법 등을 결정해야 한다. 또한 새로운 값으로 식의 하나의 피연산자를 대신함으로써 새로운 식을 만드는 방법이 필요하게 된다. 내부 사용을 위한 자료의 형태도 있지만, 식에 상당하는 거의 대부분의 자료 구조는 사용자가 이용할 수 있고, type으로 확인할 수 있고, 사용자는 op를 사용하여 자료 형태의 구성을 알 수 있고 nops를 사용하면 식에서 피연산자의 수를 알 수 있다. 형태 검사(type test)는 type을 사용한다.

```
> type(a+b, polynom) ;
```

true

```
> type(a+b, '+') ;
```

true

```
> type(a * b, '+') ;
```

false

```
> type(a and b, 'and') ;
```

true

op는 다음과 같은 서식으로 사용된다.

```
op(i,f) ;
op(i, j, f) ;
op(f) ;
```

여기서 i, j는 음이 아닌 정수다. 첫 번째 서식은 식 f에서 i번째의 피연산자를 꺼내기 위하여 사용한다. 일반적으로 i는 1 이상의 정수이지만 0번째 피연산자가 정의되는 자료 형태도 있다. 두 번째의 서식은 i번째에서 j번째까지의 피연산자를 f에서 꺼내기 위해 사용되고 $(j-i+1)$개의 부분식을 포함한 식열을 만든다. $j<i$ 일 때 결과는 NULL 식의 열이 된다. 세 번째 서식은 op(i..n, f) ; 과 같은 의미이다. n은 f 안에서 사용되고 있는 피연산자의 개수이다(0번째 피연산자가 정의되어 있을 때는 무시된다). nops는 식의 피연산자의 개수를 의미한다.

```
> u : =[1, 4, 6, 9] :
> nops(u) ;
```

$$4$$

```
> op(3, u) ;
```

$$6$$

```
> op(2..4, u) ;
```

$$4, 6, 9$$

```
> op(u) ;
```

$$1, 4, 6, 9$$

```
> op(0, u) ;
```

$$\text{list}$$

급수에서 op(0, s)는 전개항을 나타낸다.

```
> s : =series(sin(x), x=2, 6) ;
```

$$s := \sin(2)+\cos(2)(x-2)-\frac{1}{2}\sin(2)(x-2)^2$$

$$-\frac{1}{6}\cos(2)(x-2)^3+\frac{1}{24}\sin(2)(x-2)^4+\frac{1}{120}\cos(2)(x-2)^5+O((x-2)^6)$$

```
> op(0, s);
```

$$x-2$$

식의 형태를 결정함으로써 식이 갖고 있는 피연산자의 개수, 식의 각 연산자의 선택 등, 식에 관련된 모든 것들을 체계적으로 작업할 수 있다.

평가와 간략화 : 다음 예제를 살펴보자.

```
> x : =Pi/6;
```

$$x := \frac{1}{6}\pi$$

```
> sin(x)+2*cos(x)^2*sin(x)+3;
```

$$\frac{17}{4}$$

두 번째 명령어를 실행했을 때, 먼저 Maple은 식을 읽고 입력 형식을 문법적으로 해부한다. 입력 형식을 해부한 뒤에는 다음 값

$$\sin(x)+2\cos(x)^2\sin(x)+3$$

을 표현하기 위하여 식의 트리를 만든다. 다음은 식의 트리를 평가하고, 그 결과를 간략화한다. 평가가 의미하는 것은 변수에 대한 값의 할당과 임의의 함수를 호출하는 것이다. 여기서 x는 $\frac{\pi}{6}$를 평가하고, 다음과 같이 식에 이들을 할당한다.

$$\sin\left(\frac{\pi}{6}\right)+2\cos\left(\frac{\pi}{6}\right)^2\sin\left(\frac{\pi}{6}\right)+3$$

sin과 cos 함수를 호출하고 Maple은 새로운 식 트리

$$\frac{1}{2}+2\times\left(\frac{1}{2}\sqrt{3}\right)^2\times\frac{1}{2}+3$$

을 얻는다. 마지막으로 Maple은 분수 $\frac{17}{4}$을 얻기 위해 이 식 트리를 산술적으로

간략화한다. 다음 예제와 같이, 평가는 하지만 간략화는 행하지 않는 경우도 있다.

```
> x : =1 :
> sin(x)+2 * cos(x)^2 * sin(x)+3 ;
```

$$\sin(1)+2\cos(1)^2\sin(1)+3$$

2) 정수, 문자열, 첨자붙은 이름

2장에서 다루었듯이 Maple의 수치상수에는 정수, 분수, 부동소수점 수 혹은 소수점이 있다. 복소상수는 복소정수(Gauss 정수, 복소유리수, 복소부동소수점 수)를 포함한다. 자연수는 한 문자 이상의 아라비아 숫자를 나열한 것으로 길이는 임의이다(그 길이는 시스템에 의해 제한되지만 일반적으로 사용자가 필요로 하는 만큼의 길이는 충분히 잡을 수 있다).

negint	음정수
posint	양정수
nonegint	음이 아닌정수
even	짝수
odd	홀수
prime	소수

정수의 형태

여기서 정수는 자연수(natural) 또는 부호 붙은 자연수 (즉, + natural 또는 − natural)이다. 정수의 형태는 integer이다. type 명령어는 정수의 부분 형식을 인식한다. op와 nops 명령어는 정수가 단 하나의 피연산자, 즉, 정수 그 자신을 갖는 것을 고려한다.

```
> x : =23 :
> op(0, x) ;
```

Integer

```
> op(x);
```

$$23$$

```
> type(x, prime);
```

true

Maple에서 문자열의 형태는 string이다. 문자열은 하나의 피연산자를 갖는다. 문자열이 할당된 값을 갖으면 문자열의 피연산자는 문자열의 값이 되고, 한편 문자열의 피연산자는 문자열 그 자신이다.

```
> s := "Is this a string?";
```

$$s := \text{"Is this a string?"}$$

```
> type(s, string);
```

true

```
> nops(s);
```

$$1$$

```
> op(s);
```

"Is this a string?"

Maple에서 첨자붙은 이름의 형태는 indexed이다. 임의의 첨자붙은 이름의 피연산자는 첨자들이고 0번째 피연산자는 기본 이름이다. 또한 type 명령어는 Maple이 string 혹은 indexed name으로 정의한 복합의 형태 이름을 인식한다.

```
> x := A[1][2,3];
```

$$x := A_{1_{2,\,3}}$$

```
> type(x, indexed);
```

true

```
> nops(x);
```

$$2$$

```
> op(x) ;
```

$$2,\ 3$$

```
> op(0, x) ;
```

$$A_1$$

3.5 식열

식열(expression sequence)은 다음과 같은 형식으로 구성되고 식열도 식(expression)에 포함된다.

식1, 식2, …, 식n

콤마 연산자(,)는 식열에 다시 식을 덧붙이기 위해 사용한다. 이것은 지정된 연산자를 뺀 모든 연산자 중에서 우선순위가 가장 낮게 된다. 식열이 만들어지면, 결과는 하나의 중복(nesting)이 없는 식열로 간략화된다.

```
> a : =A, B, C ;
```

$$a := A,\ B,\ C$$

```
> b : =NULL ; #아무 값도 출력 안됨

> c : =a, b, 1, 2, 3, a ;
```

$$c := A,\ B,\ C,\ 1,\ 2,\ 3,\ A,\ B,\ C$$

위의 명령문 b : =NULL ; 의 경우처럼, 길이가 0인 식열도 문법상으로는 유효하다. 예를 들면, 공리스트, 공집합, 매개변수를 갖지 않은 함수 호출, 첨자가 없는 첨자붙은 이름 등을 정의할 때에 사용된다. NULL에는 길이 0의 식열이 지정되어 있고, 필요할 때 사용된다. 또한 이름 NULL은 일반적인 Maple의 이름으로 사용할 수 있지만 다른 값을 할당시키지 않는 것이 바람직하다.

식열의 형태를 검사하기 위해 type 명령어를 사용할 수 없을 뿐만 아니라 열 또는 그것의 선택에 있어서 피연산자의 수를 세기 위해 nops 또는 op 명령어를 사용할 수 없다. 즉, 식열은 이러한 명령어들의 인수가 되므로 사용할 수 없다.

```
> s : =x, y, z :
> nops(s) ;
```

Error, invalid input : nops expects 1 argument, but received 3

즉, 다음 명령어와 같다.

```
> nops(x, y, z) ;
```

Error, invalid input : nops expects 1 argument, but received 3

여기서 nops 명령어에 대한 인수는 너무 많은 인수들 x, y, z이다. 식열 또는 식열로부터 피연산자를 선택하기 위해 피연산자 개수를 세려면, 먼저 다음과 같이 식열을 리스트로 바꾸어 놓지 않으면 안된다.

```
> nops([s]) ;
```

$$3$$

여러 개의 Maple 명령어를 식열로 사용할 때는 주의해야 한다. 리스트 혹은 집합자료구조로 두면 열로 사용할 수 있다. 예를 들면 solve 명령어에 대한 인수가 집합이 아닐 경우, 인수가 다중해를 찾기 위한 것이라면 인수를 값의 식열로 사용한다.

```
> s : =solve(x^4-2*x^3-x^2+4*x-2, x) ;
```

$$s := 1,\ 1,\ \sqrt{2},\ -\sqrt{2}$$

여기서 solve 명령어를 사용하는데 집합을 사용하지 않았기 때문에, 위의 식열의 요소는 값이지 방정식이 아니다. 즉, 중복을 피하는 집합으로 해를 정의하여 둔다.

```
> s : ={s} ;
```

$$s := \{1,\ \sqrt{2},\ -\sqrt{2}\}$$

3.6 자료구조

Maple은 수학시스템이면서 동시에 프로그래밍 언어이다. 다항식이나 급수처럼 수학 오브젝트(object)는 배열과 표와 같은 자료구조에도 대응한다. 집합과 리스트도 기본적인 자료구조이며 명령어로 나뉘어져 식열로 만들어진다.

1) 집합과 리스트

집합(set)은 다음과 같은 서식의 중괄호 { }를 이용하여 나타내는 하나의 식이고,

{식1, 식2, …, 식n}

집합 안의 요소의 순서는 임의이고, Maple 시스템에서는 식의 내부 주소에 근거한 특정의 순서를 선택한다.

리스트(list)는 자료구조의 하나로써 순서가 붙여진 0개 이상의 원소들의 집합을 의미한다. 다음과 같이 대괄호 [ ]를 사용하여 표현한 하나의 식이다.

{식1, 식2, …, 식n}

식이 들어 있지 않는 경우, 즉 공집합은 { }로 나타내고, 공리스트는 [ ]로 표시한다. 집합은 순서를 갖지 않은 식열이므로, 그 식이 특정의 순서로 나열되어 있다고 생각하여서는 안된다(Maple에서 호출할 때는 식의 내부 주소에 근거한 순서가 사용된다). 두 개 이상 존재하는 것은 하나만 남기고 식열에서 뺀다. 리스트는 순서를 갖는 식열로 사용자에 의해 지정된 식의 순서를 유지한다. 예를 들면 사용자가 집합 {a, d, d, e}라 입력하면 시스템은 이것을 {a, e, d}라는 형태로 인식한다.

집합의 조작에 관한 편리한 연산에는 관계연산자 "="나 union(a∪b), intersect (a∩b), minus(차집합, a−b), 집합의 구성 요소인가 아닌가를 확인하기 위한 member(귀속집합)가 있다. 연산자로써 Maple 예약어이다.

```
> a : ={exp, sin, cos } :
> b : ={cos, sin, tan } :
> a union b ;
```

$$\{\tan,\ \sin,\ \cos,\ \exp\}$$

```
> a minus b ;
```

$$\{\exp\}$$

```
> a intersect b ;
```

$$\{\sin,\ \cos\}$$

```
> member(sin, b) ;
```

true

집합이나 리스트에서 요소를 선택(일반적으로 식으로부터 피연산자를 선택)하기 위하여 op 명령어를 사용한다.

```
> c : =[1, 2, 3, 2, 1] :
> nops(c) ;
```

$$5$$

```
> op(4, c) ;
```

$$2$$

```
> c[4] ;
```

$$2$$

```
> d : =[2, 5, 46] ;
```

$$d := [2,\ 5,\ 46]$$

두 개의 리스트를 연결할 수도 있다.

```
> e : =[op(c), op(d)] ;
```

$$e := [1,\ 2,\ 3,\ 2,\ 1,\ 2,\ 5,\ 46]$$

map 명령어를 사용하여 리스트나 집합의 각 요소에 함수를 적용할 수도 있다.

```
> map(x -> x^2, c);
```

$$[1,\ 4,\ 9,\ 4,\ 1]$$

```
> convert(b, list);
```

$$[\tan,\ \sin,\ \cos]$$

```
> map(D, %);
```

$$[1+\tan^2,\ \cos,\ -\sin]$$

루프를 사용하여 집합이나 리스트의 요소에 대하여 반복 계산을 실행할 수도 있다.

```
> for f in b do diff(f(x), x) end do;
```

$$1+\tan(x)^2$$
$$\cos(x)$$
$$-\sin(x)$$

또한 리스트 "[ ]"는 집합체로부터 요소를 선택할 때에 사용한다. 집합체는 표, 배열, 식열, 리스트, 집합을 포함한다. 즉, 선택연산은 "name[식열]"과 같은 형태로 사용되고 name은 이름, 표, 배열, 리스트, 집합, 식열 중에서 하나의 형태로 평가되지 않으면 안된다. 만약 name이 표나 배열을 평가하는 것이면 Maple은 표(배열)의 요소를 출력한다.

```
> A := array([w, x, y, z]):
> A[2];
```

$$x$$

name이 임의의 리스트, 집합 혹은 식열을 평가하고, 식열이 임의의 정수, 범위 혹은 NULL을 평가하는 것이면 Maple은 선택연산을 실행한다.

만약 식열이 임의의 정수i를 평가하는 것이라면 Maple은 리스트, 집합 혹은 식열의 i번째 피연산자를 출력한다. 그리고 식열이 범위를 평가하는 것이면 Maple은 범위를 특정 지우는 집합체의 피연산자를 포함하는 리스트, 집합 혹은 식열을 되돌린다. 만약 식열이 NULL을 평가하는 것이면 Maple은 집합체의 모든 피연산자를 포함하는 하나의 식열을 되돌린다.

```
> s := x, y, z, w :
> L := [s, s] ;
```

$$L := [x, y, z, w, x, y, z, w]$$

```
> S := {s, s} ;
```

$$S := \{z, x, y, w\}$$

```
> S[3] ;
```

$$y$$

```
> L[2..4] ;
```

$$[y, z, w]$$

```
> s[] ;
```

$$x, y, z, w$$

리스트에서는 음의 정수는 오른쪽부터 세는 것에 주의한다.

```
> L := [a, b, t, u, x, y, z] :
> L[-4] ;
```

$$u$$

```
> L[-5..-3] ;
```

$$[t, u, x]$$

```
> L[-3..-5] ;
Error, invalid subscript selector
```

2) 산술 연산자

Maple에는 사칙연산(+, -, *, /)에 쓰이는 산술연산자와 멱승(**, ^), 비가환 곱셈(&*)에 쓰이는 산술연산자가 있다. 이들은 이항연산자로 사용할 수 있다.

"+, −"는 단항 덧셈과 단항 뺄셈을 나타내는 앞첨자(prefix) 연산자로서 사용된다. 두 개의 지수 연산자 **와 ^는 같은 의미이므로 어느 쪽을 사용해도 된다.

산술연산의 형태와 산술연산의 피연산자는 다음과 같다.

- 합 또는 차의 형태는 +이다.
- 곱 또는 몫의 형태는 *이며 멱승의 형태는 ^이다.
- 합 $x-y$의 피연산자는 x와 $-y$항이다.
- 곱 xy^2/z의 피연산자는 성분 x, y^2 그리고 z^{-1}이다.
- x^a의 피연산자는 밑수 x와 지수이다.

```
> whattype(x-y);
```

$$+$$

```
> op(2, x-y);
```

$$-y$$

```
> whattype(x^y);
```

$$\wedge$$

```
> op(2, x^a);
```

$$a$$

만약 x와 y가 수치라면 Maple은 다섯 가지 산술연산 $x+y$, $x-y$, $x*y$, x/y 및 x^n(n은 정수)을 실행한다. 만약 피연산자가 부동소수점 수라면 Maple은 부동소수점 수의 산술계산을 실행한다.

```
> 2+3, 6/4, 1.2/7, (2+I)/(2-2*I);
```

$$5,\ \frac{3}{2},\ 0.171428574,\ \frac{1}{4}+\frac{3}{4}I$$

```
> 3^(1.2), I^(1.0-I);
```

$$3.737192819,\ 0.+4.810477381I$$

수치 상수에 대한 다른 간략화는 단지 정수와 분수의 분수형태의 멱승의 축소이다. 정수 n, m과 분수 b에 대하여 $(n/m)^b \rightarrow (n^b)/(m^b)$, 정수 n, q, r, d와 분수 $b=q+r/d(0<r<d)$에 대하여 $n^b=n^{q+r/d} \rightarrow n^q \times n^{r/d}$이다.

```
> 2^(3/2), (-2)^(7/3);
```

$$2\sqrt{2},\ 4(-2)^{1/3}$$

기호 혹은 임의의 식에 대하여 Maple은 자동적으로 간략화를 실행한다.

```
> x-x, x+x, x+0, x*x, x/x, x*1, x^0, x^1;
```

$$0,\ 2,\ x,\ x,\ x^2,\ 1,\ x,\ 1,\ x$$

그러나 이러한 간략화는 모든 기호에 대하여 성립하지 않는다. Maple이 파악하고 있는 예외적인 경우들이다.

```
> infinity-infinity;
```

undefined

```
> infinity/infinity;
```

undefined

```
> 0/0;
Error, numeric exception: division by zero
```

0/0;

Maple은 덧셈과 곱셈을 각각 결합과 교환으로 인식하고 다음과 같이 간략화 한다.

$$ax+bx!(a+b)x$$

$$a^m \times b^m \rightarrow (ab)^m$$

$$a(x+y)!ax+ay$$

여기서 m은 정수, a, b, c는 수치상수, x, y, z는 일반적인 기호식이라고 하자.

처음 두 식의 간략화는 Maple이 자동적으로 다항식의 항처럼 더한 것을 의미한다. 세 번째 식의 간략화는 합에서 수치상수(정수, 분수, 부동소수점 수)를 분배한다는 것을 의미하지만, 수치상수가 아닌 경우에는 분배하지 않는다.

```
> 2 * x + 3 * x, x * y * x^2, 2 * (x + y), z * (x - y) ;
```

$$5x,\ x^3y,\ 2x+2y,\ z(x-y)$$

정수가 아닌 지수 y에 대한 멱승 x^y의 간략화가 가장 까다롭다.

일반적으로 Maple은 반복된 멱승의 간략화 $(x^y)^z \rightarrow x^{(yz)}$를 실행하지 않는다. 왜냐하면 이 프로시저는 항상 정확한 답을 갖고 있지 않기 때문이다. 만약 0과 ∞와 같은 값의 유한 개를 가능한 뺄 수 있는 모든 복소수 x에 대하여 올바르다고 입증할 수 있다면, Maple은 위의 첫 번째 변환만을 실행한다. b가 임의의 정수이고 $-1 < a \leq 1$ 또는 x가 양의 실수라 하면 Maple은 $(x^a)^b \rightarrow x^{ab}$를 간략화한다.

```
> (x^(3/5))^(1/2), (x^(5/3))^(1/2) ;
```

$$x^{3/10},\ \sqrt{x^{5/3}}$$

```
> (2^(5/3))^(1/2), (x^(-1))^(1/2) ;
```

$$2^{5/6},\ \sqrt{\frac{1}{x}}$$

비록 해답이 타당할지라도 자동적으로 간략화 $a^b c^b \rightarrow (ac)^b$를 실행하지 않는다.

```
> 2^(1/2) + 3^(1/2) + 2^(1/2) * 3^(1/2) ;
```

$$\sqrt{2}+\sqrt{3}+\sqrt{2}\,\sqrt{3}$$

$\sqrt{6}$ 이 되도록 $\sqrt{2}\,\sqrt{3}$ 을 결합하는 것은 세 번째 유일제곱근을 유도하기 때문이다. 일반적으로 제곱근이 들어 있는 계산은 어렵고 시간이 걸리기 때문에 Maple은 새로운 제곱근을 만들지 않도록 주의한다. 원한다면 제곱근을 결합시키고자 combine 명령어를 사용할 수 있다.

```
> combine(2^(1/2) * 3^(1/2)) ;
```

$$\sqrt{6}$$

비가환 연산자 & * 는 inert 연산자로 실행되지만 문법적으로 * 나/의 결합강도와 같다. Maple 라이브러리의 evalm 명령어는 & * 를 행렬의 곱셈 연산자로 해석한다.

또한 evalm 명령어는 형식 &*()를 일반적인 행렬 항등식(단위행렬)로 인식한다.

```
> with(linalg):
> A:=matrix(2, 2, [a, b, c, d]);
```

$$A := \begin{bmatrix} a & b \\ c & d \end{bmatrix}$$

```
> B:=matrix(2, 2, [e, f, g, h]);
```

$$B := \begin{bmatrix} e & f \\ g & h \end{bmatrix}$$

```
> evalm(A &* B-B &* A);
```

$$\begin{bmatrix} bg-cf & af+bh-eb-fd \\ ce+dg-ga-hc & cf-bg \end{bmatrix}$$

3) 합성연산자

합성연산자 @는 함수 연산자의 합성을 표시하기 위해 사용한다.

```
> (f@g)(x);
```

$$f(g(x))$$

```
> (sin @ exp)(x);
```

$$\sin(e^x)$$

```
> (sin @ arcsin)(x);
```

$$x$$

연산자 @@는 합성연산자의 반복 적용을 나타내고 멱승연산자에 해당된다. 즉, Maple은 n차 도함수 $f^{(n)}$을 $f@@n$으로 표현한다.

```
> (f@@2)(x);
```

$$f^{(2)}(x)$$

```
> expand(%);
```

$$f(f(x))$$

```
> (D @@ n)(f) ;
```

$$D^{(n)}(f)$$

일반적으로 $f^{(n)}(x)$은 합성을 표시한다. 예를 들면 D^n은 n번 합성한 미분연산자를 나타낸다. 또한 $\sin^{-1}(x)$는 sin 함수의 역함수 즉, 멱승 -1에 대한 합성을 표시한다. 그러나, 예를 들면 $\sin^2(x)$는 sin(x)의 제곱을 표시하는 것처럼, 종종 $f^n(x)$를 보통 거듭제곱으로 표시하기 위해 사용한다.

Maple에서는 항상 $f^n(x)$를 반복된 합성을 표시하기 위해 사용하고, $f(x)^n$을 거듭제곱을 표시하기 위해 사용한다.

```
> sin(x)^2, (sin @@ 2)(x), sin(x)^(-1), (sin @@ (-1))(x) ;
```

$$\sin(x)^2,\ \sin^{(2)}(x),\ \frac{1}{\sin(x)},\ \operatorname{arcsin}(x)$$

4) mod 연산자

mod 연산자는 0이 아닌 정수 m에 대하여 m을 법으로 하는 식을 평가하는 연산에서 사용한다. 집합연산자에 관하여 'mod'라는 이름에 할당된 특수함수에 의존한다. 디폴트값은

```
> 'mod' : =modp ;
```

로 이것은 양의 표현을 사용한다. 즉, 정수 n에 대한 연산

```
> r : =n mod m ;
```

의 결과는 범위 $0 \le r < |m|$에 들어간다. 만약 사용자가

```
> 'mod' : =mods ;
```

로 할당하면 대칭적인 표현이 사용된다. 즉, 정수 n에 대한 연산

```
> r : =n mod m ;
```

의 결과는 범위 $-|m|/2 \le r < |m|/2$에 들어간다.

함수 modp와 mods는 필요한 때에 직접 호출할 수 있다.

```
> modp(9, 5), mods(9, 5) ;
```

$$4, \ -1$$

mod 연산자는 멱승에 대한 inert 연산자(&^)를 인식한다. 예를 들어,

```
> i &^ j mod m ;
```

은 처음에 정수연산으로 i^j을 계산하지 않고 i^j mod m을 계산한다. 즉,

```
> 2^(2^100) mod 5 ;
Error, numeric exception : overflow
```

2?(2?100) mod 5

```
> 2 &^ (2^100) mod 5 ;
```

$$1$$

함수 power도 같은 방법으로 사용할 수 있다.

```
> power(i, j) mod m ;
```

mod 연산자의 첫 번째 피연산자는 정수식에 한정되지 않은 일반적인 식이다. 식은 m을 법으로 하는 정수의 계수체상에서 평가된다. 특히 mod 연산자는 유한환이나 유한체상의 다항식이나 행렬연산에 관한 여러 함수를 인식한다.

다항계승에 대한 Factor 명령어의 예제와 유한체상의 p를 법으로 하는 행렬의 영공간을 계산하는 Nullspace 명령어의 예를 들면,

```
> 1/2 mod 5 ;
```

$$3$$

```
> 9 * x^2 + x/2 + 13 mod 5 ;
```

$$4x^2+3x+3$$

```
> Factor(4 * x^2 + 3 * x  + 3) mod 5 ;
```

$$4(x+3)(x+4)$$

```
> A : =array([[1, 2, 3], [1, 2, 3], [0, 0, 0]]) ;
```

$$A := \begin{bmatrix} 1 & 2 & 3 \\ 1 & 2 & 3 \\ 0 & 0 & 0 \end{bmatrix}$$

```
> Nullspace(A) mod 5 ;
```

$$\{[2\ 0\ 1],\ [3\ 1\ 0]\}$$

factor와 Factor 명령어는 혼동하지 않아야 된다. factor 명령어는 식을 바로 평가하고, Factor는 mod를 호출하지 않는 한 식을 평가하지 않는 Maple의 inert 명령어이다.

5) 관계연산자와 논리연산자

관계연산자 <, <=, >, >=, =, <>를 사용하여 새로운 식을 만들 수 있다. 이러한 연산자의 의미론은 대수식에서 사용되는가, 부울식에서 사용에 따라 그 의미가 다르다.

대수식 중에서 관계연산자는 방정식 또는 부등식을 만들기 위한 "place holder"에 지나지 않는다. 예를 들어, 두 방정식을 더하거나 빼는 경우 Maple은 각 방정식에 덧셈 또는 뺄셈을 적용하고, 하나의 새로운 식을 만든다. 방정식을 하나의 식으로 곱하는 경우는 각 방정식에 곱셈을 분배한다. 부등식의 경우도 같다.

```
> e : =x+3*y=z :
> 2*e ;
```

$$2x+6y=2z$$

Maple에서 방정식의 형태는 = 또는 equation이다. 하나의 방정식은 왼쪽(left-hand side, lhs)과 오른쪽(right-hand side, rhs)의 두 개의 피연산자를 갖는다. 임의의 방정식의 피연산자를 선택하기 위해 op 대신에 lhs 명령어와 rhs 명령어를 사용할 수 있다.

```
> op(0, e) ;
```

$$=$$

```
> lhs(e) ;
```

$$x+3y$$

또한 type 명령어는 <>, <, <=를 인식한다. Maple은 > 또는 >=를 포함하는 부등식을 각각 <과 <=로 자동적으로 변환한다.

```
> e : =a > b ;
```

$$e := b < a$$

```
> op(e) ;
```

$$b,\ a$$

부울식에서 하나의 관계는 true 값 또는 false 값으로 평가된다. 부울식은 루프 if 문의 조건과 while 절에서의 조건을 내포한다. 부울식의 관계를 평가하기 위해 evalb 명령어를 사용한다.

이름 true, false는 Maple에서는 상수로써 정의되어 있다. 연산자 <, <=, >, >=일 때 피연산자의 이름은 수치상수에 대하여 평가되어 이 상수는 0과 비교된다.

```
> if 2<3 then 'less' else 'not less' end if ;
```

less

다음과 같은 관계에서

```
> op1=op2 :
> op1<>op2 ;
```

$$op1 \neq op2$$

피연산자는 임의의 식(대수식 또는 대수식이 아닌 식)이다. 그러나 이 식에 대한 동치에 대한 검정은 각 식에서 Maple 표현의 구문이 동치인가 아닌가에 의해 판단한다. 수학적으로 같은 값인가 아닌가를 판단하는 것과는 다르다. 예를 들면 방정식

```
> x+y=y+x ;
```

$$x+y=x+y$$

는 부울식에서 (이 두 개의 식은 Maple 표현이 동일하기 때문에) true로 평가된다.

그러나 다음 방정식

```
> x^2-y^2=(x+y)*(x-y);
```

$$x^2-y^2=(x+y)(x-y)$$

는 수학적으로는 같은 값의 식이지만 부울식에서는 false로 평가된다. 이 식에 evalb 명령어를 적용하면 true로 평가된다.

```
> evalb(x^2-y^2 =expand((x-y)*(y+x)));
```

true

임의의 부울식에서 관계를 평가하기 위해 evalb 대신에 is 명령어를 사용할 수 있다. is 명령어는 true인가 아닌가를 결정하기 위해 evalb보다 엄격하다.

```
> is(x^2-y^2 =(x-y)*(y+x));
```

true

```
> is(3<Pi);
```

true

<u>논리 연산자</u> : 일반적으로 식은 논리연산자 and, or, not을 사용하여 만들 수 있다. 처음의 두 개는 이항연산자이고, 세 번째는 단항(앞첨자) 연산자이다. 논리연산자를 한 개 이상 포함한 식은 부울식에서 자동적으로 평가된다.

```
> 2 > 3 or not 5 > 1;
```

false

논리연산자 and, or, not의 우선순위는 각각 곱셈, 덧셈, 멱승과 비슷하다.
여기서는 어떤 삽입구도 필요하지 않다.

```
> (a and b) or ((not c) and d);
```

a **and** b **or** not *c* **and** *d*

논리연산자 and, or, not의 형태는 각각 and, or, not이다. and, or은 두 개의 피연산자, not은 하나의 피연산자를 갖는다.

```
> b : =x and y or z ;
```

$$b := x \textbf{ and } y \textbf{ or } z$$

```
> whattype(b) ;
```

or

```
> op(b) ;
```

$$x \textbf{ and } y,\ z$$

같은 순위의 연산자 중에서 부울식의 평가는 왼쪽에서 오른쪽으로 진행하는 논리 연산자 and와 or을 포함하고, Maple은 모든 식이 참인가를 결정하고 바로 마친다.

<u>부울식</u> : 부울식의 평가에는 다음과 같은 세 종류의 논리값이 사용된다. true, false, Maple에서 특별히 사용되는 FAIL이 있다. 값 FAIL은 문제가 완전히 풀리지 않을 때에 프로시저로부터 되돌림값으로서 사용된다. 즉, 알 수 없다 값으로서 생각할 수 있다. if 문 또는 while 문에서 사용되는 부울식 안에서는 FAIL은 false와 같고 프로그램의 분기를 결정한다. 부울식의 평가는 진리표에 의해 행하여지고 true, false, FAIL의 어느쪽인가 출력된다.

```
> is(sin(1), positive) ;
```

true

```
> is(a-1, positive) ;
```

false

if 문이나 while 문에서 사용되는 세종류의 논리값은 대칭적이 아니다.

if condition **then** statseq_1 else statseq_2 **end if**
if not condition **then** statseq_2 else statseq_1 **end if**

condition이 FAIL일때 위의 if 문은 양쪽 모두 어떤 특정의 관계에 대하여 옳은 경우도 있다.

AND	false	true	FAIL
false	false	false	false
true	false	true	FAIL
FAIL	false	FAIL	FAIL

OR	false	true	FAIL
False	false	true	FAIL
True	true	true	true
FAIL	true	FAIL	FAIL

AND	false	true	FAIL
	true	false	FAIL

진리표

6) 배열과 표

Maple에는 대부분의 프로그래밍언어에서 볼 수 있듯이 자료형태의 하나로써 표준의 배열 자료구조가 있다. 배열은 array 명령어를 사용하여 만든다. 요소를 선택하는 방법은 다른 프로그래밍 언어와 같다. 예를 들면 다음과 같이 자료의 일차원 배열을 만들고 두 번째 요소를 선택하여 보자.

```
> u : =array(1..4, [1.32, 4.57, 9.87, 11.4]) :
> u[2] ;
```

$$4.57$$

루프를 사용하여 배열의 원소를 지정할 수 있다. 2차원 배열을 만들어보자.

```
> A : =array(1..3, 1..3) :
> for i to 3 do for j to 3 do A[i, j] : =i^2-j^2 od od ;
> print(A) ;
```

$$\begin{bmatrix} 0 & -3 & -8 \\ 3 & 0 & -5 \\ 8 & 5 & 0 \end{bmatrix}$$

범위 (1..3, 1..3)은 두 차원을 결정하고 정수로 제한된다. 배열 이외에 Maple에는 배열을 확장한 것으로 표(table)기능도 있다. 표는 배열과는 달리 특별히 정의되어 그 첨자는 정수에 한정되지 않고 어떤 값이라도 상관이 없다. 배열이나 표가 할당되어져 있지 않은 변수에 대하여 첨자를 첨부하여 값을 할당하면 바로 표가 만들어진다.

```
> Height[Joe] : = 175 * cm ;
```

$$Height_{Joe} := 175cm$$

```
> Height[Fred] : = 185 * cm ;
```

$$Height_{Fred} := 185cm$$

```
> Height[average] : = (Height[Joe]+Height[Fred])/2 ;
```

$$Height_{average} := 180cm$$

표에 대하여 변수를 정의하는 것도 가능하다. 또한 모든 원소를 직접 지정할 수도 있어 표의 첨자나 원소에 액세스하기 위한 함수도 있다. 또한 table 명령어를 이용하거나 첨자붙은 이름에 의해 지정하는 것으로 표를 정확하게 만들 수 있다.

Maple에서 표의 형태는 table이다. 첫 번째 피연산자는 첨자의 함수이다. 두 번째 피연산자는 성분의 하나의 리스트이다. 표와 배열은 특별한 평가 규칙을 갖는다는 것에 주의해야 한다. 즉, 표나 배열에 액세스하기 위해 eval 명령어를 적용할 수 있다.

7) 구조화된 형태(Structured Types)

프로그래밍 언어로써 Maple은 객체(object)지향 언어에 공통되는 몇 가지 속성을 갖는다. 특정의 변수나 프로시저 안에서 매개변수는 Maple에 유효한 오브젝트를 보존하고 유지한다. 원칙적으로 Maple은 형태 선언을 필요로 하지 않고 함수가 판단하여 사용자가 제한을 주지 않기 위하여 사용할 수 있다.

```
> type(x^2, `^`) ;
```

true

```
> type(x^2, name^integer) ;
```

true

x는 이름이고 2는 정수이므로 true를 되돌린다.

```
> type(x^(1/2), name^integer) ;
```

false

$x+1$은 이름이 아니다. 따라서 $(x+1)^2$는 형태 name^integer가 아니다.

```
> type((x+1)^2, name^integer) ;
```

false

형태 anything은 어떤 식과도 조화시킬 수 있다.

```
> type((x+1)^2, anything^integer) ;
```

true

만약 식이 형태 중 하나와 조화되면, 식은 형태 집합과 조화된다.

```
> type(1, {integer, name}) ;
```

true

```
> type(x, {integer, name}) ;
```

true

형태집합은 형태의 요소 집합과 조화된다.

```
> type({1, 2, 3, 4}, set(integer)) ;
```

true

```
> type({x, 2, 3, y}, set({integer, name})) ;
```

true

리스트의 경우도 마찬가지이다.

```
> type([2..3, 5..7], list(range)) ;
```

true

구조화된 형태에 대한 더욱 상세한 것은 ?type,structured 혹은 사용자 자신의 형식을 어떻게 정의할 것인가에 대한 상세한 내용은 ?type,definition을 참조한다.

3.7 유용한 루프구조

반복문의 for 루프와 while 루프와 같이 많은 공통적인 종류의 루프들은 자주 나타나고, 따라서 Maple은 그러한 루프들에 대하여 특별한 목적의 명령어를 준비하고 있다. 이러한 명령어들은 간단하고 더욱 효과적으로 프로그래밍할 수 있도록 도와준다. Maple에서는 일곱 개의 서로 비슷한 루프 명령어를 다음과 같이 세 부분으로 묶을 수 있다.

1. map, select, remove
2. zip
3. seq, add, mul

1) map, select, remove 명령어

map 명령어는 식의 (op 명령어에서 정의된 것과 같이) 각 피연산자로 함수를 적용시킨 결과로서 치환한다. 가장 간단한 map 명령어의 서식은 다음과 같다.

map(f, x)

여기서 f는 함수를 의미하고, x는 임의의 식이다. map 명령어는 식 x의 각 연산자 x_i를 $f(x_i)$로 대신한 것이다.[6)]

---

6) Exception(예외상황) : Maple은 임의의 표나 배열에 대하여, 표 혹은 배열의 엔트리에 함수를 적용하는 것이지 피연산자 혹은 첨자에 적용하는 것이 아니다.

```
> map(f, [a, b, c]) ;
```

$$[f(a),\ f(b),\ f(c)]$$

예를 들면 정수의 리스트가 주어졌을 때에 정수들의 절대값으로 구성된 리스트와 제곱한 값으로 구성된 리스트를 map 명령어를 사용하여 만들어 보자.

```
> L : =[-1, 2, -3, -4, 5] :
> map(abs, L) ;
```

$$[1,\ 2,\ 3,\ 4,\ 5]$$

```
> map(x -> x^2, L) ;
```

$$[1,\ 4,\ 9,\ 16,\ 25]$$

map 명령어의 일반적인 구문은

map(f, x, y1, y2, , yz)

과 같고, 여기서 f는 함수, x는 식, y1, y2, ⋯, yn은 옵션의 인수이다. y1, y2, ⋯, yn은 부가적인 인수로 함수 f를 식 x의 각 피연산자에 적용시켜 그 결과로 치환한다.

```
> map(f, [a, b, c], x, y) ;
```

$$[f(a,\ x,\ y),\ f(b,\ x,\ y),\ f(c,\ x,\ y)]$$

```
> L : =[ seq(x^i, i=0..5) ] ;
```

$$L := [1,\ x,\ x^2,\ x^3,\ x^4,\ x^5]$$

```
> map(diff, L, x) ;
```

$$[0,\ 1,\ 2x,\ 3x^2,\ 4x^3,\ 5x^4]$$

```
> map((x,y) -> x^2+y, L, 1) ;
```

$$[2,\ x^2+1,\ x^4+1,\ x^6+1,\ x^8+1,\ x^{10}+1]$$

출력결과의 형태는 간략화되기 때문에 대수적 형식에 대해서는 입력 형식과 같을 필요는 없다. 예를 들어

```
> a：=2−3*x+I：
> map(z −> z+x, a)；
```

$$-x+2+1$$

즉, a의 각 항에 x를 더하면(즉, 2+x−3*x+x+I+x), 복소수 2+I가 된다는 것이다.

```
> type(%, complex)；
```

false

그러나 a는 복소수가 아니다.

```
> type(a, complex)；
```

false

select와 remove 명령어는 map 명령어와 같은 구문이고 비슷한 작용을 한다. 가장 간단한 형태는 다음과 같다.

select(f, x) remove(f, x)

여기서 f는 부울값 함수이고, x는 합, 곱, 리스트, 집합, 함수, 또는 첨자붙은 이름이다.

select 명령어는 부울값 함수 f를 만족하는 x의 피연산자를 선택하고 x와 같은 형식의 새로운 오브젝트를 만든다. Maple은 f가 true를 되돌리지 않은 피연산자를 버린다.

remove 명령어는 select 명령어와 반대이다.

```
> X：=[ seq(i, i=1..10) ]；
```

$$X:=[1,\ 2,\ 3,\ 4,\ 5,\ 6,\ 7,\ 8,\ 9,\ 10]$$

```
> select(isprime, X) ;
```

$$[2,\ 3,\ 5,\ 7]$$

```
> remove(isprime, X) ;
```

$$[1,\ 4,\ 6,\ 8,\ 9,\ 10]$$

select 명령어와 remove 명령어의 일반적인 구문은

select(f, x, y1, y2, ⋯, yn) remove(f, x, y1, y2, ⋯, yn)

이고, 여기서 f는 부울값 함수이며 x는 합, 곱, 리스트, 집합, 함수, 첨자가 붙은 이름이며, f, x, y1, y2, ⋯, yn은 식이다. map 명령어의 일반적인 형식에서와 같이 식 y1, y2, ⋯, yn은 함수 f를 적용시킨 결과로 치환된다.

```
> integers : =[$10..20] ;
```

$$integers := [10,\ 11,\ 12,\ 13,\ 14,\ 15,\ 16,\ 17,\ 18,\ 19,\ 20]$$

```
> select(isprime, integers) ;
```

$$[11,\ 13,\ 17,\ 19]$$

```
> remove(isprime, integers) ;
```

$$[10,\ 12,\ 14,\ 15,\ 16,\ 18,\ 20]$$

```
> g : ={2, sin(1), exp(2 * x), x^(1/2)} ;
```

$$g := \{2,\ \sin(1),\ e^{2x},\ \sqrt{x}\}$$

```
> select(type, g, function) ;
```

$$\{\sin(1),\ e^{2x}\}$$

```
> remove(type, g, function) ;
```

$$\{2,\ \sqrt{x}\}$$

```
> X : =2*x*y^2-3*y^4+3*z*w+2*y^3-z^2*w*y ;
```

$$X := 2xy^2 - 3y^4 + 3zw + 2y^3 - z^2wy$$

```
> select(has, X, z) ;
```

$$3zw - z^2wy$$

여기서 has는 지정된 부분식에 대하여 검증한다.

```
> remove(x -> degree(x) > 3, X) ;
```

$$2xy^2 + 3zw + 2y^3$$

2) zip 명령어

zip 명령어는 두 개의 리스트 혹은 벡터를 혼합시키기 위해 사용한다.
zip 명령어는 다음과 같이 두 형식이 있다.

```
zip(f, u, v)
zip(f, u,v,  ; )
```

f는 임의의 이항 함수이고, u와 v는 양쪽 모두 리스트 혹은 벡터이며 1은 하나의 값이다. zip의 실행은 피연산자 u_i, v_i의 각 쌍에 대하여 $f(u_i, v_i)$의 새로운 리스트 혹은 벡터 출력결과를 만들기 위한 것이다.

```
> zip((x, y) -> x.y, [a, b, c, d, e, f], [1, 2, 3, 4, 5, 6]) ;
```

$$[a, 2b, 3c, 4d, 5e, 6f]$$

만약 리스트 혹은 벡터가 같은 길이가 아니라면 실행결과의 길이는 1이 정의되어 있지 않으면, 그 길이는 u와 v의 작은 쪽의 길이가 된다.

```
> zip((x,y) -> x+y, [a, b, c, d, e, f], [1, 2, 3]) ;
```

$$[a+1, b+2, c+3]$$

만약 1을 특정지을 수 있으면, zip 명령어의 실행결과의 길이는 가장 긴 리스트

(혹은 벡터)의 길이가 되고 Maple은 빠진 값 대신에 1을 사용한다.

```
> zip((x,y) -> x+y, [a, b, c, d, e, f], [1, 2, 3], xi);
```

$$[a+1,\ b+2,\ c+3,\ d+\xi,\ e+\xi,\ f+\xi]$$

Maple은 예외적인 인수 xi(xi)를 map 명령어의 경우처럼 함수 f를 적용시킨 결과로 치환되지 않는다는 것에 주의한다.

3) seq, add, mul 명령어

seq, add, mul 명령어들은 각각 열(sequence), 합(sum), 곱(product)를 구성한다.

```
seq(f, i=a..b)
add(f, i=a..b)
mul(f, i=a..b)
```

여기서 f, a, b는 식이고, i는 하나의 이름이다. 식 a, b는 반드시 수치상수를 평가하여야 한다.

seq의 결과는 계속하여 첨자이름 i에 값 a, $a+1$, …, b (혹은 b를 넘지 않은 마지막 값까지)를 지정한 뒤에 f를 평가하여 만들어진 식열이 된다. add의 결과는 같은 식열의 합이고, mul의 결과는 식열의 곱이다. 만약 값 a가 b보다 크면 결과는 각각 NULL 열, 0, 1이 된다.

```
> seq(i^2, i=1..4);
```

$$1,\ 4,\ 9,\ 16$$

```
> seq(x[i], i=1..4);
```

$$x_1,\ x_2,\ x_3,\ x_4$$

```
> mul(i^2, i=1..4);
```

$$576$$

```
> add(x[i], i=1..4);
```

$$x_1+x_2+x_3+x_4$$

```
> mul(i^2, i=4..1);
```

$$1$$

```
> seq(i, i=4.123..6.1);
```

$$4.123,\ 5.123$$

또한 seq, add, mul 명령어들을 다음과 같은 구문으로 사용할 수도 있다.

seq(f, i=X) add(f, i=X) mul(f, i=X)

여기서 f, X는 식이고, i는 하나의 이름이다. 두 번째 서식 seq(f, i=X)를 사용하면 그 결과는 식 X의 첨자 i 번째 피연산자를 계속하여 지정한 뒤에 f를 평가하여 만들어진 식열이다. 즉, op(1, X), op(2, X), , op(nops(X), X)의 값을 f 안의 이름 i에 할당하여 만들어진 식열이 된다.

```
> a:=x^3+3*x^2-3*x+1;
```

$$a : x^3+3x^2-3x+1$$

```
> seq(degree(i, x), i=a);
```

$$3,\ 2,\ 1,\ 0$$

```
> add(degree(i, x), i=a);
```

$$6$$

```
> a:=[ 23, -42, 11, -3 ]:
> mul(abs(i), i=a);
```

$$31878$$

```
> add(i^2, i=a);
```

$$2423$$

연산자, sum, product 명령어는 seq, add, mul 명령어와 매우 비슷하지만, 중요한 차이점이 있다. 첨자 변수 i와 끝점 a와 b는 정수일 필요는 없다.

```
> x[k] $ k=1..n ;
```

$$x_k\$\ (k=1..n)$$

이러한 명령어들은 기호열, 합, 곱의 경우에 사용된다. int(적분) 명령어와 같이 첨자변수 k는 값을 미리 지정하지 않는 전역변수이다.

seq, add, mul 명령어와 sum, product 명령어 등은 기호의 합이나 곱을 계산할 경우 사용한다. 예를 들어 끝점을 모른다면 반드시 $, sum, product를 사용해야 한다.

```
> add(i^2, i=0..n) ;
Error, unable to execute add
> sum(i^2, i=0..n) ;
```

$$\frac{1}{3}(n+1)^3-\frac{1}{2}(n+1)^2+\frac{1}{6}n+\frac{1}{6}$$

임의의 명확히 표시된 유한식열, 합, 곱을 계산할 때, 즉, a와 b의 범위가 정수라는 것을 알면 seq, add, mul 명령어 등을 사용한다. 특히, seq는 for 루프 구조에 관련되어 있다. seq 함수가 값의 열을 구성하는 것을 제외하면 for 문과 같은 작용을 한다.

다음을 실행하면 함수의 식열을 만든다.

```
> seq(f(i), i=1..n) ;
```

$$f(1),\ f(2),\ \cdots,\ f(n)$$

일반적인 형태로 함수의 식열을 만들기 위하여 다음을 실행해 보자.

```
> seq(f(i), i=m..n) ;
```

$$f(m),\ f(m+1),\ f(m+2),\ \cdots,\ f(n)$$

m과 n은 정수일 필요는 없다. seq(f(i), i=X) ; 를 사용하여 함수를 호출하면 X의 각 피연산자에 대하여 f가 적용되어 열이 만들어 진다. 이 때, 식 X는 일반적으로 집합 혹은 리스트이지만, sum이나 product 명령어처럼 op 명령어를 적용할 수

있는 자료구조를 만들 수 있다.

seq 명령어를 호출하는 두 가지 서식은 다음과 같이 for 루프를 사용하여 정의하는 것으로 설명할 수 있다. 단, y는 i의 함수이다.

seq(y, i=m..n) ; ≡ T : = NULL ; for i from m to n do T : =T, y end do ; T ;

seq(y, i=X) ; ≡ T : = NULL ; for i in X do T : =T, y end do ; T ;

어느 쪽의 형식에서도 for 루프는 많은 매개변수열을 필요로 하므로 seq 명령어 쪽이 편리하다. seq 명령어의 연산 시간은 만들어진 열의 길이에 대하여 선형적으로 증가하지만 for 루프의 연산 시간은 제곱승으로 증가한다. 즉, seq 명령어가 for 루프보다 효율적이다.

3.8 대입

subs 명령어는 구문적인 대입(substitution)을 행하고, 임의의 식에서 새로운 값으로 부분식을 대신한다. 여기서 부분식은 op 명령어의 의미로, 반드시 피연산자이어야 한다.

```
> expr : =x^3+3*x +1 ;
```

$$expr := x^3+3x+1$$

```
> subs(x=y, expr) ;
```

$$y^3+3y+1$$

```
> subs(x=2, expr) ;
```

$$15$$

subs 명령어의 구문은

subs(s, 식)

이고, s는 방정식, 리스트, 혹은 방정식의 집합들 중의 하나이다. Maple은 식을 경유하여 방정식 s의 왼쪽에서부터 각 피연산자를 비교한다. 만약 피연산자가 왼쪽과 같다면 s에서의 방정식에 대한 subs는 방정식의 오른쪽 식으로 피연산자를 치환한다. 만약 s가 하나의 리스트 혹은 집합이라면 Maple은 동시에 방정식에 의해 지시된 것을 대입한다. subs 명령어의 일반적인 구문은

subs(s1, s2, ⋯, sn, 식)

이고, 여기서 s1, s2, ⋯, sn(n>0)은 방정식 혹은 방정식의 집합이나 리스트이다. 즉,

subs(sn, ⋯, subs(s2, subs(s1, 식)))

과 같다. 따라서, subs는 왼쪽에서 오른쪽으로 주어진 방정식에 따라 대입한다. 다음 두 예제들은 서로 차이가 있다.

```
> f := x * y^2;
```

$$f := xy^2$$

```
> subs({y=z, x=y, z=w}, f);
```

$$yz^2$$

```
> subs(y=z, x=y, z=w, f);
```

$$yw^2$$

Maple은 subs 명령어를 사용하여 대입한 결과를 평가하지 않는다.

```
> subs(x=0, sin(x)+x^2);
```

$$\sin(0)$$

대입한 뒤의 부가적인 평가를 요구할 때가 있다. 이러한 경우, 평가를 위해 강제적으로 eval 명령어를 사용할 필요가 있다.

```
> eval(%) ;
```

$$0$$

```
> subs(a * b=d, a * b * c) ;
```

$$abc$$

곱 a * b * c의 피연산자는 a, b, c이므로 대입의 결과는 d * c가 아니다. 즉, 곱 a * b, 곱 b * c, 곱 a * c는 식 a * b * c의 피연산자로 명확하게 표시되지 않는다. 결국 subs는 곱 a * b, b * c, a * c를 무시한다. 이러한 대입을 만들기 위한 가장 쉬운 방법은 하나의 미지의 방정식을 푸는 것이고 또한 미지의 방정식에 대입하는 것이다. 즉,

```
> subs(a=d/b, a * b * c) ;
```

$$dc$$

항상 이것이 가능한 것은 아니고, 항상 기대한 결과를 만들 수 없다는 것도 알 것이다. algsubs 루틴은 Maple에서 더욱 강력한 대입을 한다.

```
> algsubs(a * b=d, a * b * c) ;
```

$$dc$$

또한 유리수의 멱승 $x^{n/d}$의 피연산자는 x와 $\frac{n}{d}$이다. 그러나

```
> subs(x^(1/2)=y, a/x^(1/2)) ;
```

$$\frac{a}{\sqrt{x}}$$

는 $\sqrt{x}$를 출력하지만 이 식의 피연산자는 a와 $x^{-1/2}$이다. 곱셈을 음의 멱승 $a \times x^{-1/2}$로 간주한다. 의 피연산자는 x와 $-1/2$이므로 subs는 $x^{-1/2}$을 $x^{1/2}$로 간주하지 않는다. 해는 음의 멱승 $x^{-1/2}$에 대입하기 위한 것이다.

```
> subs(x^(-1/2) =1/y , a/x^(1/2)) ;
```

$$\frac{a}{y}$$

보다 상세한 내용을 알기 위하여 ?algsubs를 입력하여 온라인 도움말을 참조한다. algsubs 명령어는 대입에 있어 강력한 도구이지만 subs 명령어보다 계산상으로는 더 많은 시간이 소요된다는 것에 주의한다.

CHAPTER 4

프로시저

Maple의 내장 함수만으로 원하는 작업을 할 수 없을 때 사용자가 proc 명령어를 사용하여 따로 프로그래밍하는 방식을 프로시저(procedure)라 부른다. 이 장에서는 proc 명령어의 구문과 의미론을 언급하며 또한 지역변수와 전역변수의 개념을 설명한다. 이어서 Maple 프로시저에 인수를 적용시켜 결과를 출력할 것인지에 대하여 설명한다.

4.1 프로시저 정의

Maple에서 유효한 식으로 인식되는 proc 정의는 다음과 같다.

```
proc(P)
   local L ;
```

```
        global G ;
        옵션 O ;
        서술부 B ;
        B
    end proc
```

여기서 end proc의 proc는 생략 가능하고 B는 프로시저 본체를 구성하는 명령문 열이다. 키워드 proc 바로 뒤의 괄호 “( )”로 둘러싼 형식매개변수 P는 모두 임의이고, local, global 절, 옵션(option), 서술부에 따른다. local, global 절, 옵션, 서술부는 생략하여도 된다. 키워드 proc와 end는 평가되지 않은 식의 단일 인용부호와 같은 명령문의 식열이 된다. 예를 들어 프로시저

```
> proc(x, y)
      x^2+y^2
end proc ;
```

$$\mathbf{proc}(x,\ y)\,x^2+y^2\mathbf{end\ proc}$$

는 두 개의 형식매개변수 x와 y를 갖고 있으며, local, global 절, 옵션, 서술부는 갖지 않고 단지 프로시저 본체의 하나의 명령문 x^2+y^3만 갖는다. proc 문을 작성 중에 행을 바꿀 때 “Shift+Enter” 키를 누르면 프롬프트가 표시되지 않고 행이 바뀐다. 그러나 “Enter” 키만 누르고 행을 바꿀 때의 이점은 만약 에러가 생기면 “Enter” 키를 누를 때마다 에러 메시지와 함께 잘못 된 곳을 지적하여 준다.

또한 프로시저에 이름을 할당할 수 있다.

```
> F : =proc(x, y) x^2+y^2 end proc ;
```

$$F:=\mathbf{proc}(x,\ y)x^2+y^2\ \ \mathbf{end\ proc}$$

위 명령문은 문법적으로는 지정문이고 “ : =”의 우변 식이 프로시저 정의이다. 프로시저 정의는 보통 이름으로 할당되어, 함수 호출을 사용하여 F(A) 와 같이 실행(호출)한다.

Maple이 프로시저 본체의 명령문을 실행할 때 함수 호출에서 실매개변수 A로

형식 매개변수 P를 대신한다. 형식매개변수 P에 대하여 실매개변수 A를 대입하기 전에 먼저 매개변수 A를 평가하는 것에 주의한다. 명령문은 순서대로 실행되고, 프로시저 본체의 제일 마지막에 실행된 명령문의 값이 반환된다.

```
> F(2, 3);
```

$$13$$

Maple 안에서 식의 평가는 반복 평가에 의해 충분히 실행되어지고, 그 결과는 충분히 평가된 식이 된다. 표(table)의 경우와 같이 평가하는 식이 프로시저 정의인 경우 이 규칙은 적용되지 않는다. 프로시저 정의에 대해서는 마지막 이름의 평가가 실행된다. 즉, 프로시저 정의에 f라는 이름이 지정되어져 있는 경우 f의 평가결과는 f의 값이 아니고 f라는 이름 그 자신이 된다. f의 값을 필요로 할 때에는 다음과 같이 eval 명령어를 사용한다.

```
> f := proc(x) x^2 end proc;
```

$$f := \textbf{proc}(x)x^2 \ \ \textbf{end proc}$$

```
> f;
```

$$f$$

```
> eval(f);
```

$$\textbf{proc}(x)x^2 \ \ \textbf{end proc}$$

```
> f(2);
```

$$4$$

1) Mapping Notation

대수식처럼 변환 구문을 사용하여 간단한 온라인 프로시저를 정의할 수 있다.

(P) → B

형식매개 변수열 P는 비어 있는 상태가 되고, 프로시저 본체 B는 단일식이 되어

야 한다.

```
> f := (x, y) -> x^2+y^2:
```

화살표 기호(→)는 간단한 온라인 함수 정의에 사용된다. 지역변수 또는 전역변수, 혹은 옵션을 특정 지우기 위한 메커니즘은 제공되지 않는다.

만약 프로시저가 매개변수와 조건문과 같은 구조를 갖고 있다면 proc(n)과 end proc을 사용해야 한다.

```
> G := proc(n)
      if n < 0 then 0 else 1 end if;
  end proc:
> G(9), G(-2);
```

$$1,\ 0$$

2) 이름없는 프로시저와 이들의 조합

프로시저의 정의는 하나의 합당한 Maple 식이다. Maple에서는 프로시저 정의를 이름으로 지정하지 않고서도 정의하여 조작하고 호출하는 것도 가능하다.

```
> (x) -> x^2;
```

$$x \rightarrow x^2$$

다음과 같은 방법으로 이름을 지정하지 않은 프로시저를 호출한다.

```
> (x -> x^2)(t);
```

$$t^2$$

```
> proc(x) x^2 end proc;
```

$$\mathbf{proc}(x)x^2\ \ \mathbf{end\ proc}$$

```
> %(2);
```

$$4$$

$$9$$

처음 명령문이 평가되면 이 프로시저의 정의가 저장되어 이것의 바로 뒤의 값이면 %의 값으로서 이용할 수 있다. 두 번째 명령문에서 %는 바로 위에서 정의한 프로시저를 가리키므로 인수를 2로 하는 프로시저가 호출된다. 세 번째의 명령문은 두 번째와 같은 것을 행하고 있지만, 프로시저 정의와 그 호출을 하나의 명령문으로서 나타낼 수 있다.

이름을 지정하지 않은 프로시저 정의는 map 명령어와 관련하여 간단한 프로시저를 mapping할 경우 등에서도 사용된다.

```
> a : =[1, 2, 3, 4, 5] :
> map(proc(x) x^2 end, a) ;
```

$$[1,\ 4,\ 9,\ 16,\ 25]$$

```
> map(x -> x^2, [1, 2, 3, 4]) ;
```

$$[1,\ 4,\ 9,\ 16]$$

프로시저끼리 더할 수 있고, 적절하다면 미분연산자 D와 같은 명령어에 의해 프로시저를 처리할 수 있다.

```
> D(x -> x^2) ;
```

$$x \to 2x$$

```
> F : =D(exp+2 * ln) ;
```

$$F:\ = \exp + 2\left(z \to \frac{1}{2}\right)$$

위의 결과 F를 바로 인수들에 적용시킬 수도 있다.

3) 프로시저의 간략화

사용자가 프로시저를 작성할 때, Maple은 프로시저를 평가하지 않지만 프로시저 본체를 간략화한다.

```
> proc(x)
      local t ;
      t : =x * x * x+0 * 2 ;
      if true then sqrt(t) ;
      else t^2 end if ;
  end ;
```

$$\textbf{proc}\ (x)\ \textbf{local}\ t\ ;\ t\ :=x^{*}x^{*}x\ ;\ \mathrm{sqrt}\ (t)\ \textbf{end proc}$$

4.2 매개변수의 통과(Passing)

Maple이 함수 혹은 프로시저를 평가할 때 어떤 현상이 일어나는가를 살펴보자.

F(인수열)

먼저 Maple은 *F*를 평가하고 난 뒤에 인수열(argument sequence)을 평가한다. 만약 인수 중에 식열로 평가되는 것이 있으면 식열들의 결과인 식열을 실매개변수의 단일 식열로 출력한다. *F*가 하나의 프로시저를 평가한다고 한다.

```
proc(형식매개변수열)
Body ;
end ;
```

그러면 Maple은 프로시저 본체를 실행하고 형식 매개변수에 대하여 실매개변수를 대입한다. 예를 들면

```
> s : =a, b : t : =c :
> F : =proc(x, y, z) x+y+z end proc ;
```

$$F\ :=\textbf{proc}(x,\ y,\ z)x+y+z\ \textbf{end proc}$$

```
> F(s, t) ;
```

$$a+b+c$$

여기서 s, t는 인수열, *a*, *b*, *c*는 실매개변수열, *x*, *y*, *z*는 형식매개변수열이다.

실매개변수의 개수는 형식매개변수열의 개수와 다를 수도 있다. 만약 너무 적은 수의 실매개변수가 존재하면 프로시저 본체를 실행하는 동안 실제로 사용되는 매개변수가 필요하다는 오류가 생긴다. Maple은 예외적인 매개변수는 간단히 무시한다.

```
> f : =proc(x, y, z) if x>y then x else z end if end proc :
> f(1, 2, 3, 4) ;
```

$$3$$

```
> f(1, 2) ;
Error, (in f) f uses a 3rd argument, z, which is missing
> f(2, 1) ;
```

$$2$$

1) 선언된 매개변수

입력 형태에 대한 작업만을 위한 프로시저를 작성한다고 하자. 선언된 형식 매개변수를 사용하면 입력이 옳지 못한 형태의 프로시저를 사용할 때에 Maple은 유익한 에러 메시지를 표시한다. 형태선언은 다음과 같은 구문을 갖는다.

parameter :: type

여기서 parameter는 형식매개변수의 이름이고 type은 그 형태를 한정한다. Maple은 많은 식의 형태를 인식한다.

프로시저를 호출할 때 Maple은 먼저 프로시저 본체를 실행하고 왼쪽에서 오른쪽으로 매개변수의 형태를 검사한다. 이러한 검사 중에 에러 메시지를 생성한다. 형태에러가 발생하지 않으면 프로시저를 실행한다.

```
> MAX : =proc(x :: numeric, y :: numeric)
        if x>y then x else y end if
  end proc ;
```

$$MAX = \textbf{proc}(x :: \text{numeric},\ y :: \text{numeric})$$

If $y < x$ **then**

x

else

y

end if

end proc

```
> MAX(Pi, 3) ;
```

Error, (in MAX) invalid input : MAX expects its 1st argument, x, to be of type numeric, but received Pi

연산자 옵션과 함께 선언된 매개변수를 사용할 수도 있다.

```
> G : =proc(n :: even)
        (2 * n)! * (n/4)! ;
  end proc :
> G(4) ;
```

$$40320$$

```
> G(3) ;
```

Error, (in G) invalid input : G expects its 1st argument, n, to be of type even, but received 3

매개변수를 선언하지 않은 proc(x)는 proc(x :: anything)와 같은 의미이다. 계획한 프로시저를 정확하게 작성하기 위해서는 선언된 형태를 사용하는 것이 바람직하다.

2) 인수열

형식매개변수에 대한 이름은 보충할 필요가 없다. args(argument sequence)를 사용하여 프로시저로부터 인수의 완전한 식열을 액세스할 수 있다. 다음은 프로시저 인수 리스트를 만드는 방법의 예이다.

```
> f : =proc() [args] end proc ;
```

$$f:\mathbf{proc}\ (\ )\ [args]\ \mathbf{end\ proc}$$

```
> f(a, b, c) ;
```

$$[a,\ b,\ c]$$

```
> f(c) ;
```

$$[c]$$

```
> f( ) ;
```

$$[\ ]$$

i번째 인수는 간단히 args[i]이다. 따라서 다음 두 프로시저는 같고, 최소한 두 개의 numeric 형태의 매개변수와 함께 두 프로시저를 호출하도록 제공된다.

```
> MAX : =proc(x :: numeric, y :: numeric)
      if x>y then x else y end if ;
  end proc :
> MAX : =proc()
     if args[1] > args[2] then args[1] else args[2] end if ;
  end proc ;
```

$MAX = \mathbf{proc}(\ )$

  If $args[2] < args[1]$ **then**

    $args[1]$

  else

    $args[2]$

  end if

end proc

nargs는 매개변수의 모든 개수를 가리킨다. 이것은 적당한 매개변수가 주어졌을 때 임의의 개수의 인수에 대하여 최대값을 구하는 프로시저 MAX를 쉽게 작성하기 위하여 사용할 수 있다.

```
> MAX : =proc()
      local i, result ;
      if nargs=0 then RETURN(FAIL) end if ;
      result : =args[1] ;
      for i from 2 to nargs do
         if args[i] > result then result : =args[i] end if ;
      end do ;
      result ;
  end proc :
```

네 개의 값 4/7, 1/2, 2/3, 3/5의 최대값은 다음과 같이 구할 수 있다.

```
> MAX(4/7, 1/2, 2/3, 3/5) ;
```

$$\frac{2}{3}$$

4.3 지역변수와 전역변수

프로시저의 내부에 있는 변수들은 프로시저에 대하여 지역변수이거나 혹은 전역변수이다. 프로시저의 외부에 있는 변수들은 전역변수이다. Maple은 서로 다른 프로시저의 지역변수들이 같은 이름을 갖고 있다 할지라도 별개의 변수로 인식한다. 따라서 하나의 프로시저는 다른 프로시저의 동일한 이름의 변수에 영향을 주지않고 지역변수 혹은 동일한 이름의 전역변수의 값을 바꿀 수 있다.

다음과 같은 방법으로 지역변수 혹은 전역변수로 구별하여 선언해야 한다.

```
local L1, L2, ···, Ln ;
G1, G2, ···, Gm ;
```

앞의 최대값을 구하는 프로시저 MAX에서 전역변수는 *i*와 result이다. 만약 지역변수 또는 전역변수를 구별하여 선언하지 않으면 Maple이 결정한다. 예를 들어, *A* : = *y* ; 혹은 *A*[1] : = *y* ; 에서 *A*와 같이 지정문 왼쪽에 나타나거나 for 루프 또는 seq, add, mul 명령어에서 첨자 변수로 나타나는 경우, 임의의 변수는 자동적으로 지역변수로 결정된다.

위의 두 규칙을 적용할 수 없는 경우 전역변수이다.

```
> MAX : =proc( )
        if nargs=0 then RETURN(0) end if ;
        m : =args[1] ;
        for i from 2 to nargs do
           if args[i] > m then m : =args[i] end if ;
        end do ;
        m ;
  end :
Warning, 'm' is implicitly declared local to procedure 'MAX'
Warning, 'i' is implicitly declared local to procedure 'MAX'
```

Maple은 지정문 m : =args[1] 왼쪽에 나타났고, *i*는 for 루프의 첨자 변수로 나타났기 때문에 Maple은 *m*과 *i*를 전역변수로 선언한다. "지역변수를 선언하기 위하여 이와 같은 편리함에 의지하면 안된다". 즉 모든 전역변수를 정확하게 선언해야 한다. 대신에 잘못 입력하거나 선언하는 것을 잊어버린 경우에 변수를 식별하기 위해 에러메시지에 의존한다.

다음 newname 프로시저는 C1, C2, …열에서 뒤에 사용하지 않은 이름을 작성한다. newname이 만드는 이름은 C.N에 적용하기 위해서는 위의 두 규칙을 따르지 않기 때문에 전역변수가 된다.

```
> N : =0 :
> newname : =proc( )
        global N ;
        N : =N+1 ;
        C.N ;
  end proc :
```

따라서 newname 프로시저는 어떤 인수도 갖지 않으며 매번 호출될 때마다 C.N의 n은 1씩 증가한다. 예를 들어 $N=1$이면 C1, 그 다음번에는 C2를 반환한다.

```
> newname() * sin(x)+newname() * cos(x) ;
```

$$C\sin(x)+2C\cos(x)$$

프로시저 내부의 전역변수에 값을 할당하는 것은 일반적으로 옳지 않은 방법이다. 전역변수의 값은 변수의 모든 사용에 영향을 미친다. 따라서 이것은 프로시저를 작성할 때 주의해야 한다.

1) 전역변수의 평가

전역변수는 프로시저에서 주의하여 다루어야 한다. 프로시저 본체를 실행하는 동안 전역변수들은 정확하게 한 수준(one level)에서 평가된다. 그에 비해 Maple은 프로시저 내부일지라도 전역변수를 완전히 평가한다.

전역변수는 잠정적으로 프로시저에 저장된다. 프로시저를 시작하는 곳에 local 선언문을 사용하여 지역변수를 만들 수 있다. 만약 변수를 전역변수 또는 전역변수로 구별하여 선언하지 않으면 자동적으로 결정된다. 프로시저에 하나의 값을 할당하면 Maple은 그 값을 local이라 가정한다. 비록 변수가 같은 이름을 갖더라도 다른 프로시저에 대하여 전역변수 혹은 전역변수일지라도, 전역변수는 다른 변수와 다르다.

```
> f : =proc() local a, b ;
        a : =b ;
        b : =c ;
        a+1 ;
  end proc :
```

f를 호출할 때 Maple은 $a+1$에서 a를 한 수준 평가한다.

```
> f( );
```

$$b+1$$

Maple은 항상 표, 배열 혹은 프로시저에 대하여 마지막 이름을 평가한다. 따라서 표, 배열 혹은 프로시저에 전역변수를 지정하면 사용자가 eval 명령어를 사용하지 않는 한 Maple은 이들을 평가하지 않는다. Maple은 사용자가 호출한 프로시저에 매번 프로시저의 전역변수를 만든다.

```
> f : =x+y :
> x : =z^2/y :
> z : =y^3+3 ;
```

$$z := y^3+3$$

위 세 명령문을 완전히 순환적으로(recursive) 평가하면 다음과 같다.

```
> f ;
```

$$\frac{(y^3+3)^2}{y}+y$$

eval 명령어를 사용하여 평가의 실제 수준을 제어할 수 있다. 다음 명령문열을 사용하면 한 수준, 두 수준, 세 수준 평가할 수 있다.

```
> eval(f, 1) ;
```

$$x+y$$

```
> eval(f, 2) ;
```

$$\frac{z^2}{y}+y$$

```
> eval(f, 3) ;
```

한 수준 평가의 개념은 효율성을 고려할 때 중요하다[1]. 종종 프로시저 본체가

1) one-level evaluation : 이와 같은 개념은 일반의 프로그래밍 언어에서는 일어나지 않는다. 그러나 여기서 사용자는 다른 변수(지정한 값으로 되돌리는)를 포함하는 수식을 변수로 지정한다.

전역변수의 완전한 순환적 평가를 요구하는 곳에서는 eval 명령어를 사용한다.

```
> F := proc( )
        local x, y, z ;
        x := y^2 ; y := 2 * z ; z := 5 ;
        eval(x)
  end proc :
> F( ) ;
```

$$100$$

2) 전역변수의 평가

전역변수는 프로시저의 외부에서 이용할 수 있다. 사용자가 변수에 값을 할당하는 프로시저를 작성하기 위해서는 뒤에 다른 프로시저, 동일한 프로시저 혹은 프로시저 외부에서 다시 액세스할 수 있도록 임의의 이름을 사용한다.

```
> h := proc( )
      global x ;
      x := 5 ;
  end proc :
> h() ;
```

$$5$$

```
> x ;
```

$$5$$

프로시저에서는 전역변수를 신중히 사용해야 한다. 위 프로시저 h는 전역변수 x에 하나의 값을 할당하지만 Maple은 아무런 경고도 하지 않는다. 따라서 x를 미지수로 간주하여 x를 사용하면 Maple의 에러 메시지 체계를 혼란시키는 것이 된다.

```
> diff(x^2, x) ;
Error, invalid input : diff received 5, which is not valid for its 2nd argument
```

위 프로시저 안의 전역변수 x를 사용하여 또 다른 프로시저를 작성하면 에러가 발생하게 된다.

Maple은 프로시저 내부 혹은 외부에서 항상 전역변수에 같은 평가 규칙을 적용시킨다. 연쇄적으로 할당된 이름의 마지막 이름에서 전역변수의 평가를 Maple이 멈추는 경우로서 변수의 값이 표, 배열 혹은 프로시저일 때를 제외하고 모든 전역변수를 완전히 평가한다. 이 평가 규칙을 마지막 이름 평가(last-name evalution)라고 한다.

이를 정리하면 마지막 이름의 평가를 제외하고, Maple은 0 수준으로 매개변수를 평가하고 전역변수는 한 수준 평가, 그리고 전역변수는 완전히 평가된다.

바로 앞의 출력결과를 다시 부르는 ditto 연산자(%)는 프로시저에 대하여 제한적으로 사용되지만 Maple은 이 연산자를 완전히 평가한다는 것에 주의해야 한다. 예를 들어 하나의 프로시저를 호출할 때 Maple은 %를 NULL로 초기화한다.

```
> f : =proc( )
    local a, b ;
    print(`Initially [%] has the value`, [%]) ;
    a : =b ;
    b : =c ;
    a+1 ;
    print(`Now [%] has the value`, [%]) ;
  end proc :
> f( ) ;
```

$$initially\ [\%]\ has\ the\ value,\ [\ \ ]$$
$$Now\ [\%]\ has\ the\ value,\ [c+1]$$

이 평가규칙은 %%와 %%% 연산자에도 적용된다.

마지막으로 Maple이 부동소수점 수를 계산할 때 사용하는 유효 숫자를 결정하는 변수 Digits는 환경(environment) 변수의 하나의 예이다. Maple은 환경 변수를 전역변수와 같은 방법으로 평가한다. 자세한 것은 ?environment를 참조한다.

4.4 기억테이블

Maple 프로시저는 모두 기억테이블(remember table)과 관련되어 있다. 기억테이블은 프로시저를 호출하였을 때 인수가 첨자로써 사용되는 해시[2]표이다. Maple 프로시저를 호출하면 그 프로시저에 대한 기억 테이블은 실 인수를 바탕으로 조사된다. 실 인수가 기억 테이블의 첨자로서 발견되면 프로시저를 호출한 결과로써 그것에 상당하는 값이 출력된다. 기억 테이블은 불필요한 순환적 계산을 피하기 위해 사용된다. 이것은 함수의 값을 구하는데 비교적 시간이 걸리고 순환적 계산이 필요할 때 유효하다.

기억테이블은 수식 계산에서 행하여지는 여러 가지 연산이 그 결과 안에서 몇 번이고 같은 부분식을 생성하는 것으로부터 유래한다. 이러한 결과에 대하여 다시 연산을 하면 공통의 부분식은 순환적으로 사용된다. 각각의 부분식을 기억 테이블에 저장하는 것으로 순환적 계산을 피할 수가 있다.

기억테이블에 값을 입력하는 방법은 두 가지 방법이 있다. 프로시저 정의의 옵션절에 remember를 사용하여 자동적으로 입력하는 방법과 함수의 할당에 의한 입력방법이 있다.

프로시저 정의에서 remember 옵션을 사용하면 프로시저로부터 결과가 출력되기 전에 자동적으로 기억테이블에 등록된다. 프로시저의 실인수는 테이블의 첨자로써 결과와 함께 기억테이블에 등록된다.

```
> Fibonacci := proc(n :: nonnegint)
    option remember ;
    if n<2 then RETURN(n) end if ;
    Fibonacci(n-1)+Fibonacci(n-2) ;
  end proc :
```

세 번째 Fibonacci 수를 계산하기 위해 Fibonacci 프로시저를 실행하면 기억테이블에 네 개의 요소를 첨가시킨다.

---

2) hash : 기억장치에서 블럭의 크기가 정해져 있을 경우 자료가 한 블럭에 다 차지 않을 때 뒷쪽에 남는 영역에 위치한 의미 없는 정보.

```
> Fibonacci(3) ;
```

$$2$$

다음과 같이 기억테이블의 요소를 확인할 수 있다.

```
> op(4, eval(Fibonacci)) ;
```

$$table([0=0,\ 1=1,\ 2=1,\ 3=2])$$

왼쪽은 n값이고 오른쪽은 Fibonacci(n) 값이다.

다음은 함수에 값을 할당함으로써 기억테이블에 결과를 선택하여 입력하는 방법이다. 표의 요소의 지정과 같은 방법으로 입력한다. 그 형식은

```
> f(x) : =y :
```

이고, 함수 f의 평가 결과는 프로시저가 아니면 안된다. 이 할당은 다음과 같은 의미를 갖는다. 먼저 함수 이름 f가 평가되고 다음에 인수 x가 평가된다. 다음으로 오른쪽의 결과 y가 평가된다. 마지막으로 테이블 요소 (x, y)가 f의 기억 테이블에 등록되어 y의 값이 할당된 결과로 출력된다. 즉 함수 호출 $f(x)$가 실행되는 것이 아니다.

기억테이블에서 값을 지울 수도 있다. 이것은 기억테이블이 차지하는 공간을 정리하거나 garbage collection[3] 이 기억 테이블의 객체를 수집할 수 있게 하는 것이 목적이다. 기억 테이블에서 요소를 지울 수 없는 경우에 실행할 때 기억용량 초과가 중요한 문제가 된다. (forget 명령어 참조한다.)

기억테이블은 매우 편리한 언어 기능이다. 처음에는 반복 계산을 피하기 위해 도입되었지만 프로그래밍 도구로써도 사용된다. 기억 테이블에 의해 효율이 나쁘지 않은 선형 점화식이나 그 외의 순환식을 직접 코딩할 수 있게 되었다. 또한 함수의 지정을 사용하여 간단히 특별한 경우나 예외적인 경우를 표로 할 수 있다. 이들은 강력한 프로그램 작성에 직접 대응한다. 복잡한 순환적 알고리즘을 코딩할 때 순환적 계산을 이용하기 위해 기억 테이블을 사용할 수 있고 현저하게 개량된 실행결과를 얻을 수 있다.

기억테이블을 이용할 때에 주의가 필요하다. 임의의 정도(precision)로 부동소수

3) 불필요 정보처리 정리 : 기억 장치에서 사용하지 않고 비어 있는 부분을 모아서 정리된 공간을 만드는 기술.

점 수 값을 구하는 Maple 프로시저를 정의했다고 가정한다. 이 경우 부동소수점 수의 정도는 전역변수 Digits에 의해 제어되기 때문에 remember 옵션을 적용하는 것은 잘못이다. 예를 들어, 유효숫자 20인 정도로 $f(1)$ 값이 .12345678901234567890이라 하고 다음 경우를 생각한다.

```
> Digits := 10 :
> f(1) ;
```

$$0.12345678901234567890$$

```
> Digits := 20 :
> f(1) ;
```

$$0.12345678901234567890$$

두 번째 f의 호출에서 만약 옳은 값이 .12345678901234567890이라도 f의 기억테이블에 저장되어 있는 .1234567890이 출력된다. 이와 같은 프로시저에 대하여 remember 옵션을 적용할 때에는 특히 주의가 필요하다.

4.5 프로시저 옵션과 서술부

1) 옵션

프로시저는 하나 이상의 옵션(option)을 갖고 있다. 프로시저 정의의 options 절을 사용하여 옵션을 특징지을 수 있다.

OPTIONS O1, O2, ⋯, Om

옵션부에 지정할 수 있는 옵션 이름은 remember, system, operator, arrow, Copyright, builtin 등이 있다.

Maple은 remember 옵션과 함께 프로시저를 호출할 때 프로시저와 관련된 기억

테이블에서 호출 결과를 저장한다. 프로시저를 호출할 때는 언제든지 Maple은 같은 매개변수로 프로시저를 정확하게 호출하였는지 아닌지를 확인한다. 만약 그렇다면 Maple은 프로시저를 다시 실행하는 것보다도 기억 테이블로부터 정확히, 효율적인 계산 결과를 검색한다. 예를 들어 Fibonacci 수를 계산하는 다음 프로시저를 실행하면 계산 시간이 지수적으로 증가함을 확인할 수 있다.

```
> fib : =proc(n :: nonnegint)
        if n<2 then else fib(n-1)+fib(n-2) end if ;
  end proc :
```

같은 프로시저를 다음과 같이 작성하면 계산 시간은 선형적으로 증가하므로 실행 속도를 개선시키게 된다.

```
> fib : =proc(n :: nonnegint)
        option remember ;
        if n<2 then else fib(n-1)+fib(n-2) end if ;
  end proc :
```

옵션 remember를 사용하면 가장 자연스럽게 함수를 코딩할 수 있다. 이와 같이 짜여진 코드는 그 코드가 중간 결과를 기억테이블에 저장하기 위한 알고리즘 의도가 확실하여지므로 간단히 읽을 수 있다. 다음과 같이 순환을 명확히 설정하면 조금이나마 Fibonacci 프로그램을 고속화시킬 수 있다.

```
> fib : =proc(n :: nonnegint)
        option remember ;
        fib(n-1)+fib(n-2) ;
  end proc ;
```

$$\begin{array}{l} fib := \mathbf{proc}(n ::nnnegint) \\ \quad \mathbf{option}\ remember \\ \quad fib(n-1)+fib(n-2) \\ \mathbf{end\ proc} \end{array}$$

```
> fib(0) : =0 ;
```

$$fib(0) := 0$$

```
> fib(1) := 1;
```

$$fib(1) := 1$$

요소를 함수에 직접 할당함으로써 하나의 프로시저의 기억테이블에 요소를 배치한다. 또한 이 방법은 remember 옵션없이 프로시저에 대하여 작업한다. 다음은 fib 프로시저의 기억 테이블이다.

```
table([
    0=0
    1=1
    ])
```

fib는 remember 옵션에 의하여 fib를 호출하여 fib의 기억테이블에 새로운 값을 배치한다.

```
> fib(9);
```

$$34$$

다음은 새로운 기억테이블이다.

```
table([
    0=0
    4=3
    8=21
    1=1
    5=5
    9=34
    2=1
    6=8
    3=2
    7=13
    ])
```

기억테이블의 사용은 순환적으로 정의된 프로시저의 효율성을 철저히 개량할 수 있다. system 옵션은 프로시저의 기억테이블로부터 등록을 지우게 한다. 이러한 선택적인 기억 손실은 Maple의 기억용량 처리 계획의 중요한 부분인 garbage collection에 의해 자동적으로 기억 테이블로부터 값이 제거된다. 제거된 값은 표구조 안에 그 인수도 결과도 남지 않는다. 가장 중요한 것은 실행을 마치기 위해 기억 테이블의 등록에 의존하는 위의 fib와 같은 프로시저와 함께 system 옵션을 사용하지 않는 것이다.

operator 옵션은 Maple이 프로시저에 대하여 부가적인 간략화를 만들게 하고 arrow 옵션은 화살표 기호를 사용하여 프로시저를 보여주도록 pretty-print 출력할 것인가 아닌가를 표시하기 위해 사용한다.

```
> proc(x)
      option operator, arrow ;
      2 * x ;
  end proc ;
```

$$x \rightarrow 2x$$

2) 서술부

프로시저 헤더(header)의 마지막 부분은 서술부 description이다. 서술부는 반드시 local 절, global 절, option 절의 뒤에 표시하고 프로시저 본체의 앞에 표시한다. 서술부는 프로시저의 실행에 아무런 영향을 주지 않고 정보관리를 목적으로 사용된다. 코멘트문과는 달리 프로시저에 한 행의 코멘트를 첨부하는 방법을 제공한다.

```
> f : =proc(x)
      description 'compute the square of x' ;
      x^2 ; # x^2 을 계산한다.
  end proc :
> print(f) :
```

또한 서술부가 옵션 Copyright 때문에 프로시저 본체를 프린트하지 않더라도 Maple은 서술부를 프린트한다.

```
> f : =proc(x)
      option 'Copyrighted?' ;
      description 'compute the square of x' ;
```

```
x^2 ; # x^2을 계산한다.
  end proc :
> print(f) ;
```

proc(x) ⋯ end proc

4.6 프로시저에 의해 반환된 값

일반적으로 프로시저를 구성하고 있는 명령문열이 마지막까지 실행되면 프로시저로부터 빠져나와 마지막으로 실행된 명령문 값이 프로시저 호출에 대한 표준적인 반환된 값이 된다. 프로시저로부터 빠져나오는 방법은 매개변수를 통한 반환(return through a parameter), 명백한 반환(explicit return), 에러 반환(error return)의 세 가지 형태가 있다.

1) 매개변수에 값을 할당하는 반환

종종 매개변수를 통하여 값을 반환하는 프로시저를 작성할 필요가 있다. 리스트 L이 식 x를 포함하는지 아닌지를 정하는 부울 프로시저 MEMBER를 작성하고, 또한 세 번째 인수 p와 함께 MEMBER를 호출하면 MEMBER는 L에서 x의 위치를 지정한다고 하자.

```
> MEMBER : =proc(x :: anything, L :: list, p :: evaln)
        local I ;
        for i to nops(L) do
           if x=L[i] then
              if nargs > 2 then p : =i end if ;
              RETURN(true)
           end if ;
        end do ;
        false
  end proc :
```

만약 두개의 인수와 함께 MEMBER를 호출하면 nargs은 2이므로, 결국 MEMBER의 본체는 형식 매개변수 p를 참조할 수 없다. 따라서 Maple은 빠진 매개변수에 대하여 언급할 수 없다.

```
> MEMBER(x, [a, b, c]);
```

false

만약 세 개의 인수와 함께 MEMBER를 호출하면 형태 선언 p :: evaln는 Maple이 완전한 평가를 사용하는 것보다 세 번째 실매개변수를 이름[4)]으로 평가하는 것을 보증한다.

```
> q := 78:
> MEMBER(c, [a, b, c], q);
```

true

```
> q;
```

3

Maple은 종종 매개변수만을 평가한다. 이것은 프로시저 본체에서 지역변수처럼 자유롭게 형식 매개변수를 사용할 수 없다는 것을 의미한다. 다시 매개변수를 참조하고 싶지 않으면 매개변수에 어떤 값을 할당해야 한다. 임의의 매개변수에 값을 할당하기 위한 정당한 목적은 할당된 값을 갖는 실 매개변수에 대응하는 프로시저로부터 반환하는 것이다. 다음은 프로시저의 매개변수에 값 −13을 할당하지만 매개변수의 이름을 반환하는 프로시저이다.

```
> f := proc(x :: evaln)
        x := -13;
        x;
  end proc:
> f(q);
```

q

4) 만약 세 번째 매개변수가 evaln이라 선언되어 있지 않으면 이름을 확실하게 하기 위해 이름 q를 단일 인용부호('q')로 묶어야 하고, q의 값은 프로시저를 통과하지 못한다.

매개변수 q의 값은 이제 -13이다.

```
> q;
```

$$-13$$

다음 count 프로시저는 이와 같은 현상에 대한 더욱 복잡한 설명이다. 프로시저 count는 요소 p의 곱이 식 x를 포함하는지 아닌지를 결정해야 한다. 만약 p가 x를 포함한다면 count는 세 번째 매개변수 n에서 x를 포함하는 요소들의 개수를 반환해야 한다.

```
> count:=proc(p::`*`, x::name, n::evaln)
      local f;
      m:=0;
      for f in p do
          if has(f, x) then n:=n+1 end if;
      end do;
      evalb(n>0);
  end proc:
Warning, `m` is implicitly declared local to procedure `count`
```

count 프로시저는 의도한 대로 실행되지 않는다.

```
> count(2*x^2*exp(x)*y, x, m);
```

$$0 < m$$

프로시저 내부의 형식 매개변수 n의 값은 항상 m이고 실 매개변수는 프로시저를 호출할 때마다 Maple이 정한다. 따라서 실행이 evalb문에 도달할 때 n의 값은 이름 m이다(m 값이 아니다). 아직 한 수준의 m을 평가하면 참조할 수 있는 것처럼 $n := n+1$ 문은 m에 이름 $m+1$을 할당한다.

```
> eval(m, 1);
```

$$m+1$$

위의 결과에서 m은 값 m+1을 갖는다.

```
> eval(m, 2);
```

$$m+2$$

따라서 m을 완전히 평가하려고 하면 Maple을 무한 루프에 빠뜨리게 된다. 이러한 문제에 대한 일반적인 해결책은 지역변수를 사용하는 것이고 프로시저로부터 반환하는 바로 앞의 장소를 차지하는 연산으로써 매개변수에 할당하는 것이다.

```
> count:=proc(p::`*`, x::name, n::evaln)
        local f, m;
        m:=0;
        for f in p do
            if has(f, x) then m:=m+1 end if;
        end do;
        n:=m;
        evalb(m>0);
  end proc:
```

위의 새로운 프로시저 count는 의도한 대로 움직인다.

```
> count(2*x^2*exp(x)*y, x, m);
```

true

```
> m;
```

2

2) 명백한 반환(explicit return)

명백한 반환은 다음과 같은 구문을 갖는다.

RETURN(식열);

RETURN 명령어는 프로시저로부터 바로 빠져 나오게 하고 그 때의 프로시저 호출값은 식열의 값이다. 예를 들면 다음 프로시저는 값 L의 리스트에서 값 x의 첫

번째 위치 i를 계산하여 반환한다. 만약 x가 리스트 L에 속하지 않으면 프로시저는 값 0을 반환한다.

```
> POSITION : =proc(x :: anything, L :: list)
      local I ;
      for i to nops(L) do
          if x=L[i] then RETURN(i) end if ;
      end do ;
      0 ;
  end proc :
> POSITION(x, [5, 8, 2, 3]) ;
```

$$0$$

```
> POSITION(x, [5, 8, x, 3]) ;
```

$$3$$

대부분의 RETURN 명령어의 응용에서 사용자는 단일 식만을 반환하기 위해 RETURN 명령어를 사용한다. 그러나 비어있는 식열을 포함하여 하나의 식열을 반환하는 것은 매우 논리적이다. 예를 들면 아래의 GCD 프로시저는 두 정수 a와 b의 최대공약수를 계산한다. GCD 프로시저는 식열 g, a/g, b/g를 반환한다. GCD 프로시저는 g가 0이 되도록 하기 때문에 분리하여 $a=b=0$을 다룬다.

```
> GCD : =proc(a :: integer, b :: integer)
      local g ;
      if a=0 and b=0 then RETURN(0, 0, 0) end if ;
      g : =igcd(a, b) ;
      g, iquo(a, g), iquo(b, g) ;
  end proc :
> GCD(0, 0) ;
```

$$0, 0, 0$$

```
> GCD(12, 8) ;
```

$$4, 3, 2$$

물론 식열을 반환하는 것 대신에 값의 리스트나 집합을 반환할 수도 있다. 예를 들면

```
> iquo(23, 4) ;
```

$$5$$

```
> iquo(23, 4, 'r') ;
```

$$5$$

```
> r ;
```

$$3$$

3) 에러 반환(Error Return)

다음과 같은 구문을 갖는 ERROR 명령어를 호출할 때 에러 반환이 일어난다.

```
ERROR(식열) ;
```

ERROR 명령어는 표준적으로 Maple 세션의 현재의 프로시저로부터 바로 종료하는 것에 기인한다. Maple은 다음의 에러 메시지를 표시한다.

```
Error, (in procname), 식열
```

여기서 식열은 ERROR 명령어의 인수열이고 procname은 에러가 발생한 곳의 프로시저 이름이다. 만약 프로시저가 이름을 갖지 않으면 Maple은 "Error, (in unknown)…"라고 표시한다.

ERROR 명령어의 공통적인 사용은 수정한 형태의 매개변수를 검사할 필요가 있을 때 생기지만 매개변수의 선언은 이 문제에 대하여 충분하지 않다. 다음의 pairup 프로시저는 입력한 리스트 $L=[x_1, y_1, x_2, y_2, \cdots, x_n, y_n]$로부터 $[[x_1, y_1], [x_2, y_2], \cdots, [x_n, y_n]]$형태의 중복된 리스트(listlist)를 만든다. 만약 리스트 L의 요소가 홀수이면 에러 메시지를 발생시킨다.

```
> pairup : =proc(L :: list) local i, n ;
        n : =nops(L) ;
        if irem(n, 2)=1 then
           ERROR(`L must have an even number of entries`) ;
        end if ;
        [seq([L[2 * i-1], L[2 * i]], i=1..n/2)] ;
  end proc :
> pairup([1, 2, 3, 4, 5]) ;
Error, (in pairup) L must have an even number of entries
> pairup([1, 2, 3, 4, 5, 6]) ;
```

$$[[1, 2], [3, 4], [5, 6]]$$

4) 트래핑 에러(Trapping Errors)

전역변수 lasterror는 가장 뒤의 에러의 값을 저장한다. 앞 절의 pairup 프로시저는 하나의 에러를 발생하였다.

```
> lasterror ;
```

"L must have an even number of entries"

traperror 명령어로 에러를 트랩[5]할 수 있다. traperror 명령어는 그 인수를 평가한다. 이때 만약 에러가 생기지 않는다면 평가된 인수를 반환한다.

```
> x : =0 ;
```

$$x := 0$$

```
> result : =traperror(1/(x+1)) ;
```

$$result := 1$$

Maple이 인수를 평가하는 동안 하나의 에러가 생기면 traperror는 에러에 대응하는 문자열을 반환한다.

---

5) trap : 결정된 장소로 프로그램이 조건적 점프를 행하는 것. 지정된 장소로 프로그램 수행이 도착하면 자동적으로 트랩된다.
Trapping : 정상적으로 수행중인 프로그램에 interrupt를 가해 미리 지정된 장소로 이동시키는 기계적인 기능.

```
> result : =traperror(1/x) ;
```

$$result := \text{“numeric exception : division by zero”}$$

이제 lasterror의 값은 변한다.

```
> lasterror ;
```

“numeric exception : division by zero”

즉 에러가 발생하였다면 lasterror와 traperror의 결과를 비교함으로써 확인할 수 있다. 하나의 에러가 생기면 lasterror와 traperror가 반환하는 값은 일치한다.

```
> evalb(result =lasterror) ;
```

true

traperror와 ERROR 명령어의 매우 유익한 응용은 시간을 많이 요구하는 계산을 가능하면 빨리 중지시키는데 사용할 수 있다는 것이다. 예를 들어 몇 가지 방법을 사용하여 임의의 적분을 계산하려고 할 때 하나의 방법으로 시도했으나 원하는 결과가 나오지 않을 것이라는 판단을 하면 그 방법을 중지시키고 다른 방법을 시도할 것이다.

5) 무평가된 반환

반환의 특별한 형식 fail return을 Maple이 계산을 수행할 수 없고 그 결과로써 무평가된 함수 호출을 반환하는 의미로 사용할 때가 있다. 다음 프로시저는 두 값 x와 y의 최대값을 계산한다.

```
> MAX : =proc(x, y) if x>y then x else y end if end proc :
> MAX(3/4, 4/5) ;
```

$$\frac{4}{5}$$

최대값을 구하는 경우, 수치의 인수가 강조되므로 $x>y$라고 하면 Maple이 결정할 수 있게 하기 위하여, 기호 계산 시스템에 대하여 위의 MAX 프로시저는 실행되지 않는다.

```
> MAX(x, 2 * x) ;
Error, (in MAX) cannot determine if this expression is true or false : 2 * x < x
```

이 에러는 MAX에서 사용할 수 없는 기호를 포함하는 식을 실행하려고 했기 때문에 발생한 에러이다.

```
> plot(MAX(x, 1/x), x=1/2..2) ;
Error, (in MAX) cannot determine if this expression is true or false : 1/x<x
```

여기서 에러는 plot 명령어를 호출하기 전에 Maple은 MAX(x, 1/x)을 평가하기 때문에 생긴다.

MAX의 매개변수 x와 y가 수치가 아닐 때 MAX를 평가하지 않고 반환하면 해결된다. 즉 이런 경우 MAX는 'MAX'(x, y)를 반환한다.

```
> MAX : =proc(x, y)
        if type(x, numeric) and type(y, numeric) then
            if x>y then x else y end if ;
        else
            'MAX'(x, y) ;
        end if ;
  end proc :
```

새로운 프로시저 MAX는 수치와 수치가 아닌 입력에 대해서도 조작할 수 있다.

```
> MAX(3/4, 4/5) ;
```

$$\frac{4}{5}$$

```
> MAX(x, 2 * x) ;
```

$$MAX(x, 2x)$$

```
> plot(MAX(x, 1/x), x=1/2..2);
```

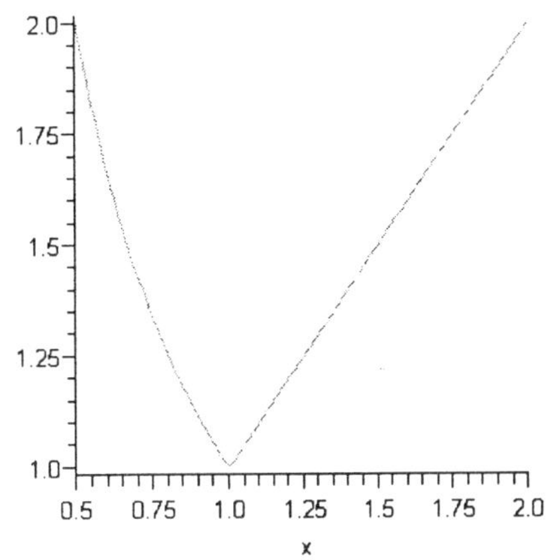

따라서 인수에 관계없이 최대값을 구할 수 있으므로 MAX를 개량한 것이 된다. 프로시저 내부에서 특수명 args를 사용하여 매개변수를 참조할 수 있다. args는 프로시저를 호출할 때 매개변수의 식열을 값으로 갖는다. 선택 연산 args[i]는 i번째 매개변수를 참조한다. args 이외에도 Maple이 프로시저 안에서 인식할 수 있는 특수명이 nargs와 procname이 있다. nargs의 값은 프로시저가 호출되었을 때 매개변수의 개수 (인수의 개수)이다. procname 값은 마지막 이름이 평가된 프로시저 이름이다. 프로시저에 관련된 이름이 없을 때에는 procname의 값은 unknown이 된다. nargs의 사용 예로써 적당한 매개변수가 주어졌을 때 최대값을 구하기 위한 MAX 프로시저를 다음과 같이 정의할 수 있다.

```
> MAX:=proc( )
      local m, I;
      m:=-infinity;
      for i in (args) do
          if not type(i, numeric) then
              RETURN('procname'(args));
          end if;
      if i>m then m:=i end if;
      end do;
```

```
      m ;
   end proc :
> MAX(3.1, 4) ;
```

$$4$$

```
> MAX(3, x, 1, 4) ;
```

$$\mathrm{MAX}(3,\ x,\ 1,\ 4)$$

sin 함수와 int 적분 명령어는 기본적으로 위의 MAX 프로시저와 같은 작업을 한다. 만약 Maple이 결과를 계산할 수 있으면 그 결과를 되돌린다. 그렇지 않으면 sin과 int는 무평가된 결과를 반환한다.

4.7 퀵 정렬 알고리즘과 난수의 생성

1) 퀵 정렬 알고리즘

정렬 알고리즘은 개수가 적을 때에는 빠르고 사용하는데 문제가 없지만 대량의 데이터인 경우에는 시간이 많이 걸린다. 따라서 효율적인 방법을 찾는 것은 중요하다.

다음에 소개하는 퀵 정렬(quick sort) 알고리즘은 전통적인 알고리즘이다. 이 알고리즘을 이해하는 요점은 분할의 연산을 이해하는 것이다. 정렬한다는 것은 정렬할 배열로부터 하나의 수를 선택하는 것을 포함한다. 배열에서 선택한 수보다 작은 것은 배열의 한 쪽 끝에, 큰 수는 다른 쪽 끝에 차례로 놓는다. 마지막으로 선택한 수를 이들 두 그룹 사이에 놓는다. 이와 같은 분할을 시행하면 선택한 수를 기준으로 하여 한쪽 수들이 다른 쪽 수보다 크거나 작지만 배열 전체는 완전히 정렬되지 않는다. 그러나 이 분할 프로시저는 이들 두 그룹을 정렬하기 쉬운 두 개의 작은 배열로 나누어 준다. 그 수는 사용자가 원래의 순서를 유지한 채로 선택한 하나의 수보다 작거나 크기때문에 분할의 끝 부분에서 완전히 정렬된 배열을 갖지 못한다.

다음 프로시저 part는 주어진 큰 배열을 정렬하기 쉬운 작은 두 개의 배열로 나는다. 따라서 분할연산은 보다 쉬운 정렬작업을 하게 한다. 아직 두 개의 보다 작은 배열의 각각을 다시 분할함으로써 정렬과정에서 하나의 단계를 단축시킬 수 있다. 이 연산은 네 개의 작은 배열을 만든다.

사용자가 배열요소를 직접 바꿀 수 있기 때문에 part 프로시저는 리스트를 정렬하기 위해 임의의 배열을 사용한다. 따라서 어떠한 목적에 사용되는 장소에서 배열을 정렬할 수 있고 불필요한 복제를 생성하는 공간을 허비하지 않는다.

퀵 정렬 프로시저는 먼저 독립적으로 프로시저 part를 관찰하므로써 쉽게 이해할 수 있다. 매개변수를 필요로 하는 이 프로시저는 수들의 배열과 두 개의 정수를 받아들인다. 이 두 개의 정수는 분할하기 위해 배열의 일부를 지적한다. 가능한 분할 주위의 배열에서 임의의 수를 선택하는 동안 이 프로시저는 목적한 대로 배열의 마지막 요소 A[n]을 선택한다.

```
> part：=proc(A :: array(1, numeric), m :: posint, n :: posint)
        local i, j, x；
        i：=m；
        j：=n；
        x：=A[j]；
        while i<j do
            if A[i]>x then
              A[j]：=A[i]；
              j：=j-1；
              A[i]：=A[j]；
            else
              i：=i+1；
            end if；
        end do；
        A[j]：=x；
        eval(A)；
  end proc：
```

다음은 배열을 분할한 뒤에 3보다 작은 모든 요소는 3의 앞에 오지만 특정의 순서를 갖지 않는다. 마찬가지로 3보다 큰 요소는 3 뒤에 온다.

```
> A : =array([2, 4, 1, 5, 3]) :
> part(A, 1, 5) ;
```

$$[2 \quad 1 \quad 3 \quad 5 \quad 4]$$

위의 part 프로시저는 그 첫 번째 인수를 부분적으로 변경하고 따라서 A를 바꾼다.

```
> eval(A) ;
```

$$[2 \quad 1 \quad 3 \quad 5 \quad 4]$$

퀵 정렬 프로시저를 변환시키는(assembling) 마지막 단계는 외부의 프로시저에 part를 넣는 것이다. 먼저 외부의 프로시저가 part의 부분 프로시저를 정의하면 배열을 분할한다. 보통은 하나의 프로시저를 다른 프로시저에 넣는 것은 피하는 것이 바람직하다. 다음 단계는 퀵 정렬을 순환적으로 호출하는 것에 의해 두 개의 부분 배열의 각각을 분할하므로 part는 분할을 나누는 요소의 위치를 반환해야 한다. 다음은 에러를 포함한 프로시저를 작성한다. 위에서 논의한 규칙을 적용함으로써 빠르게 에러를 찾아낼 수 있다.

```
> quicksort : =proc(A :: array(1, numeric), m :: integer, n :: integer)
     local part, p ;
     part : =proc(m, n) ;
          local i, j, x ;
          i : =m ;
          j : =n ;
          x : =A[j] ;
          while i<j do
               if A[i]>x then
               A[j] : =A[i] ;
               j : =j-1 ;
               A[i] : =A[j] ;
          else
               i : =i+1 ;
          end if ;
```

```
            end do ;
            A[j] : =x ;
            j ;
        end proc :
        if m<n then
          p : =part(m, n) ;
          quicksort(A, m, p-1) ;
          quicksort(A, p+1, n) ;
        end if ;
        eval(A) ;
    end proc :
```

quicksort 프로시저는 새로운 정렬을 만들지 않고 이미 주어진 배열을 수정함으로써 정렬한다. 따라서 정렬 속도가 빠르다.

```
> A : =array([2, 4, 1, 5, 3]) :
> quicksort(A, 1, 5) ;
```

$$[1 \quad 2 \quad 3 \quad 4 \quad 5]$$

2) 평등난수의 생성

Maple을 사용하여 물리적 실험 또는 확률 모델을 시뮬레이션하고 싶다면 난수 생성이 필요하게 된다. 임의의 주어진 범위에서 실수가 비슷하게 같은 정도로 분포된 평등분포(uniform distribution)는 특히 간단하다. 따라서 평등난수생성(uniform random number generator)은 주어진 범위에서 임의로 부동소수점 수를 반환하는 하나의 프로시저이다.

Maple의 rand 명령어는 임의로 정수를 반환하는 프로시저를 생성한다. 예를 들어, rand(1..5) ; 는 1과 5 사이의 정수를 임의로 생성한다.

```
> f : =rand(1..5) :
> seq(f(), i=1..20) ;
```

5, 2, 5, 2, 3, 4, 4, 5, 3, 1, 5, 2, 3, 2, 2, 4, 3, 3, 1, 2

rand를 사용하여 10^Digits로 나누거나 곱함으로써 1과 5 사이의 부동소수점 수를 임의로 생성할 수 있다.

```
> f : =rand(1 * 10^Digits..5 * 10^Digits)/10^Digits :
> f( ) ;
```

$$\frac{25235196453}{10000000000}$$

프로시저 f는 부동소수점 수보다는 분수를 반환하므로 evalf 명령어를 사용하여 합성해야 한다. 즉 evalf(f())를 사용하거나 Maple의 합성 연산자 @를 사용하여 보다 좋은 연산을 실행할 수 있다.

```
> (evalf @ f)() ;
```

$$4.778757692$$

다음 uniform 프로시저는 rand와 비슷하지만 정수보다는 부동소수점 수를 반환한다. 정해진 범위에서 상수 r을 부동소수점 수로 평가하기 위해 evalf 명령어를 사용하고, 10^Digits에 의해 범위의 양쪽 끝점을 곱하기 위해 map 명령어를 사용하며, 결과를 가장 가까운 정수가 되게 하기 위해 round 명령어를 사용한다.

```
> uniform : =proc(r :: range)
    local intrange, f ;
    intrange : =map(x -> round(x * 10^Digits), evalf(r)) ;
    f : =rand(intrange) ;
    (evalf @ eval(f)) / 10^Digits ;
  end proc :
> U : =uniform(1..5) :
> seq(U(), i=1..20) ;
```

1.477799871, 3.238504456, 2.177099028, 2.792661441,
1.988664160, 4.348906223, 1.994950840, 1.374705325,
2.782030884, 1.483262318, 2.616518321, 1.640203118,
3.003003319, 3.631052570, 1.880990746, 4.611522534,
3.972493089, 4.782805771, 3.882225368, 4.283056232

uniform 프로시저는 정수범위 intrange를 구축하기 위해 Digits에 의해 현재 디폴트값을 사용하고, 따라서 uniform이 U를 만들 때 Digits 값에 의존한다. 한편 U와 함께 evalf 명령어는 U를 호출할 때 Digits에 의해 현재 디폴트값을 사용한다. 이러한 두 값은 항상 일치하지 않는다.

다음의 uniform 프로시저는 uniform이 반환하는 프로시저 내부의 모든 계산을 사용할 목적에 따라 배치하는 것으로 종료한다. 부분 프로시저에 매개변수 값을 전달하기 위해 대입 명령어 subs를 사용한다.

```
> uniform : =proc(r :: range)
    global R ;
    subs('R'=r, proc()
        local intrange, f ;
        intrange : =map(x  -> round(x * 10^Digits),
        evalf(R)) ;
        f : =rand(intrange) ;
        evalf(f()/10^Digits) ;
        end) ;
  end proc :
```

프로시저의 내부의 R에 명확하게 할당할 수 없으므로 Maple은 R을 전역변수라 선언한다. R은 uniform에서 명확하게 전역변수이고 결국 두개의 R은 같은 대상을 참조한다. Maple은 표준적으로 완전히 전역변수를 평가하므로 uniform을 호출할 때 그것의 평가를 막기위해 uniform에서 R을 단일 인용부호로 묶어야 한다. Maple은 사용자가 프로시저를 호출하지 않는 한 프로시저 본체를 평가하지 않고 사용자가 내부 프로시저를 호출할 때 subs 명령어는 R에 대하여 범위 r을 이미 대입하였다.

프로시저는 uniform을 호출할 때마다 Digits 값과는 독립적으로 uniform을 생성한다.

```
> U : =uniform(cos(2)..sin(1)) :
> Digits : =3 :
> seq(U(), i=1..10) ;
```

0.444, 0.334, −.411, 0.538, −.117, −.317, −.220, −.400, 0.327, 0.346

4.8 프로시저 객체

이 절에서는 프로시저 객체의 형태와 피연산자, 특별한 평가 규칙, 프로시저를 어떻게 저장하고 다시 검색할 것인가를 서술한다. Maple은 완전 순환적 평가(full recursive evaluation) 모드에서는 일반 식을 평가한다. 사용자가 지정하는 이름에 값을 할당한 후 그 이름을 호출하면 이름 대신에 계산된 값을 반환한다.

```
> f:=g:g:=h:
> h:=x^2;
```

$$h := x^2$$

이제 f는 x^2로 평가된다.

```
> f;
```

$$x^2$$

그런데 프로시저, 배열, 표에서 사용되는 이름은 예외적으로 작동한다. 이 경우 Maple은 마지막 이름 평가(Last-name Evaluation) 모델을 사용한다. 이 모델은 프로시저 정의를 구성하고 있는 모든 상세한 것들을 표시하지 않게 한다.

```
> F:=G:G:=H:
> H:=proc(x) x^2 end proc;
```

$$H := \mathbf{proc}(x)x^2\ \mathbf{end\ proc}$$

H는 실제 프로시저의 앞의 마지막 이름이므로 이제 F는 H로 평가된다.

```
> F;
```

[ ]

완전히 프로시저를 평가하기 위하여 eval 명령어를 사용할 수 있다.

```
> eval(F);
```

$$\mathbf{proc}(x)x^2\ \mathbf{end\ proc}$$

프로시저 형태를 있는 그대로 사용자가 프로시저에 할당하는 이름과 함께 Maple은 모든 프로시저를 인식한다.

이 장의 마지막으로 그래프 이론에서 자주 나오는 0과 1만을 원소로 갖는 incident matrix의 행렬식 값을 구하는 문제의 예제를 다룬다. n개의 꼭지점을 갖는 path 그래프의 수반행렬

$$A(n,\ n)=\begin{bmatrix} 0 & 1 & 0 & \cdots & 0 & 0 \\ 1 & 0 & 1 & \cdots & 0 & 0 \\ \cdots & \cdots & \cdots & \cdots & \cdots & \cdots \\ 0 & 0 & 0 & \cdots & 0 & 0 \end{bmatrix}$$

의 행렬식 값 det(A)를 구하기 위하여 아래와 같은 프로시저를 작성한다. 실제로 n의 몇 개의 값에 대하여 det(A)를 구해보면 일반적인 경우의 행렬식값을 예측할 수 있다.

```
> Incident : =proc(n)
    local m, A ;
    for m from n-4 to n do
      A : =matrix(m, m, proc(i, j) if abs(i-j)=1 then 1 else 0 end if end proc) ;
      # print(A) ;
      print(`The`, m, `th_incidental_determinant_is`, det(A))
    end do ;
  end proc ;
```

여기서 Incident 프로시저 가운데 # print(A)에서 #를 제거하면 행렬 A를 출력시킬 수 있다. 출력량이 너무 많아질 경우에는 이런 방법으로 출력을 제한하는 것이 편리하다.

```
> Incident(15) ;
```

$$The,\ 11,\ th\_incidental\_determinant\_is,\ \det(A)$$

$$The,\ 12,\ th\_incidental\_determinant\_is,\ \det(A)$$

$$The,\ 13,\ th\_incidental\_determinant\_is,\ \det(A)$$

$$The,\ 14,\ th\_incidental\_determinant\_is,\ \det(A)$$

$$The,\ 15,\ th\_incidental\_determinant\_is,\ \det(A)$$

이와 같은 프로시저 Incident의 결과로부터 행렬식 A(n, n)의 일반적인 값은 행렬식

$$\det(A(n,\ n)) = \begin{cases} 1 & \text{if} \quad n = 4m \\ -1 & \text{if} \quad n = 4m+2 \\ 0 & \text{if} \quad n = 4m \pm 1 \end{cases}$$

임을 알 수 있다.

CHAPTER 5

Maple 패키지

1장에서 언급하였듯이 Maple에는 수학의 각 분야로 나뉘어 정의된 패키지(package)들이 내장되어 있다. 이 장에서는 미분·적분(student), 선형대수(linalg, LinearAlgebra), Groebner 기저 및 통계학(stats) 패키지를 중심으로 간단히 소개한다. 물론 이외에도 미분방정식(DEtools), GF(Galois field), LREtools(선형순환관계의 조작과 풀이), finance(금융수학), geometry(기하학), networks(그래프 네트워크), numapprox(수치근사), numtheory(수론), simplex(선형계획법) 등, 수학과 관련된 거의 모든 분야의 패키지들이 내장되어 있다.

5.1 미분·적분 패키지

Maple은 미분·적분과 관련하여 student 패키지 안에 많은 명령어들을 내장하고 있다. diff와 int 명령어와 관련된 내용은 2장에서 다루었다. 이 절에서는 먼저

student 패키지를 로드시켜 놓는다.

```
> with(student) ;
```

[D, Diff, Doubleint, Int, Limit, Lineint, Product, Sum, Tripleint, Changevar, completesquare, distance, equate, integrand, intercept, inparts, leftbox, leftsum, makeproc, middlebox, middlesum, cidpoint, powsubs, rightbox, rightsum, showtangent, simpson, slope, summand, trapezoed]

이 절에서는 미분·적분을 계산하는 방법과 Maple의 그래픽스 기능을 활용하여 시각화함으로써 쉽게 문제를 이해하고 해결하기 위한 계산 방법 등을 소개한다. Maple의 student 패키지에는 단계별로 미분·적분의 문제를 해결하기 위해 디자인된 함수들이 내장되어 있고, 식을 전개하거나 결합하기 위한 루틴 혹은 변수의 치환, 부분적분 등에 관한 많은 내용을 포함하고 있고, 명령문 with(student) : 로 실행된다. Maple의 그래픽스 기능을 활용하여 구체적으로 미분·적분에 관한 문제에 접근한다.

접선의 기울기는 미분으로 설명하면 다음과 같다. 함수 $y=f(x)$에 있어서 x가 x_1에서 x_2까지 변화할 때 y는 $y_1=f(x_1)$에서 $y_2=f(x_2)$까지 변화한다. 이 때

$$\frac{y_2-y_1}{x_2-x_1}=\frac{f(x_2)-f(x_1)}{x_2-x_1}$$

은 x가 x_1에서 x_2까지 변화할 때 평균변화율이다. 또한 두 점 $(x_1,\ f(x_1))$, $(x_2,\ f(x_2))$를 지나는 직선의 식은

$$y=\left\{\frac{f(x_2)-f(x_1)}{x_2-x_1}\right\}(x-x_2)+f(x_1)$$

이다. 평균변화율은 이 직선의 기울기가 된다. 예를 들어 $f(x)=x^2$에 대하여 $x=1$에서 $x=1.8$까지 평균변화율은 $\frac{f(1.8)-f(1.0)}{1.8-1.0}=2.8$이고 두 점 $(1,\ 1^2)$, $(1.8,\ 1.8^2)$을 연결하는 직선은 $y=\left\{\frac{f(x_2)-f(x_1)}{x_2-x_1}\right\}(x-x_2)+f(x_1)=2.8(x-1)+1$이다. 먼저

함수 $f(x)=\sin(x)$를 다음과 같이 정의한다.

```
> f := x -> sin(x):
```

함수 f(x)의 x0=1에서 도함수를 계산한다.

```
> x0 := 1;
```

$$x0 := 1$$

$p0$과 $p1$을 f의 그래프 위의 두 점이라고 하자.

```
> p0 := [x0, f(x0)];
```

$$p0 := [1, \sin(1)]$$

```
> p1 := [x0+h, f(x0+h)];
```

$$p1 := [1+h, \sin(1+h)]$$

student 패키지 안에 있는 slope 명령어는 두 점 $p0$과 $p1$을 통과하는 직선 혹은 임의의 방정식의 기울기 m을 계산한다.

```
> m := slope(p0, p1);
```

$$m := -\frac{\sin(1)-\sin(1+h)}{h}$$

만약 $h=1$이라면 기울기 m은 다음과 같이 계산된다.

```
> subs(h=1, m);
```

$$-\sin(1)+\sin(2)$$

```
> evalf(%);
```

$$0.0678264420$$

다음은 극한을 이용하여 $f(x)=\sin x$를 $x=0$에서 미분하여 보면 다음과 같이 구할 수 있다.

```
> (f(x+h)-f(x))/h ;
```

$$\frac{\sin(x+h)-\sin(x)}{h}$$

```
> Limit(%, h=0) ;
```

$$\lim_{h\to 0}\left(\frac{\sin(x+h)-\sin(x)}{h}\right)$$

```
> value(%) ;
```

$$\cos(x)$$

이 결과를 확인하기 위해 $x=0$일 때 곡선과 접선을 plot한다. student 패키지의 showtangent는 주어진 함수와 그 함수의 접선을 동시에 plot한다.

```
> showtangent(f(x), x=0, view=[-5..5, -2..2]) ;
```

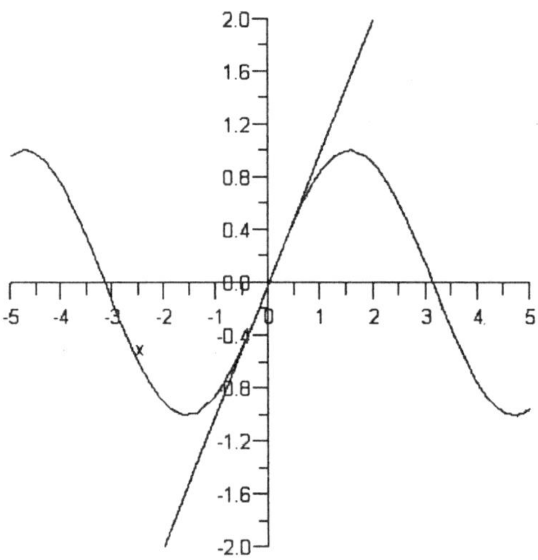

student 패키지의 distance는 두 점 사이의 거리를 계산한다.

```
> with(student) :
> distance(-3, a+5) ;
```

$$|a+8|$$

```
> distance([a, b], [c, d]) ;
```

$$\sqrt{(d-b)^2+(c-a)^2}$$

student 패키지를 로드시켜 놓고 합 Sum으로 정의된 식을 expand로 전개할 수 있다.

```
> with(student) :
> Sum(x^2+x, x=1..n) ;
```

$$\sum_{x=1}^{n}(x^2+x)$$

```
> expand(%) ;
```

$$\sum_{x=1}^{n}x^2+\sum_{x=1}^{n}x$$

또한 completesquare는 주어진 다항식을 완전집합으로 만든다.

```
> completesquare(x^2-2*x*a+a^2+y^2-2*y*b+b^2  =23, x) ;
```

$$(x-a)^2+y^2-2yb+b^2=23$$

```
> completesquare(%, y) ;
```

$$(y-b)^2+(x-a)^2=23$$

diff는 사용자가 정의한 미분 함수를 호출하는 사용자 interface를 갖는다. 만약 프로시저 `diff/f`가 정의되어 있으면 함수 diff(f(x, y, z), y)는 도함수를 계산하기 위해 `diff/f`(x, y, z, y)를 호출한다.

```
> `diff/f` : =proc(g, x) diff(g, x)/f(x)^2 end :
> diff(f(x), x) ;
```

$$\frac{1}{f(x)^2}$$

```
> diff(f(sin(x)), x) ;
```

$$\frac{\cos(x)}{f(x)^2}$$

다음은 식 $5xy+2tx-2ty$를 $x=t^2$와 $y=\cos(t)$로 치환하여 도함수를 계산하기 위해 프로시저를 사용한 예이다.

```
> ftn : =proc(t)
      local x, y ;
      x : =t^2 ;
      y : =cos(t) ;
      5 * x * y+2 * t * x-2 * t * y
  end proc ;
```

변수 t에 대하여 ftn의 1차도함수를 계산한다.

```
> D(ftn) ;
```

```
proc(t)
    local xt, yt, x, y ;
    xt : =2 * t ;
    x : =t^2
    yt : = -sin(t) ;
    y : =cos(t) ;
    5 * xt * y+5 * x * yt+2 * x
    +2 * t * xt-2 * y-2 * y * yt
end proc
```

이 프로시저가 도함수를 올바르게 계산하였는지 다음과 같이 확인한다.

```
> D(ftn)(t)-diff(ftn(t), t) ;
```

$$0$$

정적분은 x축과 주어진 함수 사이의 면적을 의미한다. 리만(Riemann) 적분의 정의는 이 적분의 도형적인 해석에 의한 것이다. 리만적분합의 계산은 컴퓨터로 적분문제를 해결하기 위해서는 적절하다. 실제로 지필작업으로 계산하기에는 간단한 리만적분의 합일지라도 쉽지 않다. Maple의 student 패키지에는 구간분할이나 리만적분합을 간단히 다룰 수 있는 명령어들이 포함되어 있다. 점집합

$$P=\{x_0,\ x_1,\ x_2,\ \cdots,\ x_n\}$$

에서 $a=x_0<x_1<x_2<\cdots<x_n=b$를 만족하는 것을 구간 $[a,\ b]$의 분할이라 한다. 구간분할 P를 구할 수 있으면 점 x_i^*를 부분구간 $[x_{i-1},\ x_i]$로부터 취할 수 있고 다음과 같은 합의 형태를 만들 수 있다.

$$\sum_{i=1}^{n} f(x_i^*)(x_i-x_{i-1})$$

이와 같은 합을 f의 구간 $[a,\ b]$에서 리만합이라 한다. f의 구간 $[a,\ b]$에서의 정적분은

$$\int_a^b f(x)dx=\lim_{[x_{i-1},\ x_i]\to 0}\sum_{i=1}^{n} f(x_i^*)(x_i-x_{i-1})$$

로 정의된다. f가 구간 $[a,\ b]$에서 연속이면 이 극한은 수렴한다.

리만합을 써서 평면상의 면적을 계산할 수 있다. 예를 들어 x축, $x=1$, 직선 $y=x$로 둘러싸인 삼각형의 면적을 구하는데 리만합을 이용하여 보자(물론 면적은 1/2 이다). 이 예는 리만합의 근사값을 실제로 계산할 수 있고, 이와 같이 실제로 리만합을 계산할 수 있는 경우는 드물다. 여기서는 $f(x)=x$, $a=0$, $b=1$로 두고 점집합 P의 n개의 점을 등간격 $\frac{1}{n}$로 둔다. 그러면

$$\sum_{i=1}^{n}\frac{i}{n^2}$$

이고,

$$\sum_{i=1}^{n} i=\frac{n(n+1)}{2}$$

를 사용하여 간략화할 수 있으며

$$\int_0^1 xdx=\lim_{n\to\infty}\frac{n(n+1)}{2n^2}=\frac{1}{2}$$

를 얻을 수 있다.

일반적으로 리만합의 극한값을 계산하는 것은 쉽지 않지만 Maple에서는 쉽게 구할 수 있다. 다음 예는 이것을 간단하게 설명한다. 리만적분의 합을 이용하여 주어진 구간에서 함수와 x축이 이루는 영역의 면적을 구할 수 있다.

```
> with(student):
> f:=x -> x:
> rightbox(f(x), x=0..1, 10);
```

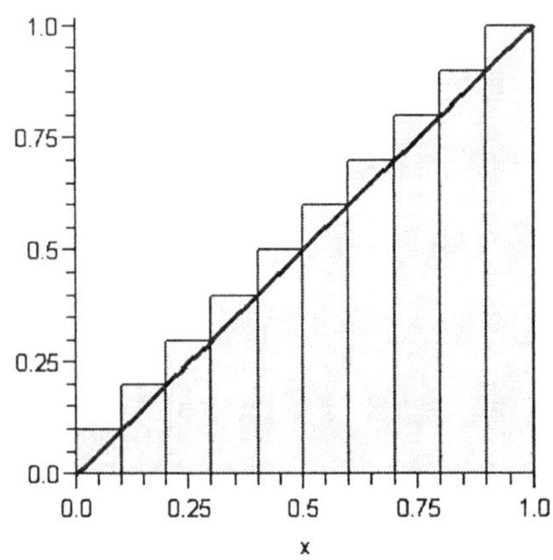


```
> rightsum(f(x), x=0..1, 10);
```

$$\frac{1}{10}\left(\sum_{i=1}^{10}\frac{1}{10}i\right)$$

실제 값은 어느 정도인지를 알기 위해 사각형의 개수를 n개로 하여 계산한다.

```
> rightsum(f(x), x=0..1, n);
```

$$\frac{\sum_{i=1}^{n}\frac{i}{n}}{n}$$

$n \to \infty$일 때 극한값을 구할 수 있다.

```
> Limit(%, n=infinity);
```

$$\lim_{n \to \infty} \left(\frac{\sum_{i=1}^{n} \frac{i}{n}}{n} \right)$$

```
> value(%);
```

$$\frac{1}{2}$$

int를 사용하여 정적분으로 계산하여도 같은 결과를 얻을 수 있다.

```
> Int(x, x=0..1) =int(x, x=0..1);
```

$$\int_0^1 x dx = \frac{1}{2}$$

leftbox와 leftsum으로 조금 더 복잡한 피적분함수에 대한 예를 들어보자.

```
> f:=x -> 1/2+sin(x):
> leftbox(f(x), x=0..10, 6);
```

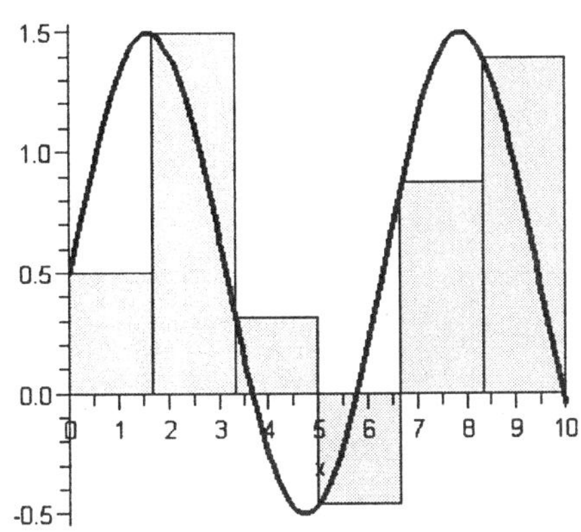


```
> leftsum(f(x), x=0..10, 6);
```

$$\frac{5}{3} \left(\sum_{i=0}^{5} \left(\frac{1}{2} + \sin\left(\frac{5}{3} i \right) \right) \right)$$

```
> evalf(%);
```

$$6.845601766$$

적분 $\int (\cos x+1)^3 \sin x dx$에서 적분변수 x를 $\cos(x)+1=u$로 치환하기 위해서는 student 패키지의 변수변환 함수 changevar를 사용하면 된다.

```
> with(student):
> changevar(cos(x)+1=u, Int((cos(x)+1)^3 * sin(x), x), u);
```

$$\int (-u^3) du$$

```
> value(%);
```

$$-\frac{1}{4}u^4$$

Maple에서는 student 패키지의 intparts를 사용하면 위와 같이 평가되지 않은 적분(적분 기호 Int의 항으로 표현된)을 계산하기 위해 주어진 함수의 적분 값으로

$$f * g - \int \left(\frac{d}{dx} f\right) * g dx$$

의 형태로 결과를 출력한다.

```
> with(student):
> intparts(Int(x^k * ln(x), x), ln(x));
```

$$\frac{\ln(x)x^{k+1}}{k+1} - \int \frac{x^{k+1}}{x(k+1)} dx$$

```
> intparts(Int(sin(x) * x+sin(x), x), sin(x));
```

$$\sin(x)\left(\frac{1}{2}x^2+x\right) - \int \cos(x)\left(\frac{1}{2}x^2+x\right) dx$$

이미 2장에서 다루었지만 Maple의 적분은 매우 강력하다. 다음은 점화식의 적분에 부분적분법을 적용하여 계산하는 방법을 생각한다.

```
> int(f(x) * g(x), x) =f(x) * int(g(x), x)-int(diff(f(x), x) * int(g(x),x), x) ;
```

$$\int f(x)g(x)dx = f(x)\int g(x)dx - \int \left(\frac{d}{dx}f(x)\right)\int g(x)dxdx$$

방정식의 양쪽을 미분함으로써 이 수식을 증명할 수 있다.

```
> diff(%, x) ;
```

$$f(x)g(x) = f(x)g(x)$$

```
> evalb(%) ;
```

$$\text{true}$$

$p(x)$와 특수함수 $f(x)$의 곱셈형식 $p(x)f(x)$를 적분하는 예를 들어보자. 예를 들어 $p(x)=x^2$, $f(x)=e^x$라 하면

```
> int(x^2 * exp(x), x) ;
```

$$(2-2x+x^2)e^x$$

이고, 보다 일반적인 경우의 적분

$$\int x^n e^x dx = x^n \int e^x dx - \int \left(nx^{n-1}\int e^x dx\right)dx$$
$$= x^n e^x - n\int x^{n-1}e^x dx$$

에 부분적분법을 이용하여 주어진 피적분함수를 한번 적분하면 x의 차수가 하나 줄어든 새로운 적분으로 결과가 출력된다. x의 차수가 0이 될 때까지 부분적분을 적용하면 위 수식의 마지막 적분은

$$\int e^x dx = e^x$$

를 계산하면 된다. $n=0$이 될 때까지 순환적으로 호출하는 프로시저를 생각한다.

```
> IntExpMonomial : =proc(n :: nonnegint, x :: name)
      if n=0 then RETURN(exp(x)) fi ;
      x^n * exp(x)-n * IntExpMonomial(n-1, x) ;
  end proc :
```

다항식의 차수 n만 바꾸어 쉽게 계산할 수 있다.

```
> IntExpMonomial(6, x) ;
```

$$x^6e^x - 6x^5e^x + 30x^4e^x - 120x^3e^x + 360x^2e^x - 720xe^x + 720e^x$$

collect 명령어를 사용하여 e^x항으로 묶는다.

```
> collect(%, exp(x)) ;
```

$$(x^6 - 6x^5 + 30x^4 - 120x^3 + 360x^2 - 720x + 720)e^x$$

다음은 $p(x)$가 다항식 $(x^3+4)(1+3x)$ 형태로 주어지는 경우의 예를 들어본다.

```
> IntExpPolynomial : =proc(p :: polynom, x :: name)
      local i, result ;
      result : =add(coeff(p, x, i) * IntExpMonomial(i, x),i=0..degree(p, x)) ;
      collect(result, exp(x)) ;
  end :
> IntExpPolynomial((x^3+4) * (1+3 * x), x) ;
```

$$(58 - 54x - 11x^3 + 33x^2 + 3x^4)e^x$$

5.2 선형대수 패키지

선형대수용의 패키지 linalg나 LinearAlgebra를 사용하여 행렬식, 역행렬, 고유값, 연립방정식 등을 다룰 수 있다. linalg 패키지를 사용하기 위해서는 먼저 linalg [함수이름]으로 지정하거나 다음과 같이 선형대수용 패키지 전체를 로드시켜 놓는다.

```
> with(linalg) :
```

with 명령어는 linalg와 같은 패키지 안의 함수의 정의를 실행한다. with를 사용한 뒤에는 linalg[det] ; 대신에 det ; 를 사용할 수 있다. with 명령어의 마지막에

" : " 의 대신에 " ; "를 사용하면 linalg 패키지 안의 함수의 리스트가 표시된다. 함수명이 중복될 때에는 사용자에게 함수가 새롭게 정의되었다는 것을 알려준다.

```
> with(linalg) ;
```

linalg 패키지 이름 출력됨. 출력 결과 생략

Maple에서 벡터는 1차원 배열로 표시되어 vector 또는 array를 사용하여 만든다. 두 개의 벡터 사이의 각을 구하기 위해서는 angle을 사용한다.

```
> u : =vector([1, 2, 3]) ;
```

$$u := [1 \quad 2 \quad 3]$$

```
> v : =vector([0, 0, 1]) ;
```

$$v := [0 \quad 0 \quad 1]$$

```
> angle(u, v) ;
```

$$arccos\left(\frac{3}{14}\sqrt{14}\right)$$

행렬의 요소는 matrix 명령어 안에서 행(row)별로 지정할 수 있어 2차원형태로 표시된다. 리스트는 2중 대괄호 "[ ]"로 표시하여야 한다.

```
> A : =matrix([[x, y, z], [a, b, c], [1, 2, 3]]) ;
```

$$A := \begin{bmatrix} x & y & z \\ a & b & c \\ 1 & 2 & 3 \end{bmatrix}$$

```
> det(A) ;
```

$$3xb-2xc-3ay+2az+yc-zb$$

또한 행과 열의 차원을 지정하였을 때는 리스트를 2중으로 표시할 필요가 없다.

```
> B : =matrix(3, 3, [1, 2, 3, -2, 1, -2, -3, 2, 1]) ;
```

$$B := \begin{bmatrix} 1 & 2 & 3 \\ -2 & 1 & -2 \\ -3 & 2 & 1 \end{bmatrix}$$

```
> inverse(B) ;
```

$$\begin{bmatrix} \frac{5}{18} & \frac{2}{9} & -\frac{7}{18} \\ \frac{4}{9} & \frac{5}{9} & -\frac{2}{9} \\ -\frac{1}{18} & -\frac{4}{9} & \frac{5}{18} \end{bmatrix}$$

함수 eigenvals를 사용하여 행렬의 고유값을 구할 수 있다.

```
> eigenvals(B) ;
```

$$1,\ 1+I\sqrt{17},\ 1-I\sqrt{17}$$

같은 계산을 특성다항식으로부터 순서대로 계산할 수도 있다.

```
> charmat(B, lambda) ;
```

$$\begin{bmatrix} \lambda-1 & -2 & -3 \\ 2 & \lambda-1 & 2 \\ 3 & -2 & \lambda-1 \end{bmatrix}$$

```
> det(%) ;
```

$$\lambda^3-3\lambda^2+20\lambda-18$$

```
> solve(%, lambda) ;
```

$$1,\ 1+I\sqrt{17},\ 1-I\sqrt{17}$$

물론 고유값에 대한 수치계산을 할 수도 있다.

다음은 행렬의 지수함수를 exponential로 계산하여 보자. 즉 행렬 A에 대하여 지수 e의 멱승형태는

$$exponential(A)=e^A=E+A+\frac{1}{2!}A^2+\frac{1}{3!}A^3+\cdots$$

$$exponential(A)=e^{At}=E+At+\frac{1}{2!}A^2t^2+\frac{1}{3!}A^3t^3+\cdots$$

와 같이 정의된다. 정삼각행렬 $A := \begin{bmatrix} a & 0 & 0 \\ 0 & a & 0 \\ 0 & 0 & a \end{bmatrix}$에 대하여 지수함수를 간단한 예를 들어 살펴보자.

```
> A := array([[a, 0, 0], [0, a, 0], [0, 0, a]]) :
> exponential(A) ;
```

$$\begin{bmatrix} e^a & 0 & 0 \\ 0 & e^a & 0 \\ 0 & 0 & e^a \end{bmatrix}$$

```
> exponential(A, t) ;
```

$$\begin{bmatrix} e^{at} & 0 & 0 \\ 0 & e^{at} & 0 \\ 0 & 0 & e^{at} \end{bmatrix}$$

함수 exponential은 선형미분방정식 등을 풀기 위해 자주 사용된다.

```
> B := matrix(2, 2, [22, 28, -15, -19]) :
> exponential(B, t) ;
```

$$\begin{bmatrix} -20e^t + 21e^{2t} & 28e^{2t} - 28e^t \\ -15e^{2t} + 15e^t & 21e^t - 20e^{2t} \end{bmatrix}$$

Maple의 행렬연산에는 일반적으로 두 행렬의 덧셈 $A+B$는 add(A, B) 혹은 evalm($A+B$), 두 행렬의 곱셈 $A \cdot B$는 multiply(A, B), A의 역행렬 A^{-1}는 inverse(A), A의 전치행렬은 transpose(A), A의 특성다항식은 charpoly(A, x) 등과 같이 정의되어 있다. 이외에도 많은 행렬과 행렬식에 대한 연산이 내장되어 있으므로 도움말기능을 참조한다. 물론 Vandermonde 행렬이나 Hilbert 행렬과 같은 여러 가지 특수한 행렬도 다룬다.

```
> vandermonde([u, v, w]) ;
```

$$\begin{bmatrix} 1 & u & u^2 \\ 1 & v & v^2 \\ 1 & w & w^2 \end{bmatrix}$$

```
> factor(det(%));
```

$$(-w+u)(-w+v)(v-u)$$

```
> H:=hilbert(2, x);
```

$$H:=\begin{bmatrix} \frac{1}{2-x} & \frac{1}{3-x} \\ \frac{1}{3-x} & \frac{1}{4-x} \end{bmatrix}$$

```
> inverse(H);
```

$$\begin{bmatrix} -(-3+x)^2(-2+x), & (-3+x)(-2+x)(-4+x) \\ (-3+x)(-2+x)(-4+x), & -(-3+x)^2(-4+x) \end{bmatrix}$$

행렬의 Hermite 형, Smith 표준형을 계산할 수도 있다.

```
> smith(%, x);
```

$$\begin{bmatrix} -3+x & 0 \\ 0 & -24+x^3-9x^2+26x \end{bmatrix}$$

패키지 linalg의 함수 GramSchmidt은 직교벡터(orthogonal vector)를 계산한다.

```
> v1:=vector([1,0,0]):
> v2:=vector([1,1,0]):
> v3:=vector([1,1,1]):
> G1:=GramSchmidt({v1,v2,v3})
```

$$G1:=\{[1,\ 0,\ 0],\ [0,\ 1,\ 0],\ [0,\ 0,\ 1]\}$$

```
> normalize(G1[1]);
```

$$[1 \quad 0 \quad 0]$$

또한 Maple에는 선형대수에 관련하여 linalg 패키지와 LinearAlgebra 패키지가 있다.

```
> with(LinearAlgebra);
```

LinearAlgebra 패키지 이름 출력됨. 출력 결과 생략

함수 Basis(V)는 주어진 벡터공간 V로부터 기저(Basis)를 반환한다. 0차원공간의 기저는 공리스트 혹은 공집합이다. 3개의 행벡터 [2, 1, 0], [1, 0, 2], [0, −2, 1]은 3차원 공간의 하나의 기저임을 알 수 있다.

```
> v1 : =<2|1|0> :
> v2 : =<1|0|2> :
> v3 : =<0|-2|1> :
> Basis([v1,v2,v3]) ;
```

$$[[2 \quad 1 \quad 0], [1 \quad 0 \quad 2], [0 \quad -2 \quad 1]]$$

이 기저로부터 LinearAlgebra 패키지의 함수 GramSchmidt도 직교집합(orthogonal set)을 만든다.

```
> GramSchmidt([v1,v2,v3]) ;
```

$$\left[[2 \quad 1 \quad 0], \left[\frac{1}{5} \quad -\frac{2}{5} \quad 2\right], \left[\frac{2}{3} \quad -\frac{4}{3} \quad -\frac{1}{3}\right]\right]$$

이외에도 선형대수에 관련된 내용들은 완벽하게 두 패키지 linalg와 Linear-Algebra에서 다루고 있으므로 참조하기 바란다.

5.3 Groebner 기저 패키지

우리는 2장에서 solve 명령어를 사용하면 적당한 차수의 방정식과 적당한 규모의 연립방정식의 해를 구할 수 있다는 것을 살펴보았다. 과연 solve 명령어의 근간이 되는 알고리즘은 어떤 것일까? 보통 연립방정식의 해를 구하기 위하여 미지수를 하나씩 소거시킨 후에 마지막으로 남는 미지수에 대한 방정식의 해를 구하는 것이 중요하다. 소거에 관련된 방법은 몇 가지 있으나 여기서는 컴퓨터대수시스템에서 매우 중요하게 다루어지고 있는 Groebner 기저를 구하는 방법을 살펴보기로 하자. 이것은 연립방정식, $f_1 = f_2 = \cdots = f_n = 0$의 해를 구하기 위하여 다음에서 소개하는 두 가지 극단적인 방식을 일반화시킨 것으로 이해할 수 있다.

1) 두 다항식의 gcd 구하기

이 방식은 단 하나의 미지수 x에 대한 고차방정식이 여러 개 있을 때 각각의 방정식에 대한 공통적인 해를 구하는 문제를 해결해 준다. 즉, $f_1 = f_2 = \cdots = f_n = 0$의 해를 구하는 문제가 있다고 하자. 이 문제에 대한 x값을 구하고자 할 때 유클리드 알고리즘을 이용하여 $\gcd(f_1, f_2, \cdots, f_n)$를 구한다. 두 다항식의 gcd를 구하는 것은 유클리디드 알고리즘을 이용하여 두 정수의 gcd를 구하는 방법과 유사하다.

먼저, $f := \gcd(f_1, f_2)$를 구하기 위하여 f_1과 f_2 중에서 최고차 항을 제거하기 위하여 적당한 계수와 항을 대응되는 다항식에 곱한 다음 뺄셈을 하면 최고차 항의 차수가 줄어든다. 이런 방식을 반복하여 두 다항식 중에서 하나가 0이 되면 나머지 다항식이 $f := \gcd(f_1, f_2)$이 된다.

이제 같은 방법으로 $f := \gcd(f, f_3)$을 구하고 마지막 단계에서 $f := \gcd(f, f_n)$을 구할 수 있다. 이 f가 바로 $f = \gcd(f_1, f_2, \cdots, f_n)$을 구한 것과 같다. 따라서 최종적으로 얻은 다항식 f의 근을 구하면 $f_1 = f_2 = \cdots = f_n = 0$의 해를 찾은 것이 된다. 이것은 다시 말하면 $f_1 = f_2 = \cdots = f_n = 0$의 문제를 $f = \gcd(f_1, f_2, \cdots, f_n)$를 계산함으로써 원래의 연립방정식을 하나의 다항식으로 축소하는 것을 의미한다.

2) 가우스 소거법

이번에는 여러 개의 미지수를 갖고 있는 일차연립방정식의 경우를 가우스 소거법으로 해결하는 방식이다. 선형대수 강좌에서 등장하는 가우스 소거법이란 일차연립방정식을 첨가행렬(augmented matrix)로 바꾼 다음 첨가행렬에 대한 기본 행 연산을 수행하는 것이다. 여기서 기본 행 연산이란 a) 상수배를 하거나 b) 행을 서로 바꾸거나 c) 한 행에 상수배하여 다른 행을 더하거나 더하거나 빼는 연산을 일컫는다. 이렇게 하면 미지수를 한 개씩 소거해 나갈 수 있고 더 이상 소거할 수 없게 되면 row-echelon form의 행렬을 얻게 된다. 이 행렬은 대각원소가 1이고 아래쪽의 원소는 0으로 이루어진 U 행렬의 꼴을 담고 있으므로 미지수의 해를 하나씩 구해 나갈 수 있다.

3) 일반적인 해법 : S-다항식

이제 앞에서 소개한 두 가지 방식을 포함할 수 있는 일반적인 방법을 찾아보자. 즉 주어진 임의의 연립방정식 $f_1(x)=f_2(x)= \cdots =f_n(x)$에 대하여 유클리드와 가우스 소거법을 결합한 일반적인 방식을 소개한다. 먼저 다항식의 각 항에 대하여 순서를 부여한다. 그리고 이 항들은 곱하기에 대한 순서를 보존해야 한다. 즉, 만약 $m_1 < m_2$이면 $m_3m_1 < m_3m_2$가 되어야 한다. 다음에 소개할 알고리즘은 순서에 관계없이 같은 결과를 내어야 하는데 주어진 순서에 따라 계산 결과의 효율성이 달라진다. 그래서 각 항에 대한 순서를 사전식 순서(lexicographic ordering)라고 가정하자.

먼저 G를 다항식의 집합이라 하자. G에 속하는 모든 다항식 $g=0$이 되는 해를 찾는 것이 해결해야 할 문제이다. 먼저 G에 속하는 임의의 두 다항식 f, g를 선택하여 다음과 같은 S-다항식을 만든다.

$S(f,\ g)=lt_g * f/\text{gcd}(lm_f,\ lm_g)-ltf * g/\text{gcd}(lm_f,\ lm_g)$. 여기서 lm은 항의 순서로 볼 때 가장 앞쪽에 위치하며 차수가 제일 높은 단항식이며, lt는 lm의 계수까지를 포함한 최고차항이다. 만약 f와 g 중에 하나라도 0이면 $S(f,\ g)$는 0이 되는 것은 명백하다.

$S(f,\ g)$를 자세히 살펴보면 앞에서 소개한 미지수가 한 개인 연립방정식의 해를 구하는 GCD 방법과 미지수가 여러 개인 일차연립방정식의 해를 구하는 가우스 소거법을 모두 다루고 있음을 알 수 있다. 그러나 미지수가 여러 개이고 차수가 다른 항이 f, g에 섞여서 나타나면 $S(f,\ g)$를 계산하는 과정에서 quadratic 다항식을 얻게 된다. 이러한 quadratic 다항식이 등장하지 않도록 예측하면서 단항식의 순서를 필요에 따라 다르게 줄 수 있음을 기억하자.

예를 들어 $f=x^2 * y-1$, $g=x * y^2-1$이라 하자. 그러면 $lmf=x^2 * y$, $lmg=x * y^2$가 되므로 $S(f,\ g)=y * f-x * g=y-x$가 된다. 여기서 새로이 등장한 $y-x$다항식에 대한 순서를 결정해야 하는데 사전식 순서로 하면 $x>y$가 되고, 그 반대는 $x<y$가 된다. 먼저 $x>y$의 순서를 따라보자.

$S(f,\ y-x)=-f-xy(y-x)=-g$;; 축소된 항이 없음. 새로운 정보가 없음.

$S(g,\ y-x)=-g-y^2(y-x)=1-y^3$;; x항이 제거됨.

이 결과에 따라 $f(x,\ y)=g(x,\ y)=0$에 대한 근은 $y^3=1$을 만족하는 것이고

$S(f,\ g)$의 결과에 따라 $x=y$임을 알 수 있다. 결과적으로 S-다항식을 이용하여 구한 3개의 근은 다음과 같다 : $x=y=e^{2\pi ki/3}$, 단 $k=0,\ 1,\ 2$.

4) Groebner 기저 구하는 Burchberger 알고리즘

연립방정식 G와 사전식 순서가 주어졌을 때 G에 속하는 임의의 두 다항식 $f,\ g$에 대한 $S(f,\ g)=c$를 계산한다. 이때 G에 속하는 어떤 다항식에 적절한 값을 곱하여 c와 뺐을 때 최고차단항식(leading monomial)의 차수를 줄여나간다. 그 결과를 G로부터 축소된 c라 부른다. 더 이상 축소되지 않고 새로운 정보를 제공하지 않는 다항식을 G에 대하여 축소시키면 0이 된다. 앞에서 제시했던 예를 보면 $S(f,\ y-x)=-g$가 되었는데, 이것을 G에 대하여 다시 축소시키면 0이 된다. 이전의 다항식의 선도항의 차수를 줄이면서 새로운 정보를 제공하는 S-다항식 c를 G에 포함시킨다. 그리고 더 이상 축소되지 않을 때까지 이런 절차를 반복한다. 이렇게 되면 G의 크기는 계속 증가하고 유한번의 단계를 거쳐 알고리즘이 중단된다. (이것은 힐버트 기저 정리에 의하여 뒷받침된다.) 이렇게 하여 생성된 G를 Groebner 기저라 부른다. 정교한 알고리즘에 의하여 G의 크기가 단순 증가하는 것이 아니고 때때로 G의 크기가 약간 줄어지는 경우도 있다.

앞에서 소개한 미지수가 한 개인 연립방정식의 해를 구하는 GCD 방법에서 G로부터 생성된 S와 G의 모든 다항식의 $\gcd(f_1,\ f_2,\ \cdots,\ f_n)$를 포함한 G가 Groebner 기저가 된다. 그리고 미지수가 여러 개인 일차연립방정식의 해를 구하는 가우스 소거법의 경우에도 소거된 결과 나타나는 다항식 모두와 소거 과정에서 사용한 단항식의 순서가 곧 Groebner 기저가 됨을 확인할 수 있다.

5) Maple 실습

Maple을 이용하여 Groebner 기저를 구하는 연습을 해 보자. 먼저 Groebner 기저를 다루는 패키지를 로딩한다. 그런 다음 $f=x^2*y-1,\ g=x*y^2-1$이라 놓고 f와 g에 대한 S-다항식을 구해본다.

```
> restart;
> with(Groebner):
```

```
> f : =x^2 * y-1 ; g : =x * y^2-1 ;
```

$$f := x^2y-1$$
$$g := xy^2-1$$

```
> SPolynomial(f,g, plex(x, y)) ;
```

$$-y+x$$

```
> SPolynomial(f, -y+x, plex(x, y))
```

$$xy^2-1$$

```
> SPolynomial(g, -y+x, plex(x, y)) ;
```

$$-1+y^3$$

이제 단항식의 순서를 $x>y$로 놓았을 때 f와 g에 대한 Groebner 기저를 Buchberger 알고리즘에 따라 구하면 $S=\{f, g, x-y, y^3-1\}$이 된다. Maple에서 제공하는 Groebner[Basis] 명령어는 S에 포함된 다항식을 더 축소시킨 결과를 반환한다. 따라서 $S=\{x-y, y^3-1\}$이 된다. 만약 단항식의 순서를 $y>x$로 놓으면 y에 대한 소거가 진행되므로 결과는 $S=\{y-x, x^3-1\}$이 됨을 볼 수 있다.

```
> GB1 : =Basis({f, g}, plex(x, y)) ;
```

$$[-1+y^3, -y+x]$$

```
> GB2 : =Basis({f, g}, plex(y, x)) ;
```

$$[-1+x^3, y-x]$$

이제 $\{f, g\}$에 대한 해를 구해보자. 다음과 같이 solve 명령어를 사용하면 RootOf의 형태로 해를 구해준다.

```
> solve({f, g}, {x, y}) ;
```

$$\{x=1, y=1\}, \{y=\mathrm{RootOf}(\_Z^2+\_Z+1)\}, x=\mathrm{RootOf}(\_Z^2+\_Z+1)\}$$

이제 solve 명령어를 사용하여 f와 g에 대한 해를 구한 것과 마찬가지로 Groebner 기저를 사용하면 똑 같은 해를 계산할 수 있음을 살펴보자. 먼저 앞에서 구한 Groebner 기저 $GB2=[x^3-1,\ y-x]$의 두 번째 다항식을 y에 대하여 구한다.

```
> solve(GB2[2], {y});
```

$$\{y=x\}$$

명령어 assign을 사용하여 $y:=x$로 할당한다.

```
> assign(solve(GB2[2], {y}));
```

다항식 x^3-1의 해를 구한다.

```
> rootlist:=solve(GB2[1]);
```

$$rootlIst:=1,\ -\frac{1}{2}+\frac{1}{2}I\sqrt{3},\ -\frac{1}{2}-\frac{1}{2}I\sqrt{3}$$

마지막으로 각각의 x값에 대하여 $y=x$값을 구한다. 이것은 rootlist의 각 원소에 대하여 $[x,\ y]$값을 간소화하여 출력하면 된다.

```
> for x in rootlist do
['x' =x, 'y' =y]
end do;
```

$$[x=1,\ y=1]$$

$$\left[x=-\frac{1}{2}+\frac{1}{2}I\sqrt{3},\ y=-\frac{1}{2}+\frac{1}{2}I\sqrt{3}\right]$$

$$\left[x=-\frac{1}{2}-\frac{1}{2}I\sqrt{3},\ y=-\frac{1}{2}-\frac{1}{2}I\sqrt{3}\right]$$

6) 연립방정식 예제

자, 앞에서 설명한 방법을 사용하여 다음과 같은 연립방정식의 해를 구해보자. 먼저 연립방정식을 정의한다.

```
> polys:={ x^2+y^2-1, x-y-z, x+y-z^2 };
```

$$polys:=\{x^2+y^2-1,\ x-y-z,\ x+y-z^2\}$$

Groebner 기저를 구하고 인수분해한다.

```
> G := Basis(polys, plex(z,y,x));
```

$$G := [2x^4 - x^2 - 3x + 2x^3,\ 4x^3 + 2x^2 + 3y - 3x - 3,\ 3z - 4x^3 - 2x^2 + 3]$$

```
> G := factor(G);
```

$$G := [x(-1+x)(2x^2 + 4x + 3),\ 4x^3 + 2x^2 + 3y - 3x - 3,\ 3z - 4x^3 - 2x^2 + 3]$$

Groebner 기저의 세 번째 다항식을 z에 대하여 정리한다.

```
> solve(G[3], {z});
```

$$\left\{z = \frac{4}{3}x^3 + \frac{2}{3}x^2 - 1\right\}$$

Groebner 기저의 두 번째 다항식을 y에 대하여 정리한다.

```
> solve(G[2], {y});
```

$$\left\{y = -\frac{4}{3}x^3 - \frac{2}{3}x^2 + x + 1\right\}$$

위에서 z와 y에 대하여 정리한 대로 할당을 지정한다.

```
> assign({ solve(G[3],{z}), solve(G[2],{y}) });
```

그런 다음 Groebner 기저의 첫 번째 다항식을 x에 대하여 풀고 rootlist에 저장한다.

```
> rootlist := [ solve(G[1]) ];
```

$$rootlist := \left[0,\ 1,\ -1 + \frac{1}{2}I\sqrt{2},\ -1 - \frac{1}{2}I\sqrt{2}\right]$$

저장된 rootlist의 x값 각각에 대하여 y와 z의 값을 구하고 이 과정을 반복하여 출력한다.

```
> for x in rootlist do
simplify([ 'x'=x, 'y'=y, 'z'=z ]);
od;
```

$$[x = 0,\ y = 1,\ z = -1]$$

$$[x = 1,\ y = 0,\ z = 1]$$

$$\left[x=-1+\frac{1}{2}I\sqrt{2},\ y=-1-\frac{1}{2}I\sqrt{2},\ z=I\sqrt{2}\right]$$

$$\left[x=-1-\frac{1}{2}I\sqrt{2},\ y=-1+\frac{1}{2}I\sqrt{2},\ z=-I\sqrt{2}\right]$$

위의 결과는 다음과 같이 _EnvExplicit : = true의 옵션을 사용한 후에 solve 명령어를 사용하면 구할 수 있다. 그러나 solve 명령어를 사용하여 항상 연립방정식의 해를 구할 수 있는 것은 아니므로 주의해야 한다.

```
> _EnvExplicit : =true ;
> solve(polys, {x, y, z}) ;
```

$$\{y=0,\ x=1,\ z=1\},\ \{x=0,\ y=1,\ z=-1\},$$
$$\left\{z=-I\sqrt{2},\ x=-1-\frac{1}{2}I\sqrt{2},\ y=-1+\frac{1}{2}I\sqrt{2}\right\},$$
$$\left\{x=-1+\frac{1}{2}I\sqrt{2},\ z=I\sqrt{2},\ y=-1-\frac{1}{2}I\sqrt{2}\right\}$$

Groebner 기저를 사용하여 연립방정식을 해결하는 것은 유한번의 단계를 거쳐 해를 찾을 수 있다는 점과 어떤 경우에도 알고리즘으로 처리할 수 있다는 장점이 있지만 경우에 따라서 계산하는 시간이 매우 오래 걸린다는 단점이 있다. 이런 경우에는 전통적으로 미지수를 소거하는 기법인 resultant를 사용해 보길 바란다. 때로는 대수적인 해를 구하기보다 해석적인 방법을 사용하여 해의 근사치를 구하는 방법이 사용되기도 한다. 여기서는 resultant에 대하여 간단히 언급하고 Groebner 기저에 대한 소개를 마치도록 한다.

먼저 다음과 같이 두 개의 다항식을 정의한다.

```
> f : =8*x^3+24*x^2*y+24*x*y^2+8*y^3-21*x^2-54*x*y-21*
y^2+16*x+16*y ;
```

$$f := 8x^3+24yx^2+24xy^2+8y^3-21x^2-54xy-21y^2+16x+16y$$

```
> g : =5*x^2+6*x*y+5*y^2-12*x-12*y+8 ;
```

$$g := 5x^2+6xy+5y^2-12x-12y+8$$

다음과 같이 solve 명령어를 사용하여 한번에 해를 다 찾을 수 있다.

```
> solve({f, g}, {x, y}) ;
```

$$\left\{y=\frac{1}{4},\ x=\frac{5}{4}\right\},\ \left\{x=\frac{1}{4},\ y=\frac{5}{4}\right\},\ \left\{y=\frac{1}{2},\ x=\frac{1}{2}\right\},\ \{x=1,\ y=1\}$$

이번에는 Groebner 기저와 resultant를 사용하는 방법을 같이 소개한다. 먼저 Groebner 기저를 구하고 인수분해한다.

```
> with(Groebner) :
> G : =Basis({f, g}, plex(y, x)) ;
```

$$G := [64x^6-468x^3+225x^2+516x^4-54x+5-288x^5,\\ 9y-256x^5-1264x^3+684x^2+960x^4-127x-6]$$

```
> G : =factor(G) ;
```

$$G := [(-1+4x)(-5+4x)(-1+2x)^2(-1+x)^2,\\ 9y-256x^5-1264x^3+684x^2+960x^4-127x-6]$$

만약 Groebner 기저를 구하는데 시간이 너무 오래 걸리는 경우에 다음과 같이 resultant 명령어를 사용하는 방법을 고려한다. Resultant를 소개하기 위하여 다음과 같이 연립방정식 $f(x,\ y)=g(x,\ y)$를 미지수 y에 대하여 다음과 같이 정리한다.

$$f=f_m(x)y^m+\ \cdots\ +f_1(x)y+f_0(x)$$

$$g=g_n(x)y^n+\ldots+g_1(x)y+g_0(x)$$

미지수 y를 소거하기 위하여 다음과 같은 행렬식을 구한다. 먼저 첫 행에는 f의 계수들을 먼저 넣고 나머지는 0으로 채운다. 다음에 이어지는 행들은 전의 행의 성분들을 오른쪽으로 한열씩 옮기고 비워진 성분은 0으로 놓는다. 이 과정을 가장 오른쪽의 성분이 $f_0(x)$가 될 때까지 계속한다. 다음 행부터는 위의 과정을 g의 계수들로서 행하여 행렬을 만든다. 이 행렬의 행렬식이 다항식 f와 g에 대한 resultant이다. 이 resultant로 구한 다항식의 해가 곧 원래 연립방정식의 해가 된다.

앞서 정의한 f와 g를 미지수 y에 대한 resultant 명령어를 다음과 같이 실행하면 y를 소거한 것을 알 수 있다.

```
> R : =resultant(f, g, y) ;
```

$$R := 4096x^6 + 14400x^2 + 33024x^4 - 18432x^5 - 29952x^3 - 3456x + 320$$

이제 y를 소거시킨 다항식을 인수분해하면 Groebner 기저를 인수분해한 결과와 일부 일치하는 것을 볼 수 있다. 마지막으로 solve 명령어를 사용하여 x값을 구한 후에 y를 구하면 원래 연립방정식 f와 g에 대한 해를 찾게 되는 것이다.

```
> R : =factor(R) ;
```

$$R := 64(-1+4x)(-5+4x)(-1+2x)^2(-1+x)^2$$

```
> solve(R) ;
```

$$\frac{1}{4},\ \frac{5}{4},\ 1,\ 1,\ \frac{1}{2},\ \frac{1}{2}$$

5.4 이산수학 : 그래프 다루기

이산구조를 다루는 이산수학에서 등장하는 것이 그래프와 트리 구조이다. 예를 들면 도로망, 전산망, 인간관계, 사회조직, 데이터 구조, 분자 구조, 생물유전자 관계 등을 그래프로 표현할 수 있다. 그래프를 이용하면 이러한 이산적 구조를 가진 수학 문제를 해결하는데 매우 유용하다. Maple에서 제공하는 networks 패키지를 사용하여 그래프를 생성하고 문제해결을 하는 예를 살펴보기로 하자.

1) 그래프 만들기

그래프는 $G=(V, E)$에서 V는 공집합이 아닌 정점들의 집합이고, E는 간선으로서 방향성이 없는 떨어진 정점들의 순서쌍의 집합으로 정의할 수 있다. 먼저 **with(networks)** 명령어를 사용하여 패키지를 불러온다. 그리고 1부터 5까지의 정점을 집합 V로 생성하고 간선을 순서쌍으로 표시하여 E로 만든다.

```
> with(networks) :
> V : ={seq(i,i=1..5)} ;
  E  : ={{1, 2}, {1, 3}, {1, 4}, {1, 5}, {2, 3}, {3, 4}, {4, 5}} ;
```

$$V := \{1,\ 2,\ 3,\ 4,\ 5\}$$
$$E : \{\{1,\ 2\},\ \{1,\ 3\},\ \{1,\ 4\},\ \{1,\ 5\},\ \{2,\ 3\},\ \{3,\ 4\},\ \{4,\ 5\}\}$$

V와 E를 graph 명령어를 사용하여 그래프 G를 만든다.

```
> G  : =graph(V, E) :
```

그래프 G를 화면에 출력하기 위하여 draw3d 명령어를 사용한다. 화면에 보이는 그래프의 출력은 3차원그래프이므로 마우스를 이용하여 원하는 곳을 돌려가면서 그래프의 구조를 볼 수 있다.

```
> draw3d(G) ;
```

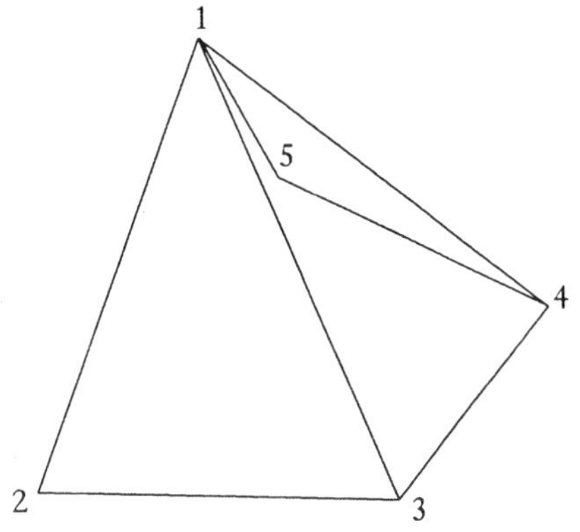

이 그래프에 대한 정점의 집합과 간선의 집합을 조사해 본다.

```
> vertices(G) ;
```

$$\{1,\ 2,\ 3,\ 4,\ 5\}$$

```
> edges(G) ;
```

$$\{e1,\ e2,\ e3,\ e4,\ e5,\ e6,\ e7\}$$

그래프 G에 대한 간선의 집합을 정점의 순서쌍으로 출력하기 위하여 ends 명령어를 사용한다.

```
> ends(G) ;
```

$$\{\{1, 2\}, \{1, 4\}, \{1, 5\}, \{2, 3\}, \{3, 4\}, \{4, 5\}, \{1, 3\}\}$$

또한 그래프 G에 vdegree 명령을 사용하여 무방향그래프(undirected graph)의 차수(degree)를 구할 수 있다. 그래프 *G*의 모든 정점에 대하여 차수를 구할 때에는 degsequence 명령어를 사용한다.

```
> vdegree(1, G) ;
```

$$4$$

```
> degreeseq(G) ;
```

$$[2, 2, 3, 3, 4]$$

그래프 *G*의 모든 정점에 대하여 차수에 대하여 홀수에 해당되는 것을 골라낼 때에는 select 명령어를 사용한다. 그리고 nops 명령어를 사용하여 원소의 개수를 구해 본다.

```
> select(type, %, 'odd') ;
```

$$[3, 3]$$

```
> nops(%) ;
```

$$2$$

2) 부분 그래프 만들기

이미 만들어진 그래프 *G*의 정점 2와 5를 잇는 간선을 추가하고 싶다면 다음과 같이 addedge({2,5}, *G*) ; 명령어를 실행하고 다시 draw3d 명령어로 *G*를 출력해 본다. 정점을 추가하고 싶을 때에는 addvertex 명령어를 사용한다.

```
> addedge({2, 5}, G) :
> draw(G) ;
```

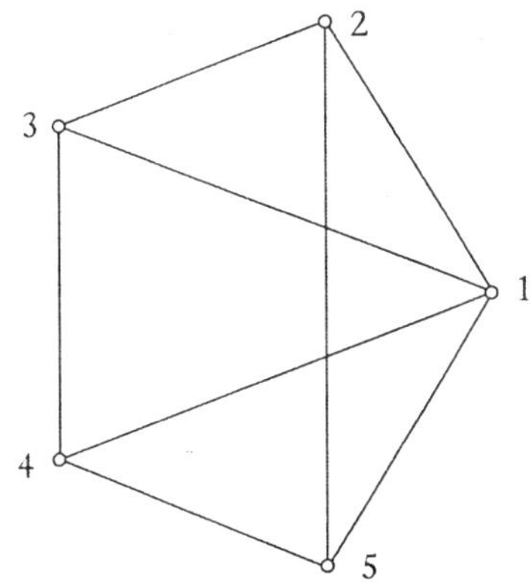

그래프 G에서 정점 1, 4, 5와 각 정점에 딸린 간선으로 구성된 그래프를 만들어 보자. 명령어 induce를 사용하여 다음과 같이 G의 부분 그래프 $G1$을 만들고 화면에 출력해 본다.

```
> G1 : =induce({1, 5, 4},G) :
draw(G1) ;
```

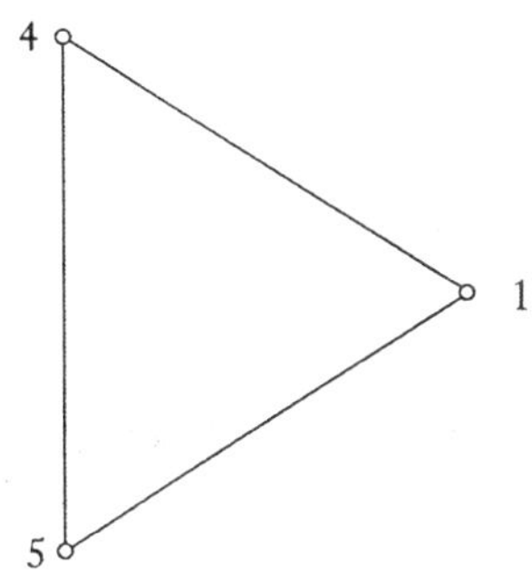

3) 오일러 경로(한붓 그리기)

임의의 무방향성 그래프에 대하여 한붓그리기를 할 수 있는지 알아보는 문제는 매우 흥미롭다. 쾨닉스버그에서 등장한 한붓 그리기 문제는 그래프의 모든 간선을 한 번만 지나갈 수 있는지 알아보는 문제이다. 이와 같이 한붓 그리기가 가능한 경로를 오일러 경로라고 부른다. 전산망 또는 도로망을 그래프로 표현했을 때 모든 간선을 한 번만 지나가도록 할 수 있는 경로가 있는지 찾을 때 오일러 경로 문제로 해결할 수 있다. 예를 들어 눈이 내린 어느 도시에 모든 거리의 눈을 치울 때 오일러 경로 문제가 사용된다.

주어진 그래프에 대하여 오일러 경로가 존재하는지에 대한 문제는 오일러에 의하여 다음과 같이 증명되어 있다. 그래프의 각 정점에서 간선의 개수(차수)를 구한 다음 홀수개의 차수의 개수가 0 또는 2이면 그 그래프는 한붓 그리기가 가능하다. 역 또한 성립된다. 이 증명 결과를 이용하여 먼저 오일러 경로를 가지고 있는지를 판별할 수 있는 프로시저를 다음과 같이 정의한다.

```
> isEuler : =proc(vnum,edgeset)
local oddvertex,G ;

with(networks) :
new(G) :

addvertex(seq(i, i=1..vnum), G) ;
addedge(edgeset, G) ;
oddvertex : =nops(select(type, degreeseq(G), 'odd')) ;

if oddvertex=0 or oddvertex=2 then
     printf("Yes, We have an Euler path")
else printf("No Euler path!")
end if ;
  draw(G) ;
  end proc ;

> isEuler (4, [{1, 2}, {1, 3}, {1, 4}, {2, 3}, {2, 4}, {3, 4}]) ;
No Euler path!
```

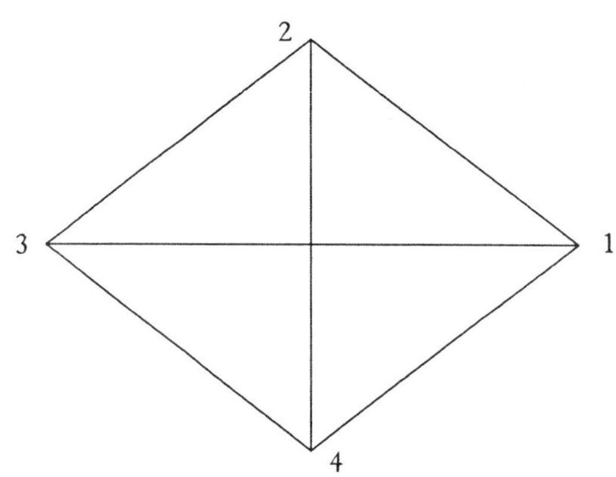

```
> isEuler (5, [{1, 2}, {2, 1}, {2, 3}, {3, 2}, {3, 4}, {4, 3}, {4, 5}, {5, 4}, {5, 1}, {1,
  5}, {2, 5}, {2, 4}, {3, 5}]) ;
```

Yes, We have an Euler path

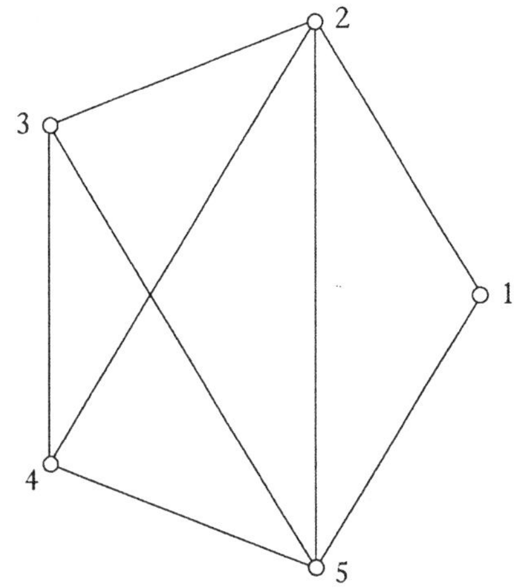

오일러 회로와 경로의 판별은 매우 쉽지만 오일러 경로를 찾기는 쉽지 않다. 만약 오일러 경로가 존재한다면 홀수개의 차수를 가진 각 정점별로 실질적인 경로를 표시한다. 먼저 어떤 간선을 지난 후엔 그 간선을 하나씩 지워 나가며 각 정점의 차수의 범위 안의 난수를 생성해 임의로 간선을 선택해 나가도록 한다. 만약 모든 간선이 사라지기 전에 지울 수 있는 간선이 없어진다면 다시 처음부터 시도할 것이다. 이런 방식으로 결국 모든 간선을 다 지울 수 있다면 오일러 경로를 찾은 것이고, 그 경로를 화면으로 출력해준다. 만약 중간에 간선 하나만 잘못 들어서도 오일러 경로를 찾지 못할 수 있기 때문에 알고리즘을 설계할 때 주의해야 한다. Maple 프로시저를 사용하여 오일러 경로 찾기 알고리즘을 작성해 보자.

4) 최소비용 트리 찾기

그래프에서 각 간선에 가중치가 주어졌을 때 모든 정점을 잇는 트리 중에서 최소 비용을 가진 트리를 찾아보자. 트리는 그래프 중에서 사이클이 없는 것이다. 이런 트리를 구하는 것은 최소 비용으로 모든 정점을 방문하는 문제에 적용시킬 수 있다.

트리를 만들기 위하여 그래프 만들기와 같은 방식을 사용한다. 다음과 같이 트리를 생성하고 가중치를 weights 옵션을 사용하여 지정해 보자. 그리고 draw 명령어를 사용하여 트리의 모양을 확인한다.

```
> new(S1) :
> addvertex({a, b, c, y, z}, S1) ;
```

$$a, \; y, \; c, \; b, \; z$$

```
> addedge([{a, b}, {b, c}, {b, y}, {c, z}, {y, z}], weights=[4, 3, 2, 3, 1], S1)
```

$$e1, \; e2, \; e3, \; e4, \; e5$$

```
> draw(S1) ;
```

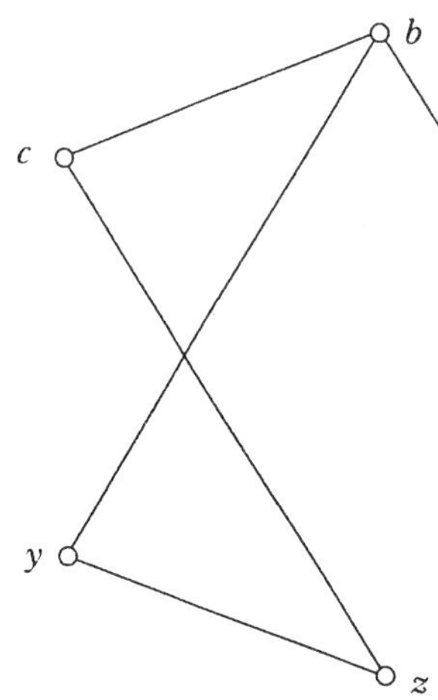

그래프의 간선에 대한 가중치를 확인하기 위하여 eweight 명령어를 사용하면 표(table) 자료구조의 양식으로 가중치를 출력한다.

```
> eweight(S1) ;
```

$$table([e3=3, \; e2=2, \; e7=1, \; e4=3, \; e6=3, \; e5=2, \; e1=4]))$$

다음과 같이 그래프 $S1$의 정점 a에서 최소비용을 가진 간선을 구성하는 트리를 구하고 그림으로 출력해 본다. 여기서 사용된 shortpathtree 명령어는 Dijkstra의 알고리즘을 구현한 것이다.

```
> T1 := shortpathtree(S1, a) :
  draw(T1) ;
```

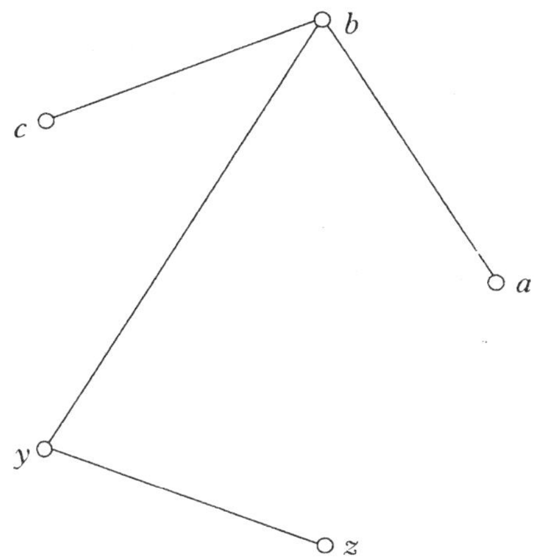

최소비용 트리 $T1$의 정점 a에서 다른 정점 z까지의 최소비용을 구하기 위하여 다음과 같이 입력해 보면 정점 a에서 정점 z에 이르는 간선의 가중치의 합이 6이 됨을 알 수 있다.

```
> vweight(z, T1) ;
```

$$7$$

만약 최소비용 트리 $T1$의 두 정점에 대한 간선의 가중치를 모두 조사하고 싶다면 다음과 같이 allpairs 명령어를 사용해 보라. 결과는 표(table) 형식으로 출력된다.

```
> allpairs(T1) ;
```

$$table([a, b]=4, (y, y)=0, (b, a)=4, (z, c)=6, (c, b)=3,$$
$$(y, b)=2, (z, b)=3, (c, y)=5, (a, y)=6, (b, b)=0,$$
$$(c, c)=0, (z, a)=7, (z, z)=0, (y, a)=6, (a, z)=7,$$
$$(c, a)=7, (z, y)=1, (c, z)=6, (b, c)=3, (a, a)=0,$$
$$(y, z)=1, (b, z)=3, (a, c)=7, (b, y)=2, (y, c)=5])$$

5.5 통계 패키지

Maple에서는 통계학 관련 데이터분석이나 조작에 관련된 패키지로 stats가 내장되어 있다. stats 패키지에는 다음과 같은 부패키지(subpackage)들이 정의되어 있다.

```
> with(stats) ;
```

$$[anova,\ describe,\ fit,\ importdata,\ random,\ statevalf,\ statplots,\ transform]$$

예를 들어, 두 쌍의 데이터 3, 4, 7과 1, 4, 9의 표준편차를 구해보자. Maple에서 표준편차는 stats 패키지의 부패키지 describe에 standarddeviation으로 정의되어 있다.

```
> data1 : =[3,4,7] :
> data2 : =[1,4,9] :
> [describe[standarddeviation](data1), describe[standarddeviation](data2)] ;
```

$$\left[\frac{1}{3}\sqrt{26},\ \frac{7}{3}\sqrt{2}\right]$$

```
> map(evalf, %) ;
```

$$[1.699673171,\ 3.299831644]$$

또한 통계학에서 자주 쓰이는 중요한 확률분포들도 정의되어 있으며 데이터의 그래프 표현이나 분석 결과들의 그래프 표현도 가능하다. 예를 들어, 이산확률변수로 정의되는 이항분포는 binomiald[n, p]와 같이 정의되어 있다. 여기서 n은 베르누이 시행횟수이며, p는 성공률이다. 예를 들어, 성공률 0.6인 20번의 베르누이 시행에서 7번 성공할 확률은 확률함수(pf)를 구하는 statevalf를 사용하여 다음과 같이 구한다.

```
> statevalf[pf, binomiald[20,0.6]](7) ;
```

$$0.01456305213$$

```
> statevalf[pf, binomiald[1000,0.01]](2) ;
```

$$0.002200187540$$

모수가 λ인 포아송분포는 poisson[λ]이다.

```
> statevalf[pf, poisson[10]](2) ;
```

$$0.002269996488$$

이항분포 binomiald[1000,0.01]과 poisson[10]은 거의 같음을 알 수 있다.

```
> f : =statevalf[pf,poisson[5]] :
> seq(f(n), n=1..10) ;
```

$$0.03368973500,\ 0.08422433749,\ 0.1403738958,$$
$$0.1754673698,\ 0.1754673698,\ 0.1462228081,$$
$$0.1044448630,\ 0.06527803935,\ 0.03626557742$$
$$0.01813278871$$

이산확률함수를 다음과 같이 계단함수(floor)로 plot할 수 있다.

```
> plot(f(floor(x)), x=1..10, numpoints=1000) ;
```

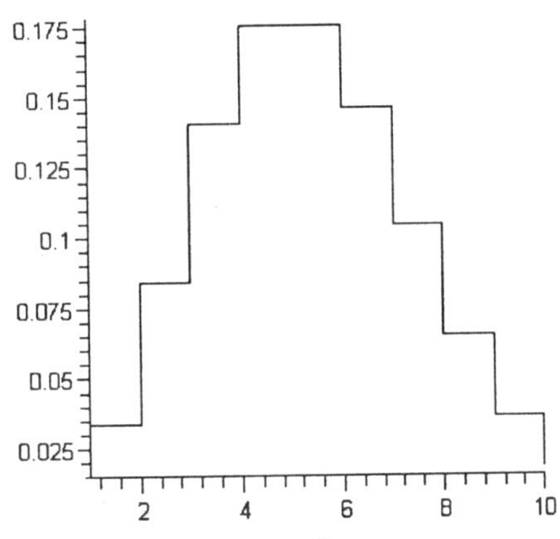

이외에도 많은 이산확률분포가 정의되어 있다.

연속인 확률분포도 stats 패키지 안에 내장되어 있다. 평균과 분산이 μ, σ^2인 정규분포는 normald[μ, σ^2]와 같이 정의되어 있다. 확률밀도함수는 pdf(probability distribution function), 누적분포함수는 cdf(cumulative distribution function), 역분포함수는 icdf(inverse cumulative distribution function)를 사용하여 확률값을 계산

하고 plot할 수 있다.

예를 들어, 표준정규분포의 확률밀도함수, 분포함수, 역분포함수를의 각 확률값과 확률 그래프를 plot하여 보면 다음과 같다.

```
> f1 : =statevalf[pdf, normald[0,1]] :
> f2 : =statevalf[cdf,normald[0,1]] :
> f3 : =statevalf[icdf,normald[0,1]] :
> f1(1), f2(1), f3(0.841) ;
```

0.2419707245, 0.8413447461, 0.998576270

```
> statevalf[pdf,normald](1.0) ;
```

0.2419707244

```
> f3(f2(3)) ;
```

3.000000007

```
> plot({f1(x), f2(x)}, x=-4..4) ;
```

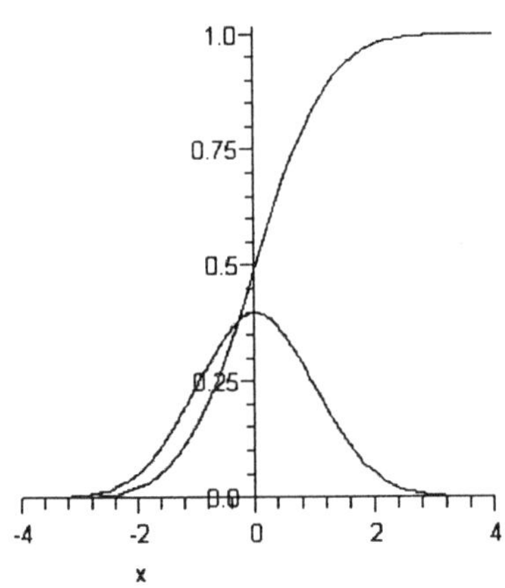

```
> plot(f3(x), x=0..1, -3..3) ;
```

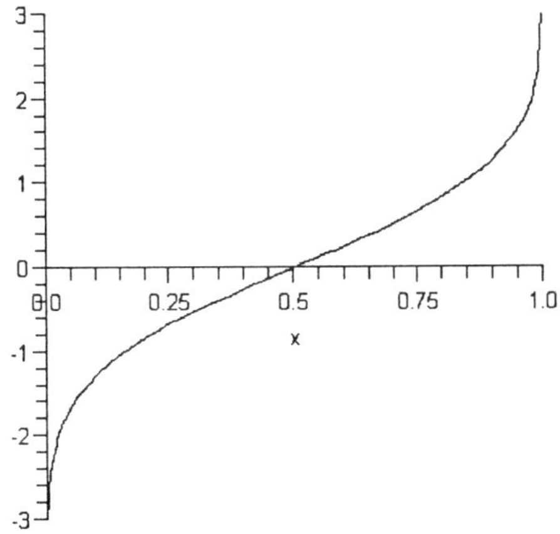

모수가 α, β인 감마분포는 gamma[α, β]이다. 모수가 α가 다른 3개의 감마분포의 확률밀도함수를 동시에 plot하여 보자.

```
> f1 : =statevalf[pdf,gamma[1,1]] :
> f2 : =statevalf[pdf,gamma[2,1]] :
> f3 : =statevalf[pdf,gamma[3,1]] :
> plot({f1(x),f2(x), f3(x)}, x=0..10) ;
```

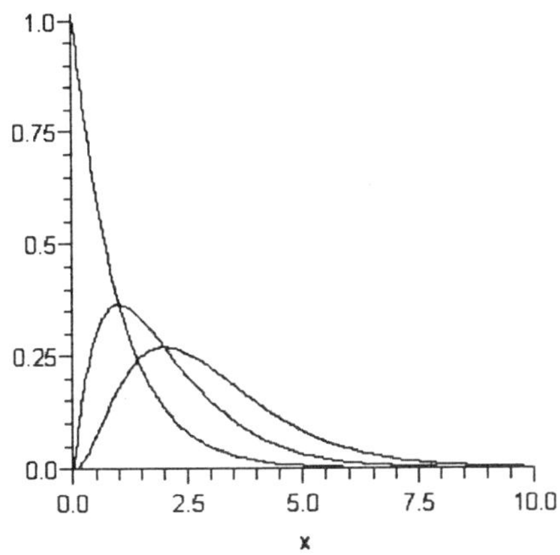

자유도가 n인 카이제곱분포는 chisquare[n]이다. 예를 들어, X가 카이제곱분포

에 따르는 확률변수라고 할 때, 자유도가 4인 확률 값은 $P(X \leq 8)$은 다음과 같다.

```
> statevalf[pdf, chisquare[4]](8) ;
```

$$0.03663127778$$

또한 자유도가 4인 카이제곱분포의 누적분포함수는 다음과 같이 정의할 수 있으며, 그 확률밀도함수를 plot하면 다음과 같다.

```
> f : =statevalf[pdf, chisquare[4]] :
> plot(f(x), x=0..10) ;
```

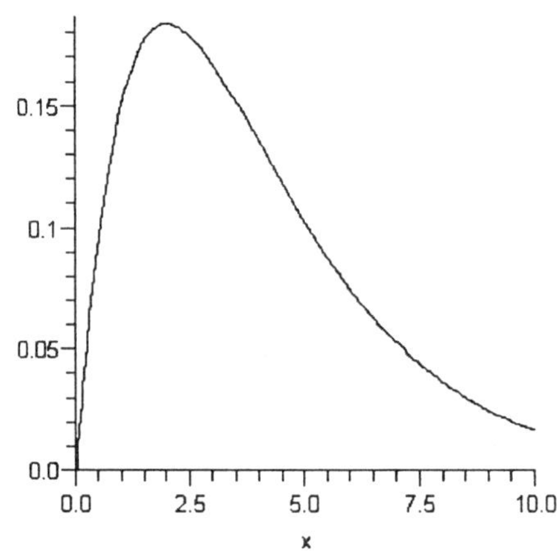

stats 패키지의 statplots 부패키지에는 통계그래프를 plot할 수 있는 명령어들이 정의되어 있다.

```
> with(statplots) ;
```

$$[boxplot,\ histogram,\ scatterplot,\ xscale,\ xshift,\ xyexchange,\ xzexchange,\ yscale,\ yshift,\ yzexchange,\ zscale,\ zshift]$$

여기서 boxplot은 상자그림, histogram은 히스토그램, scatterplot은 산점도 등을 plot하는 명령어들이다(더욱 상세한 것은 온라인 Help 기능을 참조).

예를 들어, 주어진 데이터를 히스토그램으로 plot하여 보자.

```
> data : =[ -2.0, -.8, 1.7, 2.0, .5, .74, -.05, .7, .8, .6, .6, .5, .59, -1.3, .04,
-.46, -.48, 1.6, .78, .53, -.5, -.2, -.2, .2, -.14] :
> histogram(data, area=count) ;
```

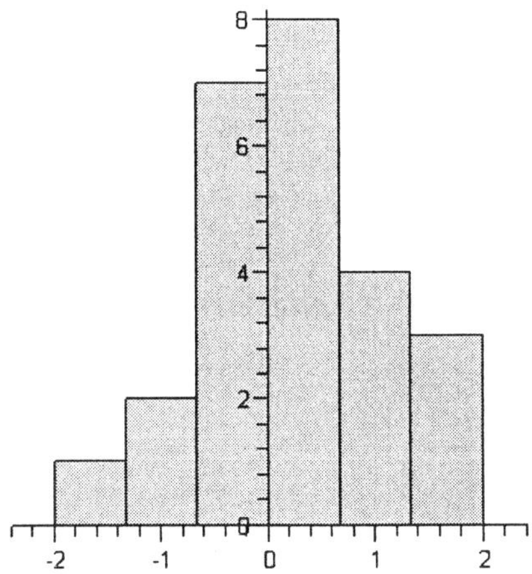

다음은 위의 데이터를 히스토그램과 표준정규분포를 동시에 plot한다.

```
> histogram(data, color=gray, area=1) :
> plot(stats[statevalf,pdf,normald], -3..3, color=red) :
> plots[display]({%,%%}) ;
```

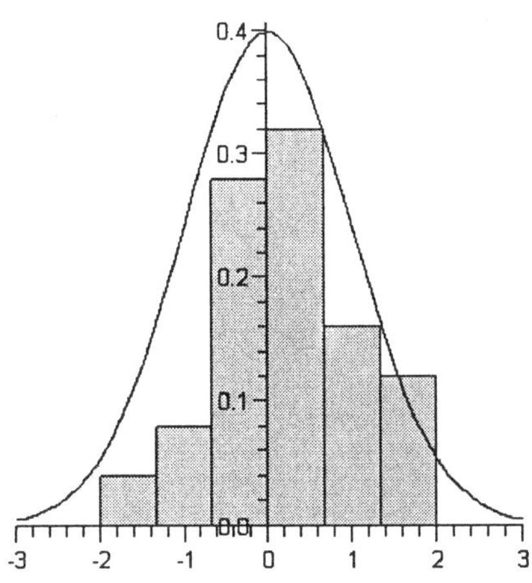

또한 50개의 표준정규분포의 평균이 1, 분산이 4인 두 개의 정규분포난수를 생성하여 동시에 plot하면 다음과 같다.

```
> data1 : =[random[normald[0,1]](50)] :
> data2 : =[random[normald[1,4]](50)] :
> boxplot(data1, data2, axes=FRAMED, color=red) ;
```

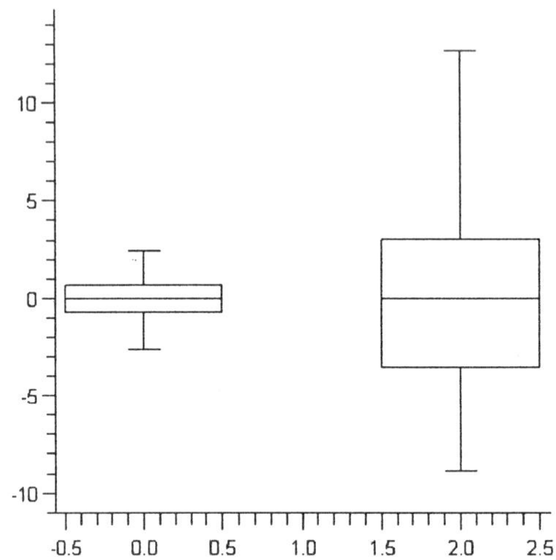

다음은 지수분포와 카이제곱분포를 50개씩 생성하여 동시에 plot한다.

```
> data3 : =[random[exponential[1,1]](50)] :
> data4 : =[random[chisquare[5]](50)] :
> boxplot(data1, data2, data3, data4, axes=FRAMED, color=black) ;
```

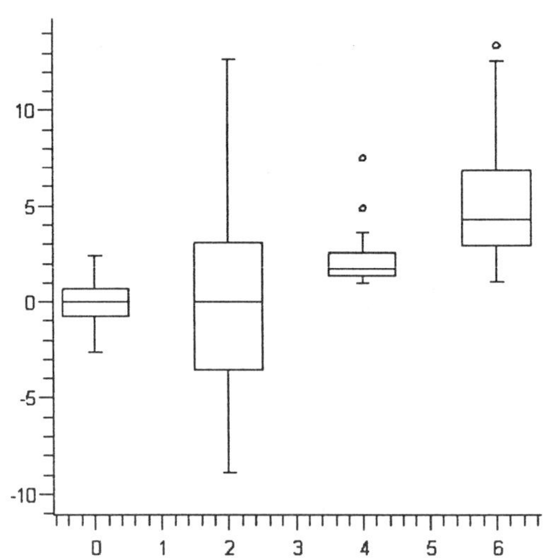

물론 2변수 데이터를 scatterplot 명령어로 산점도를 plot할 수도 있다.

```
> scatterplot(data1,data2, color=red, symbol=circle);
```

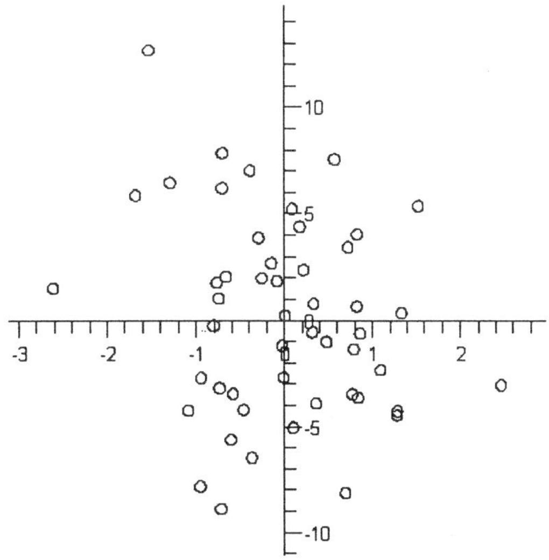

회귀직선이나 곡선을 적합시킬 수도 있다. 통계패키지 stats의 부패키지 fit의 함수 leastsquare는 최소제곱법으로 주어진 데이터를 하나의 곡선으로 적합시킨다. 그 적합된 곡선(방정식)은 반드시 미지의 모수들 사이에서 선형이다. 방정식 그 자체는 선형일 필요는 없다.

```
> with(stats): with(describe): with(fit):
> xvals:=[3.8, 4.1, 5.2, 4.5, 5.6, 4.9, 1.1, 5.4, 2.1, 1.0, 6.5, 1.4]:
> yvals:=[56, 56, 40, 46, 45.5, 38, 32, 31, 50, 18, 30, 45.8]:
> describe[mean](xvals);
```

$$3.800000000$$

```
> describe[standarddeviation](xvals);
```

$$1.839836949$$

먼저 일차회귀직선을 구하고 데이터와 함께 plot하여 보자.

```
> with(plots):
> points:=pointplot(zip((x,y)-> [x,y], xvals, yvals)):
> eq1:=leastsquare[[x,y], y=a*x+b, {a,b}]([xvals, yvals]);
```

$$eq1 := y = 0.6789758740x + 38.11155835$$

```
> curve1 : =plot(rhs(eq1), x=0..6) :
> display([points, curve1]) ;
```

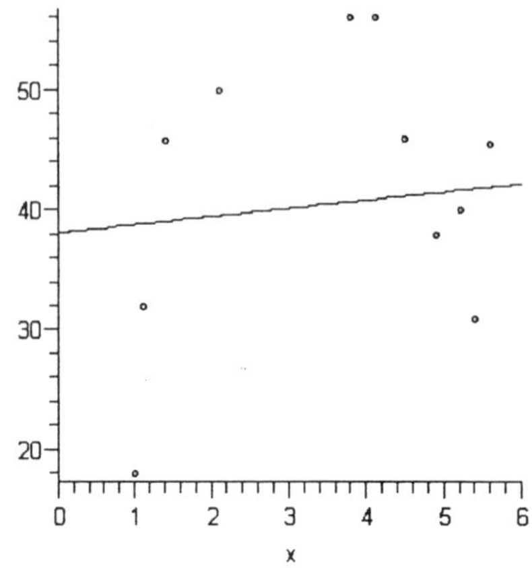

예를 들어, 모수가 a, b, c일 때, $y=ax^2+bx+c$는 독립변수 x에 관해서는 비선형이지만 회귀모수가 a, b, c 사이에서는 선형임을 알 수 있다. 2차 회귀곡선을 구하고 데이터와 plot하여 보자.

```
> eq2 : =leastsquare[[x,y], y=a * x^2+b * x+c, {a,b,c}]([xvals, yvals]) ;
```

$$eq2 := y = -3.295535618x^2 - 23.59000680x + 9.792563205$$

```
> curve2 : =plot(rhs(eq2), x=0..6) :
> display([points, curve2]) ;
```

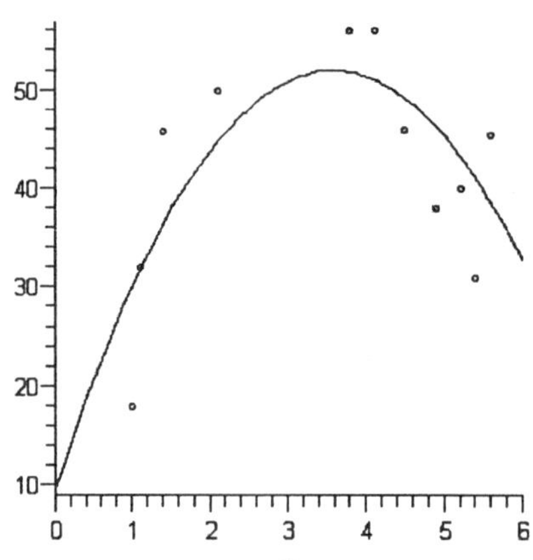

마지막으로 4차 회귀곡선을 구하고 데이터와 plot하여 보자.

```
> eq3 : =leastsquare[[x,y], y=a * x^4+b * x^3+c * x+d, {a,b,c,d}]([xvals, yvals]) ;
```

$$eq3 := y = 0.2216254201x^4 - 2.135804283x^3 + 35.43691774x - 7.142582611$$

```
> curve3 : =plot(rhs(eq3), x=0..6) :
> display([points, curve3]) ;
```

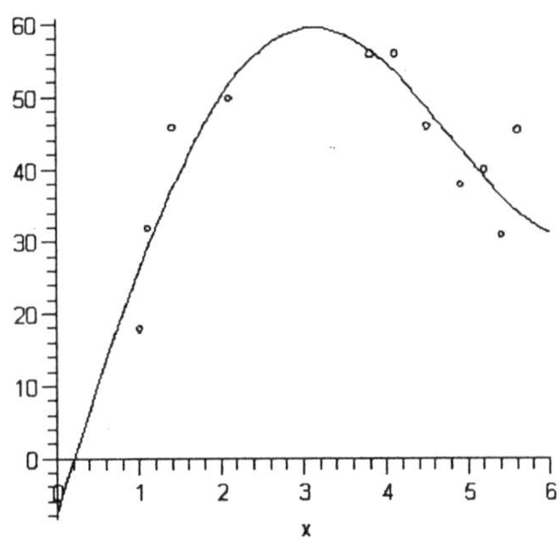

세 모집단 이상의 평균을 동시에 비교하기 위해 주로 분산분석(Analysis of Variance, ANOVA)법이 사용된다. Maple의 통계패키지 stats의 부패키지 anova에는 일원배치분산분석법인 oneway가 정의되어 있다.

```
> with(stats[anova]) :
> with(stats[describe]) :
> data1 : =[22.2, 97.8,29.1,37.0,35.8,44.2,82.0,56.0,9.3,19.9,39.5,12.8,37.4] :
> data2 : =[15.1,23.2,10.5,13.9,9.7,19.0,19.8,9.1,30.1,15.5,10.3,11.0] :
> data3 : =[10.2,11.3,11.4,5.3,14.5,11.0,13.6,33.4,25.0,27.0,36.3,17.7] :
```

3개의 데이터의 평균은 다음과 같다.

```
> map(mean, [data1, data2, data3]) ;
```

$$[40.23076923, 15.60000000, 18.05833333]$$

이 데이터를 근거로 분석이 가능하다.

```
> data : =[data1, data2, data3] :
> R : =oneway(data) ;
```

$R := [[2,\ 4654.155573,\ 2327.0777865],\ [34,\ 9479.396859,\ 278.80578997],$
$[36,\ 14133.552432]],\ [2,\ 34,\ 8.3465906025,\ 099887539681]$

처리제곱합(SSt)은 4654.16, 오차제곱합(SSE)은 9479.40, 총제곱합(SST)은 14133.55임을 알 수 있다. F통계량은 $F=\dfrac{MSt}{MSE}=8.35$이다.

```
> Ratio : =%[2] ;
```

$$Ratio := [2,\ 34,\ 8.3465906025,\ 0.99887539681]$$

자유도가 (2, 34)일 때 $F_{0.05}(2,\ 34)=3.28$이므로 $F>F_{0.05}(2,\ 34)$이고, 따라서 귀무가설은 유의수준 5%에서 기각된다. 이 사실은 $1-\alpha=0.999$, 즉 유의확률이 약 0.001이므로 유의수준이 0.05이거나 0.01일 때 귀무가설이 귀각된다.

같은 방법으로 네 개의 집단에 대한 분산분석을 실행하여 보자.

```
> dat1 : =[90.2, 90.0, 89.5] :
> dat2 : =[89.8,90.5,90.8,91.3] :
> dat3 : =[91.6,91.4,91.2] :
> dat4 : =[90.8, 90.3,90.4] :
> map(mean, [dat1, dat2, dat3, dat4]) ;
```

$$[89.90000000,\ 90.6000000,\ 91.40000000,\ 90.50000000]$$

```
> dat : =[dat1, dat2, dat3, dat4] :
> R : =oneway(dat) ;
```

$R := [[3,\ 3.42000,\ 1.1400000000],\ [9,\ 1.66000,\ 0.18444444444],$
$12,\ 5.08000]],\ [3,\ 9,\ 6.1807228917,\ 0.98557599607]$

```
> Ratio : =%[2] ;
```

$$Ratio := [3,\ 9,\ 6.1807228917,\ 0.98557599607]$$

즉 유의확률이 0.014(=1−0.986)이므로 유의수준이 0.05일 때 귀무가설이 기각되지만 0.01일 때는 대립가설이 기각된다.

통계량으로 비교하면, F통계량은 $F=\dfrac{MSt}{MSE}=6.18$이다. 자유도가 (2, 34)일 때 $F_{0.05}(3,\ 9)=3.86$이므로 유의수준이 0.05일 때 귀무가설은 기각된다.

CHAPTER 6

그래픽스

수학 문제를 시각화하여 해결해나가는 것은 문제를 이해하는데 매우 효과적인 방법이다. Maple의 그래픽스(Graphics)에는 몇 가지 형식이 있다. 예를 들어 2차원이나 3차원 plot[1])은 조건에 따라 여러 가지 변화를 주면서 조사할 수 있다. 3차원 plot에서는 보는 각도도 자유롭게 바꿀 수 있다. Maple에서는 음함수, 매개변수 표시 함수, 극좌표 형식 등의 좌표계에서도 plot할 수 있다. Maple의 그래픽스 기능은 유연성이 풍부하므로 많은 경우에 유용하게 사용할 수 있다. 이 장에서는 자주 사용되는 수학적 계산에 도움을 주고 또한 유용하게 쓰이는 2차원, 3차원 그래프와 애니메이션 등의 그래픽스기능에 관하여 설명한다. 보다 상세한 그래픽스 기능에 대해서는 각 Help 기능을 참조한다. 2차원과 3차원의 그래픽스는 다음과 같은 형식이다.

2차원 그래픽스 : plot(식, 변수=범위, 옵션) ;

3차원 그래픽스 : plot3d(식, 변수1=범위, 변수2=범위, 옵션

1) 플롯 : 그래프, 도표, 도면 등을 작성하는 것

6.1 2차원 그래픽스

주어진 함수 $y=f(x)$를 plot하기 위해서는 1장에서 설명하였듯이 범위를 지정할 필요가 없는 smartplot과 반드시 변수의 범위를 지정해야 하는 plot 명령어가 있다. 예를 들어, $y=\sin(x)$의 그래프를 plot하고자 할 때에는 x의 범위를 지정한다.

```
> plot(sin(x), x = -2 * Pi..2 * Pi) ;
```

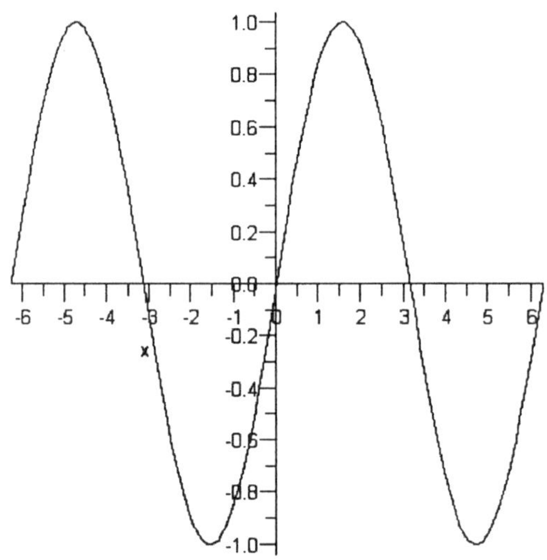

plot 화면상의 그래프의 한 점을 클릭하면 그래프 창의 왼쪽 상단에 그 점에 해당되는 좌표가 표시되어 그 점의 위치를 알 수 있다. 또한 명령어 plot 안의 수식이나 문자를 다양하게 바꾸어 새로운 그래프를 plot할 수 있다(자세한 것은 ?plot,options를 참조). Maple은 사용자가 정의한 함수를 plot도 가능하다.

```
> f : =x -> 7 * sin(x) +sin(7 * x) ;
```

$$f := x \to 7\sin(x)+\sin(7x)$$

```
> plot(f(x), x=0..10) ;
```

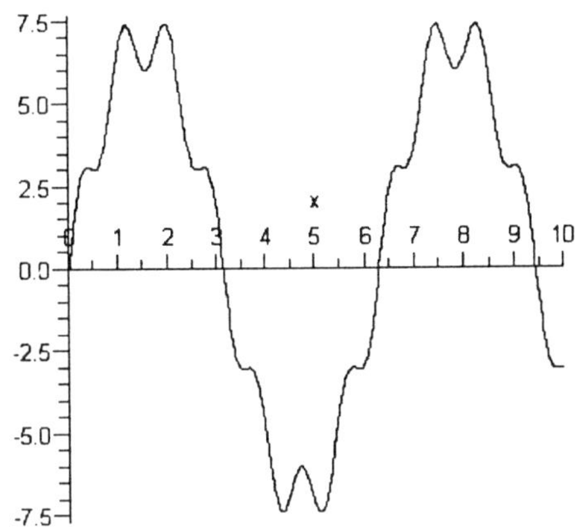

앞의 그래프는 사용자가 정의하여 사용하는 그래프를 plot한 것인데 어떠한 함수를 정의하더라도 함수 정의의 규칙과 그래프의 문법을 따르면 모두 plot할 수 있다. Maple에서 그래프의 구현시 반드시 원점을 그 출발점으로 하지 않고 범위를 지정함으로써 원하는 부분부터 그래프를 plot할 수도 있다. 다음의 예는 위의 함수 $f(x)$를 x축은 0부터 10까지, y축은 4부터 8까지 plot한 것이다.

```
> plot(f(x), x=0..10,y=4..8) ;
```

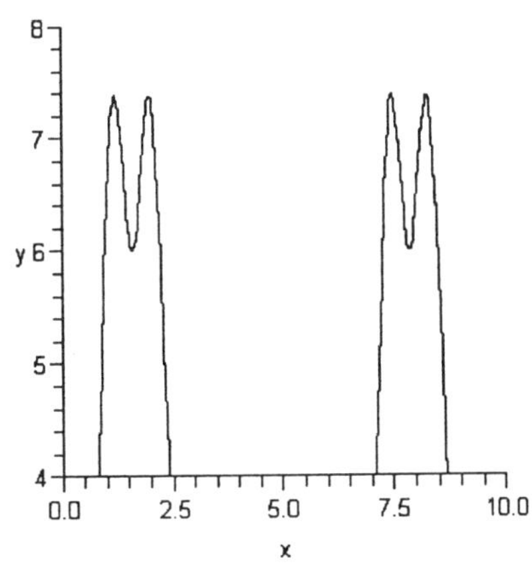

Maple에서는함수의 정의역이 무한대(infinity)인 경우에도 plot할 수 있다.

```
> plot(sin(x)/x,x=0..infinity) ;
```

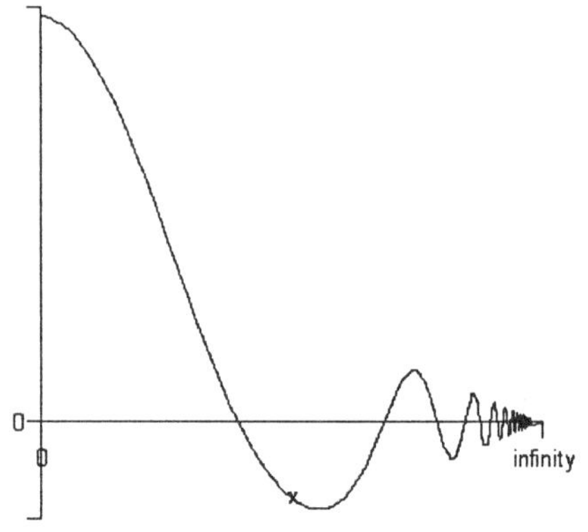

1) 매개변수표시에 의한 plot

$y=f(x)$ 형태로 표현하기 어려운 함수가 있다. 그래프를 plot할 때에도 어떤 것은 명확하게 설명되지 않는 것이 있다. 그 대표적인 예가 원의 경우로 원은 $y=f(x)$의 형태로는 x의 하나의 값에 대하여 두 개의 y의 값이 대응된다. x좌표와 y좌표를 매개변수 t의 함수 $x-$식, $y-$식으로 치환하면 그래프는 간단하게 plot된다. 이러한 함수로부터 생성된 그래프를 매개변수표시에 의한 plot이라고 한다.

plot([$x-$식, $y-$식, 매개변수=범위]) ;

즉 $x-$식, $y-$식, 매개변수로 사용하는 문자, 범위를 대괄호로 묶은 리스트를 입력하면 된다. 예를 들어 $x=t^2$, $y=t^3$의 plot이다.

```
> plot([ t^2, t^3,t=-1..1 ]) ;
```

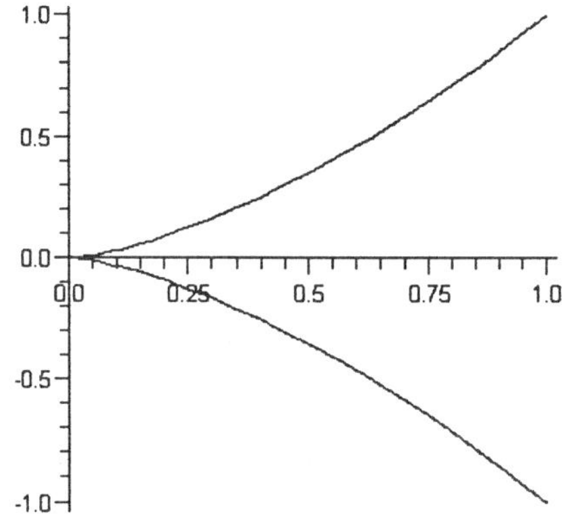

다음은 좌표 (cos t, sin t) 위에 있는 점들을 표현하면 원을 plot할 수 있는 예이다. 명령문

```
> plot([ cos(t), sin(t), t=0..2 * Pi ]) :
```

를 plot하면 타원과 같이 보이게 되는데 그 이유는 plot 창에 미리 지정된 크기와 값 때문이다. 즉 Maple은 창에 맞추어 그림의 크기를 임의로 정하여 버리기 때문이다. 그림을 보다 원에 가깝게 plot하고 싶을 때에는 메뉴에 있는 크기 선택을 하거나 명령문 안에 x축, y축의 크기를 같게 하는 옵션 scaling=constrained을 추가한다.

```
> plot([ cos(t), sin(t),t=0..2 * Pi ], scaling=constrained) ;
```

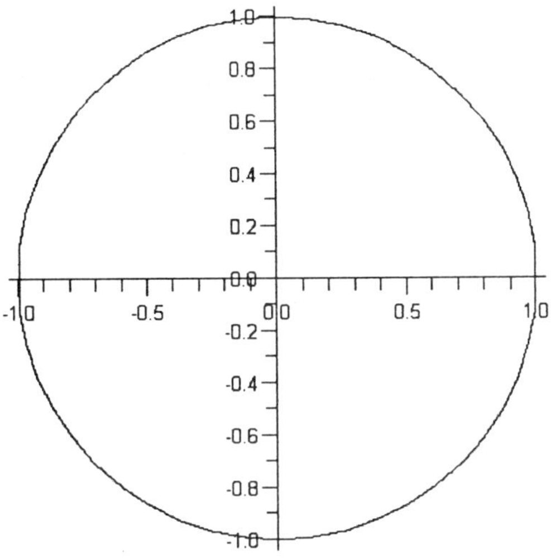

Maple에서 크기를 제한하지 않는 이유는 시각적으로 쉽게 이해할 수 있는 그래프에 가장 가깝게 plot하기 위한 것이다. 특별히 정확한 비율을 알아야 할 경우를 제외하고는 주어진 값을 그대로 사용하는 것이 바람직하다.

2) 극좌표

Maple은 일반적으로 직교좌표를 사용하여 함수를 표시하고 있지만, 그 이외에도 극좌표 등을 사용할 수 있다. 특별한 좌표를 필요로 할 때에는 그에 필요한 옵션을 써야 한다. 그 대표적 예가 (r, θ)로 표시하는 극좌표이다. 극좌표에서 r은 원점으로부터 점까지의 거리를 나타내고, θ는 원점에서 그 점까지 연결한 직선과 x축이

이루는 각을 나타낸다. Maple은 polarplot라는 명령어를 사용하여 극좌표에서 함수를 plot할 수 있다. 이 명령어를 사용하기 위해서는 먼저 plots 패키지를 로드시켜 놓아야 한다.

```
> with(plots) ;
```

Plots 패키지 이름 출력됨. 출력 결과 생략

극좌표 형식은 다음과 같이 plot한다.

polarplot(r – 식, angle = 범위) ;

극좌표에서 반지름 r이 1인 정확한 원을 plot하면 다음과 같다.

```
> polarplot(1,theta=0..2 * Pi, scaling=constrained) ;
```

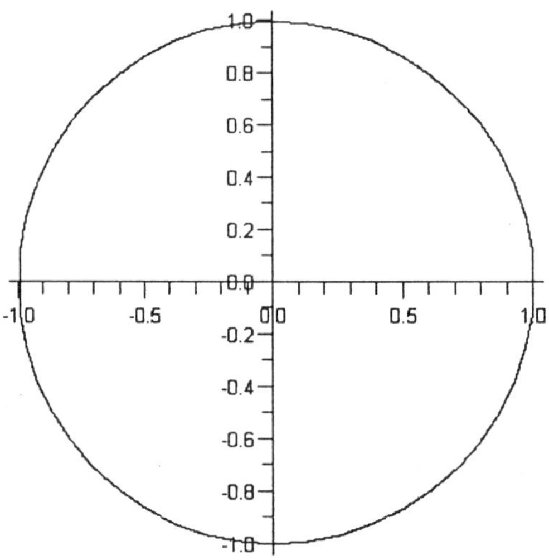

극좌표에서 $r=\sin(3\theta)$의 그래프를 plot하면 다음과 같다.

```
> polarplot(sin(3 * theta), theta=0..2 * Pi) ;
```

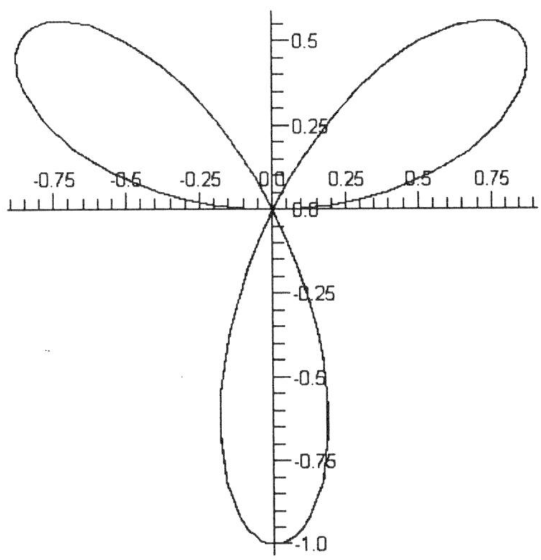

$r=\theta$인 나선형 그래프는 또한 극좌표에서

```
> polarplot(theta, theta =0..4 * Pi) :
```

와 같이 plot한다. 또한 polarplot 명령어는 매개변수 표시에 의하여 plot할 수 있는데 반경과 각을 매개변수 t와 같은 문자를 사용하여 plot할 수 있다.

예를 들어, 방정식 $r=\sin(t)$와 $\theta=\cos(t)$는 다음과 같은 plot으로 정의된다.

```
> polarplot([ sin(t),cos(t), t=0..2 * Pi ]) ;
```

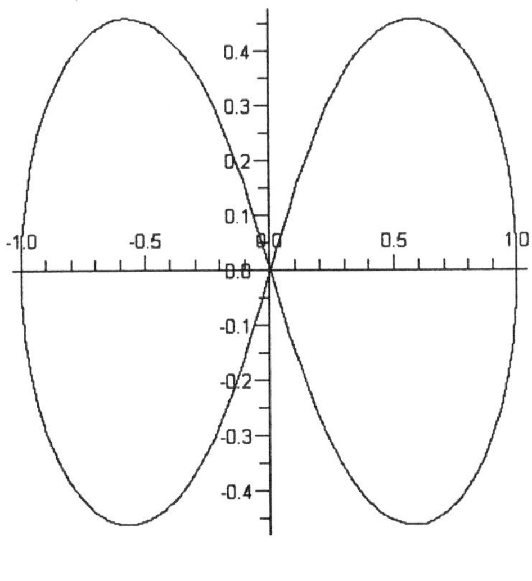

3) 여러 가지 plot

불연속 함수인 경우에는 주의가 필요하다. 다음 함수

$$f(x)=\begin{cases}-1 & \text{if} \quad x<1. \\ 1 & \text{if} \quad 1\le x\le 2 \\ 3 & otherwise\end{cases}$$

는 $x=1$과 $x=2$에서 불연속이다. 이와 같은 함수는 piecewise로 정의한다.

```
> f := x -> piecewise(x<1, -1, x<2, 1, 3);
```

$$f := x \to piecewise(x<1, -1, x<2, 1, 3)$$

이 함수를 plot하면 다음과 같다.

```
> plot(f(x), x=0..3);
```

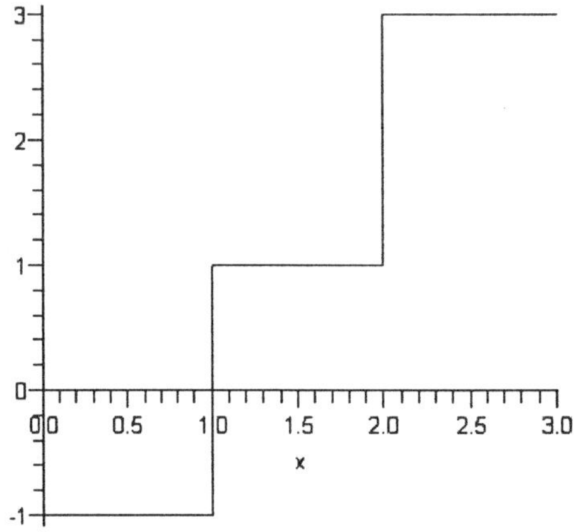

Maple은 불연속인 점의 부근에서 수직인 선을 plot한다. 이 그래프에 discont=true라는 옵션을 첨가하면 불연속점을 볼 수 있다.

```
> plot(f(x), x=0..3,discont =true) ;
```

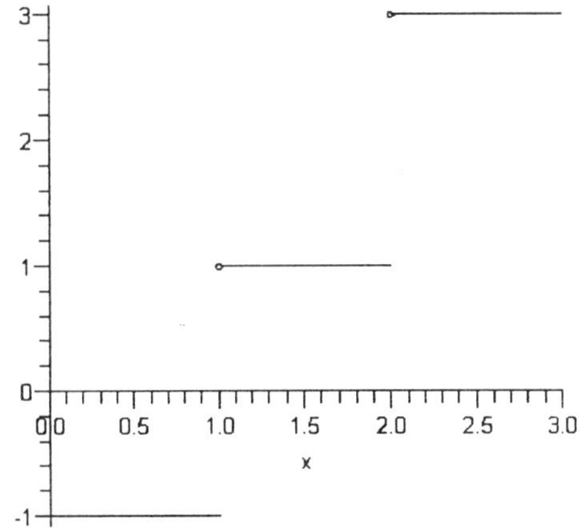

특이점을 갖는 함수나 어떤 점에서 아주 큰 값을 갖는 함수는 특별히 다룬다. 예를 들어 $\dfrac{1}{(x-1)^2}$는 $x=1$에서 특이점을 갖는다.

```
> plot(1/(x−1)^2, x=−5..6) ;
```

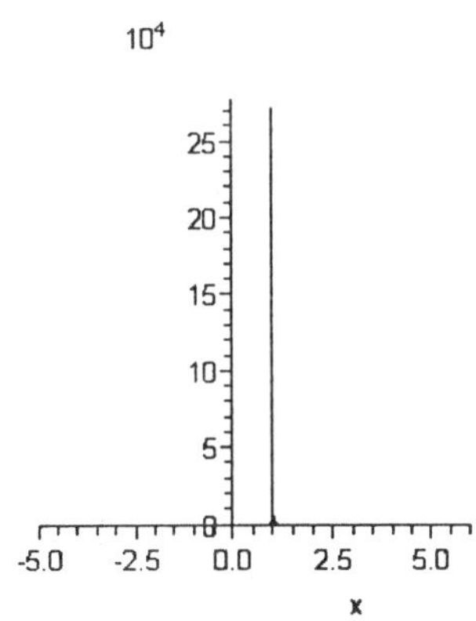

$x=1$에서 커다란 대못과 같은 모양을 띠고 있기 때문에 그래프의 중요한 부분은 세세히 표현되지 않는다. 그러나 좁은 범위에서 plot하면 세세한 부분을 볼 수 있다.

```
> plot(1/(x-1)^2,x=-5..6, y=-1..7) ;
```

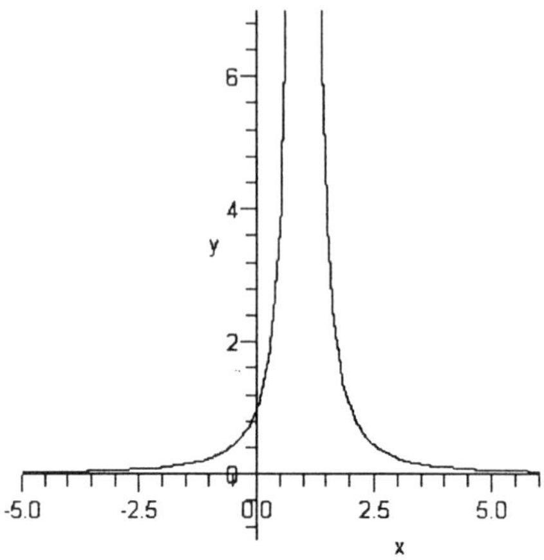

초월함수 tan(x)는 $=\pm\frac{n\pi}{2}$, ($n=0$, 1, 2, …)에서 특이점을 갖는다. 따라서

```
> plot(tan(x),x=-2*Pi..2*Pi) :
```

와 같이 plot하면 Maple 상에서 tan(x) 함수를 이해하기 어렵고 보다 세밀하게 보기 위해 y의 범위를 -4에서 4로 plot하면 다음과 같다.

```
> plot(tan(x),x=-2*Pi..2*Pi, y=-4..4) ;
```

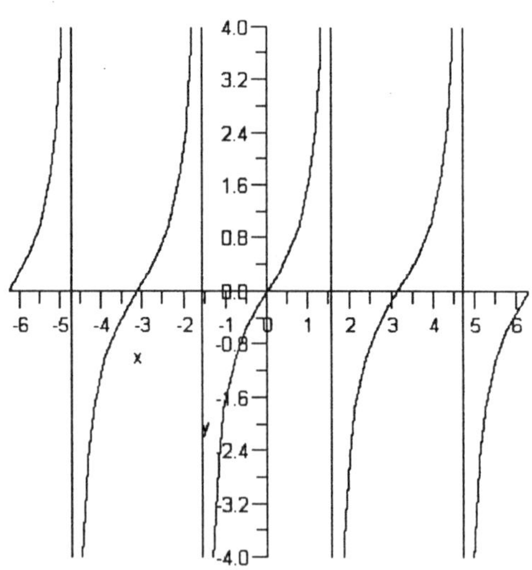

Maple은 특이점 근방에서 점근선을 plot하는데 앞에서와 같이 옵션 discont=

true를 첨가하여 plot하면 점근선을 나타나지 않게 할 수 있다. Maple에서는 서로 다른 함수를 리스트로 묶어 동시에 plot할 수 있다.

```
> plot([ x, x^2, x^3, x^4], x=-10..10, y=-10..10) ;
```

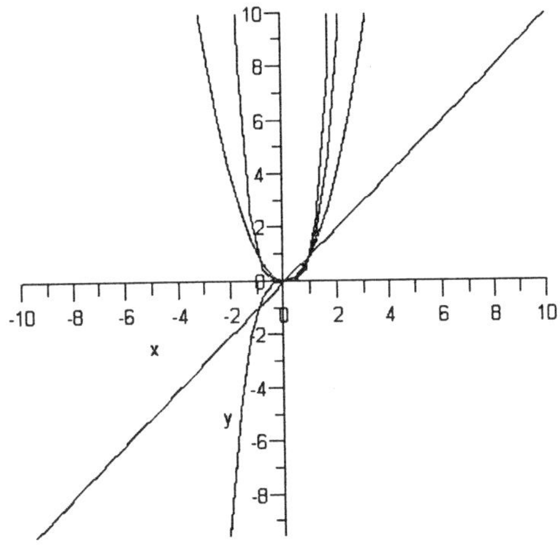

이 기법은 매개변수화된 plot에서도 사용할 수 있다. 입방체 모양, 분리된 모양, 그리고 점 등으로 구성된 각각 다른 선의 형인 몇 개의 그래프를 하나의 plot으로 할때 위의 방법은 매우 편리하다. Maple에는 이를 위해 linestyle 옵션이 준비되어 있다. $\frac{\sin x}{x}$은 linestyle=1로, $\frac{\cos x}{x}$는 linestyle=5로 하여 plot하면 다음과 같다.

```
> plot([ sin(x)/x,cos(x)/x ], x=0..8*Pi, linestyle =[1, 5]) ;
```

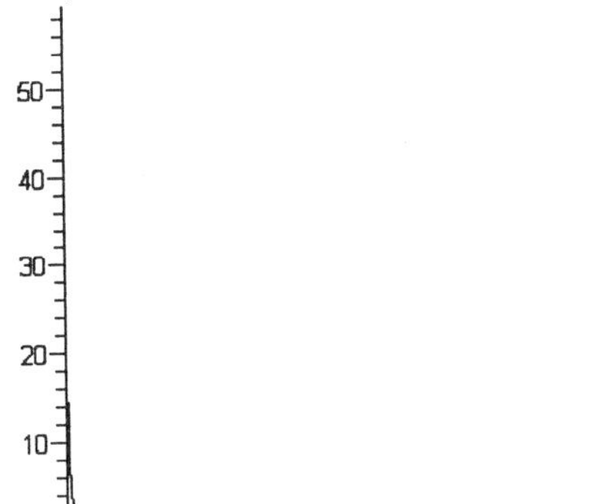

메뉴에서도 선의 형태를 바꿀수는 있지만, 이와 같이 하면 다른 그래프의 선 모

양에 영향을 미친다. 같은 방법으로 옵션 color를 사용하면 색을 넣어서 선을 plot할 수 있다. 이 책은 회색의 농도에 의해 표시되어 있다.

```
> f : =x->sin(x^3) :
> plot([[f(x), D(f)(x),x=-2..2], [D(f)(x),(D@@2)(f)(x),x=-2..2]], color=[gold, plum]) ;
```

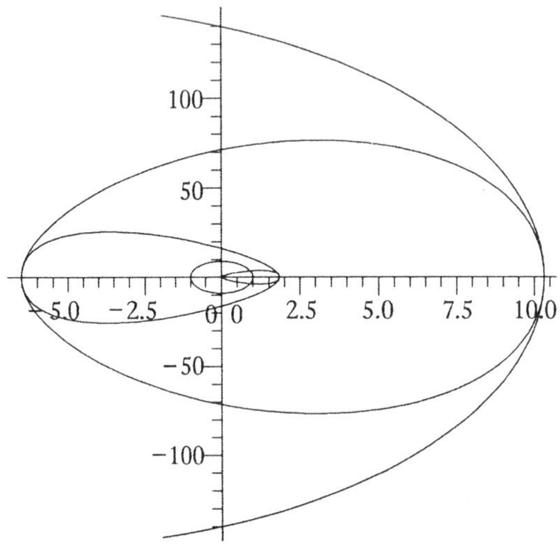

수치 자료를 plot하기 위해서는, 먼저 자료를 이중 대괄호의 형태로 리스트 안으로 불러 놓고 사용한다.

```
> data_list : =[[-2, 4],[-1, 1], [0, 0], [1, 1], [2, 4], [3, 9], [4, 16]] :
> plot(data_list) ;
```

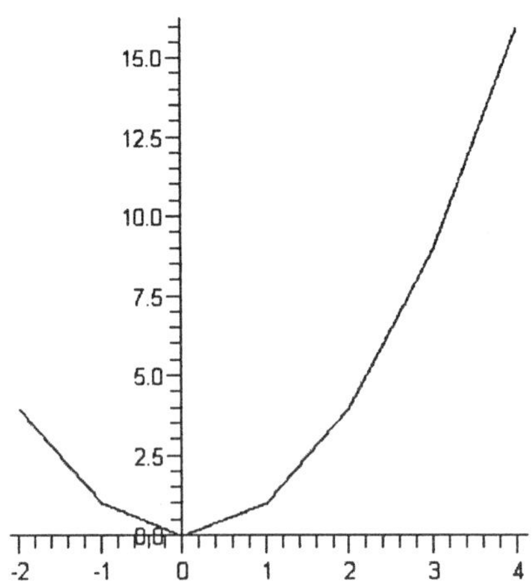

Maple에서는 두 점 사이를 선으로 연결하도록 미리 지정되어 있다. 이 선을 제외하고 점만을 그리고 싶을 때에는 style=point를 사용하거나 메뉴에서 style을 point로 지정하면 된다. 메뉴나 symbol 옵션을 이용하여 표현되는 점의 모양을 바꿀 수도 있다.

```
> data_list2 : =[ [1, 1],[2, 2], [3, 3], [4, 4]] :
> plot(data_list2,style=point, symbol=diamond) ;
```

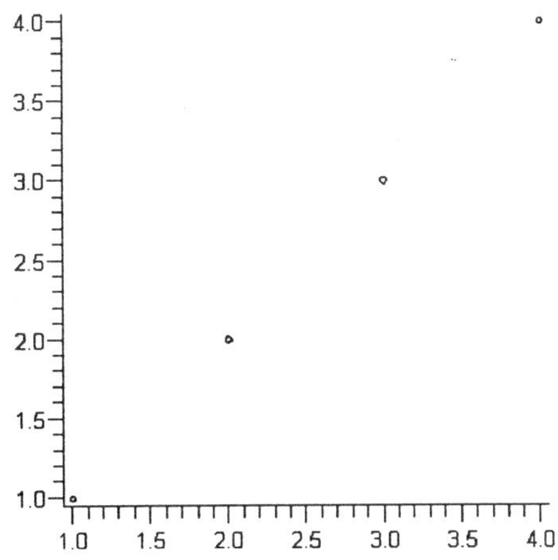

Maple에는그래프의 정도를 높이는 알고리즘이 있다. 함수나 식의 값을 계산할 경우 구간을 같은 간격으로 나누어 그 점에 대응하는 값을 취하므로 Maple은 톱날과 같은 파형을 plot하여 버리는 경우가 있다. 이 때 Maple은 구간을 좁혀서 plot하려고 한다(자세한 것은? plot이나? plot,options을 참조).

또한 numpoints를 사용하여 점의 개수를 늘리면 정도를 높일 수 있다. 예를 들어, $\sum_{i=0}^{30}(-1)^i\left|x-\frac{i}{10}\right|$를 plot하여 보자.

```
> plot(sum((-1)^(i) * abs(x-i/10), i=0..30), x=-1..4, numpoints =500) ;
```

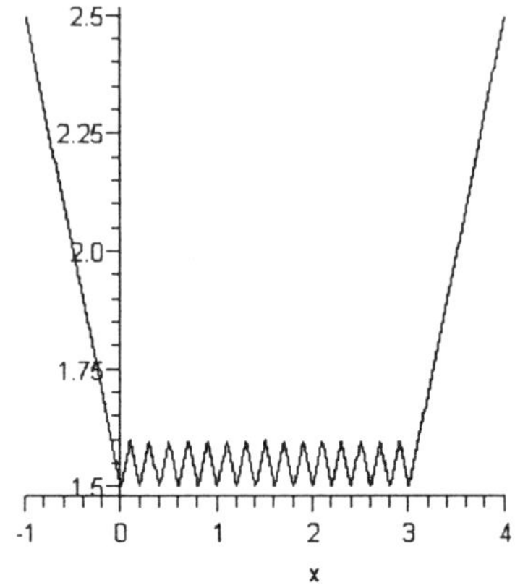

6.2 3차원 그래픽스

2변수함수 $y=f(x, y)$는 3차원 공간에서 plot한다. 3차원 plot의 smartplot3d와 plot3d는 plot과 비슷하다. 2변수 함수가 주어졌을 때 다음과 같이 plot할 수 있다.

```
> smartplot3d(sin(x * y)) ;
```

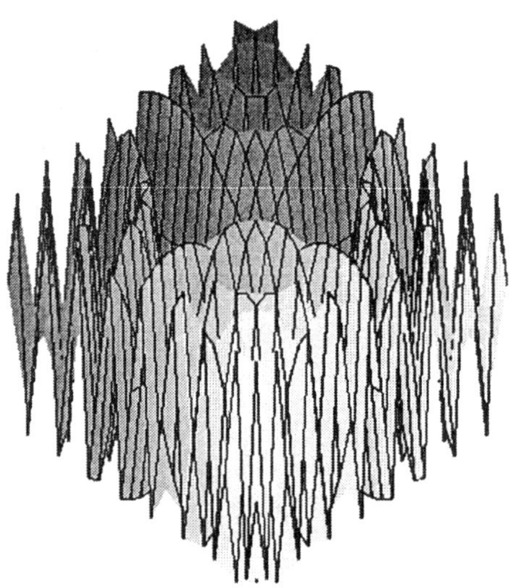

```
> plot3d(sin(x * y),x=-2..2, y=-2..2);
```

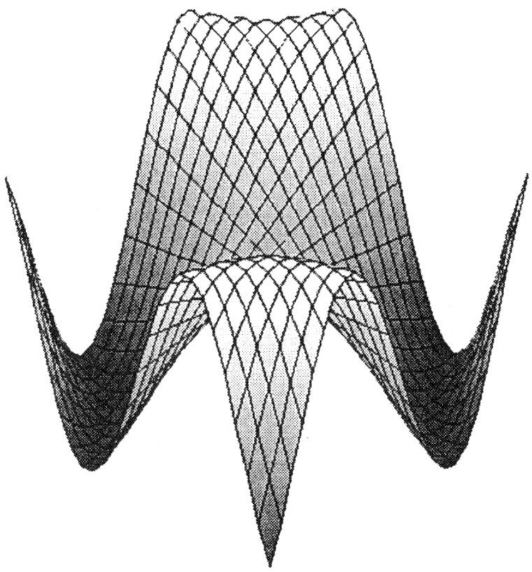

마우스로 플롯 안의 일부분을 누르면 상자 모양의 테두리가 나타나고, 다음에 곡면을 회전시키면 잠시 곡면이 사라지고 사각형의 테두리가 표시된다. 테두리를 움직여 원하는 방향에서 그래프를 볼 수 있다.

아래와 같이 사용자가 정의한 함수를 plot3d 명령어를 사용하여 3차원 곡면을 만들어 보자.

```
> f:=(x, y) ->sin(x) * cos(y):
> plot3d(f(x, y),x=0..2 * Pi, y=0..2 * Pi):
```

메뉴의 style 옵션을 사용하면 다양한 모양의 그래프를 plot할 수 있다. 다음은 style=patch 옵션을 취한 그래프의 예이다.

```
> plot3d(f(x, y),x=0..2 * Pi, y=0..2 * Pi, style=patch) ;
```

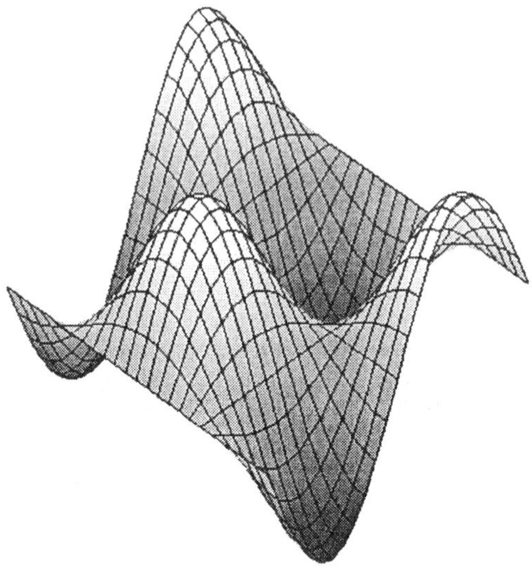

두 번째 매개변수의 범위가 첫 번째 매개변수의 값에 종속된 그래프를 plot하여 보자.

```
> plot3d(sqrt(x-y),x=0..9, y=-x..x) ;
```

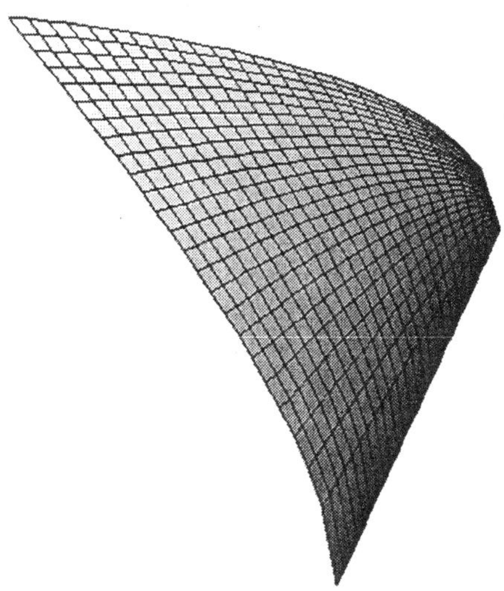

1) 매개변수, 구면좌표, 원주좌표

어떤 곡면은 $z=f(x, y)$와 같은 양함수 표시로는 정확한 곡면을 plot할 수 없는 경우가 있다. 3차원 매개변수표시에 의한 plot은 다음과 같다.

plot3d([x - 축, y - 축, z - 축], 매개변수1 = 범위1, 매개변수2 = 범위2)) ;

예를 들어, $x=\sin s$, $y=\cos s \sin t$, $z=\sin t$의 plot해 보자.

```
> plot3d([sin(s),cos(s) * sin(t), sin(t)], s= -Pi..Pi, t= -Pi..Pi, style=patch) ;
```

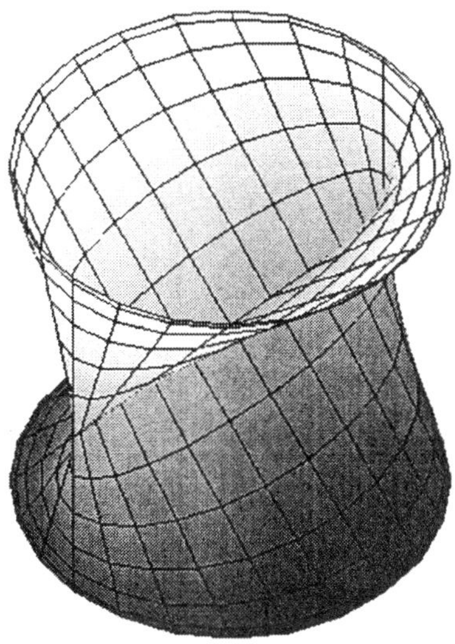

3차원공간에서는 직교좌표계가 일반적으로 사용되지만 이외에도 극좌표계, 구면좌표계, 원주좌표계 등이 있다. 구면좌표계는 3개의 좌표 즉, 원점으로 부터의 거리 r과 xy평면에서 x축과 이루는 각 θ, 그리고 z축과 이루는 각 ϕ로 3차원 공간의 점을 표시한다. plots 패키지의 sphereplot로 구면좌표계의 곡면을 다음과 같이 plot한다.

sphereplot(r - 식, θ = 범위 1, ϕ = 범위 2) ;

예를 들어 $r=\left(\frac{4}{3}\right)^{\theta}\sin(\phi)$를 plot하여 보자.

```
> with(plots) :
> sphereplot((4/3)^theta * sin(phi), theta = -1..2 * Pi, phi = 0..Pi) ;
```

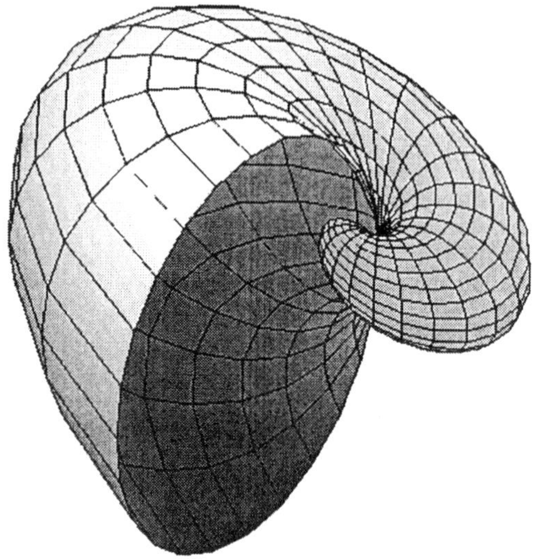

반경이 $r=1$이고, θ가 적도를 따라 움직이며 ϕ를 북극($\phi=0$)에서 남극($\theta=\pi$)까지 움직이는 구면의 plot은 다음과 같다.

```
> sphereplot(1,theta = 0..2 * Pi, phi = 0..Pi, scaling = constrained) ;
```

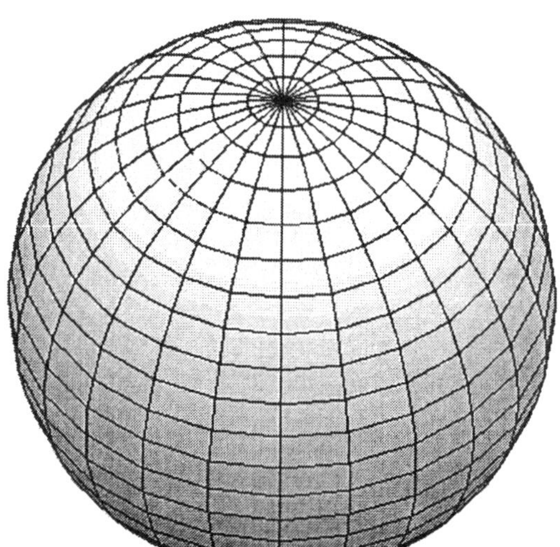

여기서 옵션 scaling=constrained는 동일한 좌표상에서 나타낸다. 또한 sphereplot은 매개변수 표시에 의한 plot도 가능하다. 2개의 매개변수 s 와 t 를 이용하여 반경과 각 좌표가 주어졌을 때, 구면을 plot할 수 있다.

sphereplot([r-식, θ-식, ϕ-식], 매개변수1=범위1, 매개변수2=범위2) ;

예를 들어 $r=e^x+t$, $\theta=\cos(s+t)$, $\phi=t^2$의 plot은 다음과 같다.

```
> sphereplot([ exp(s)+t,cos(s+t), t^2 ], s=0..2*Pi, t=-2..2) ;
```

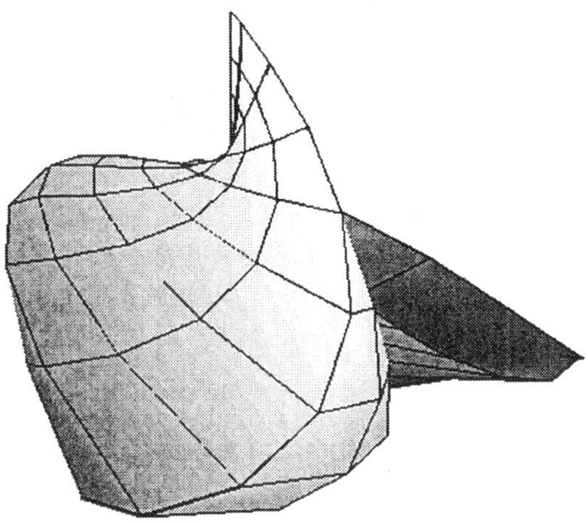

원주좌표계에서 점의 위치를 정하기 위해서는 r, θ, z의 3개의 좌표가 필요하다. 이때, r과 θ는 xy평면의 극좌표를 z는 직교좌표를 표시한다. 원주좌표계의 함수는 plots 패키지의 cylinderplot 명령어로 plot한다. 원주좌표계에서의 plot은 다음과 같다.

cylinderplot(r-식, angle=범위1, z=범위2) ;

극좌표계에서 그린 나선형 3차원 함수를 원주좌표계에서 plot은 $r=\theta$, $0\leq\theta\leq\pi$, $-1\leq z\leq 1$의 plot이다.

```
> cylinderplot(theta,theta=0..4 * Pi, z=-1..1) ;
```

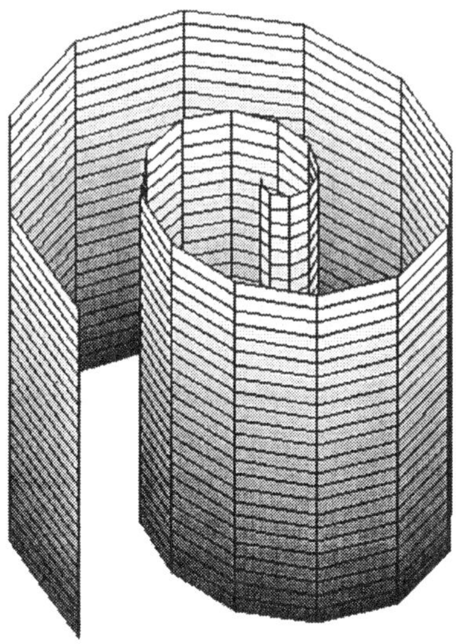

원추형도 원주좌표계에서 plot할 수 있는데, r은 z이고, t를 0부터 2π까지 원 주위를 움직인다. cylinderplot로 매개변수표시에 의한 plot도 가능하다. 직교좌표계에서의 매개변수표시에 의한 plot과 비슷하다. 다음은 $r=st$, $\theta=s$, $z=\cos(t^2)$를 plot한 것이다.

```
> cylinderplot([s * t, s,cos(t^2) ], s=0..Pi, t=-2..2) ;
```

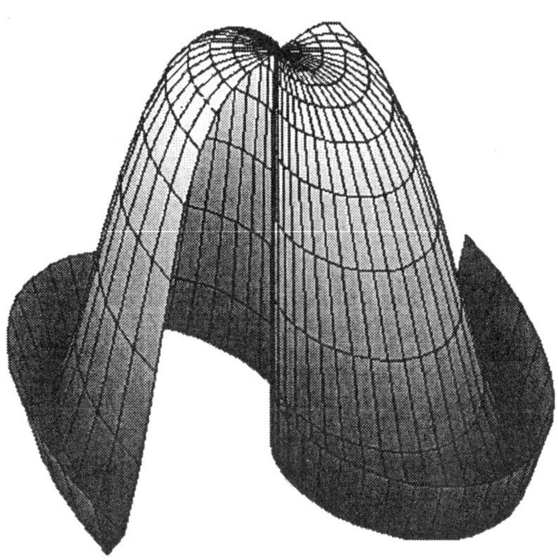

2) 정도를 높인 plot

만약 곡선이 원하는 것만큼 부드럽지 않을 때에는 Maple에 보다 점을 많게 하여 계산하도록 명령하면 된다. 이를 위해 옵션 grid[m,n]을 첨부한다. 여기서 m은 첫 번째 좌표축의 분할점의 개수, n은 두 번째 좌표축의 분할점 개수이다. 조밀하게 섬세한 곡면을 plot하기 위한 옵션이다.

```
> plot3d(sin(x) * cos(y),x=0..3 * Pi, y=0..3 * Pi, grid=[50, 50]) ;
```

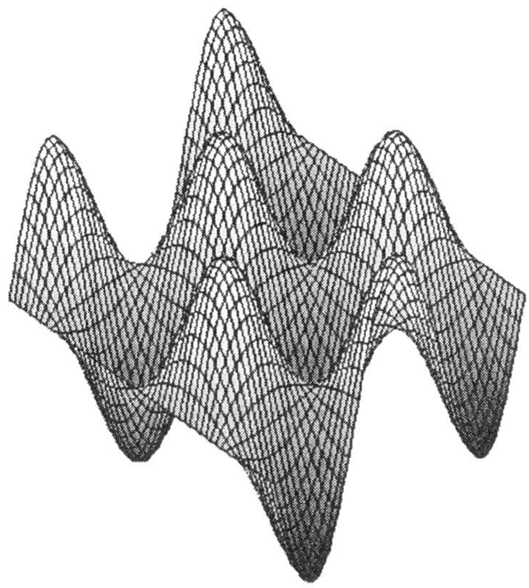

다음 예제는 첫 번째 좌표축의 theta의 분할점을 아주 많게 하여(100), (입체)나 선을 부드럽게 한 것이다. 이 때, 함수의 z 방향으로는 아무것도 변하지 않으므로 분할점은 적게 하여도 된다 (예, 5).

```
> cylinderplot(theta,theta=0..4 * Pi, z=-1..1, grid=[100, 5]) ;
```

특별한 옵션을 주지 않는 한 미리 정하여진 grid 값은 보통은 25 * 25이다. 또한 grid는 삼각형과 사각형 모양의 두 종류이고, 옵션은 grid=x이다. x는 triangular 또는 rectangular이다.

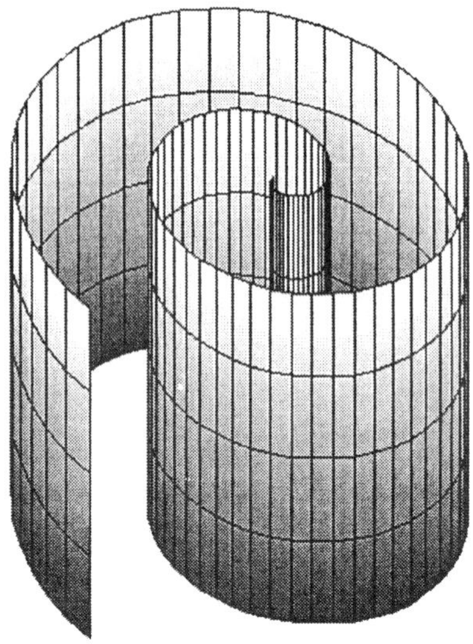

3) 곡면의 명암

3차원 plot에서 곡면에 명암을 넣는 방법은 두 가지가 있다. 첫 번째 방법은 하나 혹은 그 이상의 다른 색을 곡면에 비추는 것이고, 두 번째는 직접 곡면의 각 점에 색을 붙이는 방법이다.

Maple은 미리 선택할 수 있는 색의 소스의 형태를 많이 갖고 있다. 이러한 색의 소스를 이용하거나 lightmodel의 옵션을 이용하여 선택할 수 있다. 곡면에 직접 색을 붙이는 방법은 미리 정의된 색 함수를 메뉴에서 선택하거나 명령어를 입력할 때에 shading 옵션을 이용한다(자세한 것? shading을 참조한다). 색 소스와 color 옵션을 동시에 사용한 경우 출력결과의 색에 문제가 생기므로 이 중 하나만을 사용하는 것이 좋다.

다음의 예는 회색 (scale=zgrayscale)를 조화한 곡면으로 밝기를 주지 않은 그림이다.

```
> plot3d(x * y^2/(x^2+y^4),x=-5..5, y=-5..5, style=patch,
shading=zgrayscale, lightmodel=none) ;
```

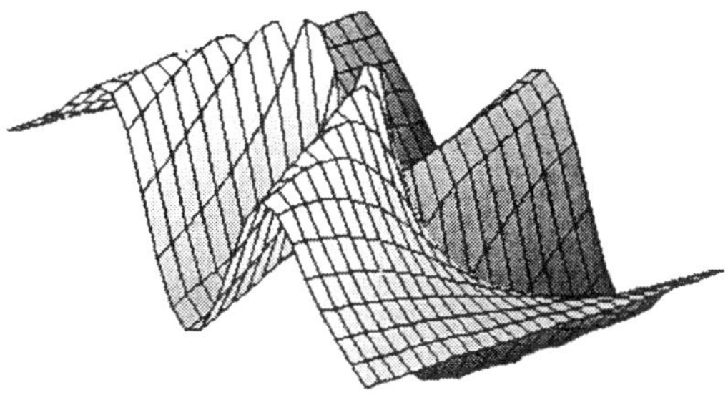

같은 곡면을 lightmodel=light1의 밝기로 지정해 주면 명암에 따른 색의 효과를 확인할 수 있다. Lightmodel 옵션은 light1부터 light4까지 선택할 수 있다.

```
> plot3d(x * y^2/(x^2+y^4),x=-5..5, y=-5..5, style=patch,
shading=none,lightmodel=light1) :
```

6.3 애니메이션

함수를 그래프로 plot하여 보는 것도 정보를 표현하는 좋은 방법이지만 정지하고 있는 그래프는 반드시 효과적이라고는 할 수 없다. 이를 보완하기 위해 공이 튀어 오르는 것과 같은 움직임을 plot하여 보는 애니메이션(Animation, 동적 그림)을 Maple에서 다룰 수 있다.

Maple에서는 애니메이션을 plot할 수 있다. 이것은 하나의 동작에서 다음 동작으로 넘어가는 것을 재빨리 돌려서 보여주는 수열의 연속으로 구성된다. 애니메이션을 plot하기 위해서는 plots 패키지의 animate와 animate3d의 두 명령어를 이용한다. 이 명령어들을 사용하기 전에 반드시 with(plots): 를 입력하여야 한다.

1) 2차원 애니메이션

2차원에서 애니메이션의 구문은 다음과 같다.

animate(y - 식, x = 범위1, time = 범위2) ;

다음은 애니메이션의 예이다. 그림은 왼쪽에서 오른쪽으로 움직이지만 실제로는 16개의 화면이 연속적으로 부드럽게 살아 있는 것과 같이 움직인다.

```
> with(plots) :
> animate(sin(x * t), x= - 10..10,t= 1..2) ;
```

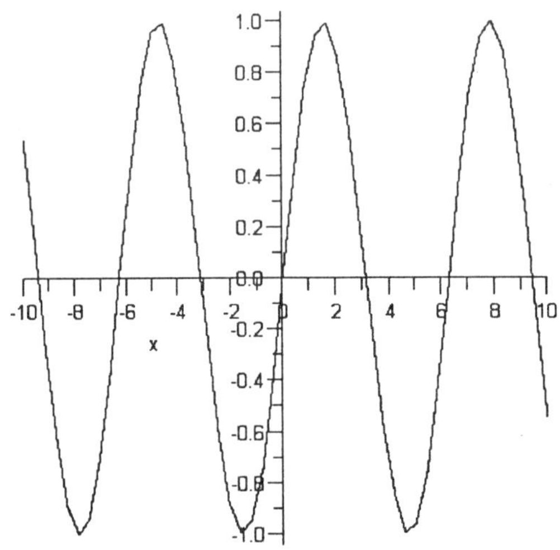

그림을 움직이게 하기 위해서는 먼저 화면의 곡선 위를 클릭하여 마우스 오른쪽 버튼을 눌러서 나타나는 메뉴 중 "Animate"를 선택한 후에 Play를 선택하거나 상단 메뉴바에서 동영상용 Play 버튼을 누르면 된다.

2차원에서의 애니메이션은 특별한 지정이 없는 한 16개의 그림으로 구성된다. 만약 움직임이 부드럽지 못할 경우에는 옵션 frames의 값을 증가시킨다. 다음과 같이 조정할 수 있다.

```
> animate(sin(x * t),x= - 10..10, t= 1..2, frames=50) :
```

옵션의 증가에 의해 움직임이 더욱 부드럽게 된다. 또한 animate 명령어에서도 옵션 numpoints를 사용할 수도 있다.

```
> animate(sin(x * t),x= - 10..10, t= 1..2, frames=50, numpoints= 100) :
```

직교좌표계뿐만 아니라 다른 좌표계에서도 옵션 coords으로 애니메이션이 가능하다.

```
> animate(theta * t, theta=0..8 * Pi,t= 1..4, coords=polar) ;
```

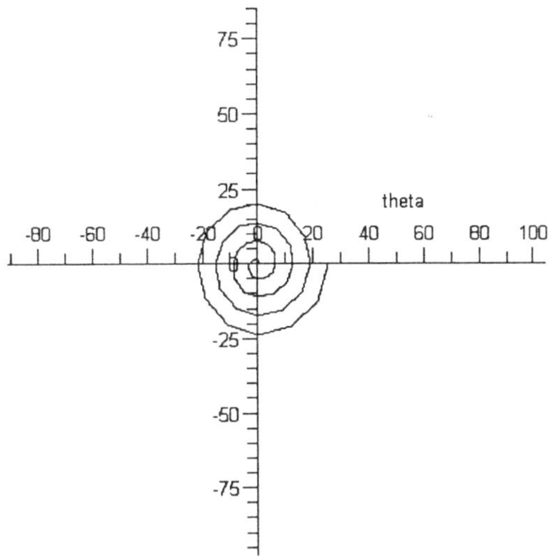

이 책에서는 움직이는 모습을 단계별로 애니메이션을 표현할 수는 없다. 실제로 Maple을 구동시키면 움직이는 모습을 확인할 수 있다.

2) 3차원에서의 애니메이션

3차원에서 곡면의 애니메이션은 animate3d 명령어를 사용한다. animate3d는 기본적으로 다음과 같은 형식이다.

animate3d(z - 식, x = 범위1, y = 범위2, time = 범위3) ;

다음의 예는 3차원에서 애니메이션을 plot한 것이다.

```
> animate3d(cos(t * x) * sin(t * y), x= -Pi..Pi, y= -Pi..Pi, t=1..2) :
```

특별한 옵션이 없는 한 Maple은 8개의 그림으로 구성되도록 지정되어 있다. 2차원에서와 같이 frames 옵션을 사용하여 그림의 개수를 증가시킬 수 있다. 그러나 frames 값이 증가할수록 계산시간도 증가하므로 주의한다.

```
> animate3d(cos(t * x) * sin(t * y), x= -Pi..Pi, y= -Pi..Pi, t=1..2, frames=16) ;
```

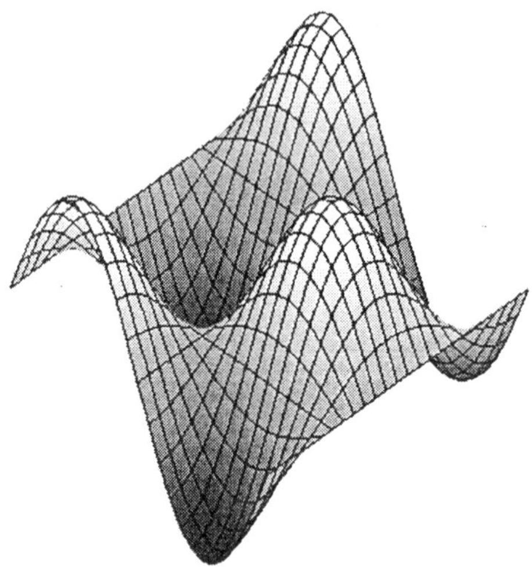

매개변수 표시에 의한 3차원의 함수도 애니메이션으로 하여 볼 수 있다.

```
> animate3d([s * time,t-time, s * cos(t * time)],
s=1..3, t=1..4, time=2..4,style=patch, axes=boxed) :
```

2차원의 경우와 마찬가지로 직교좌표계뿐만 아니라 coords 옵션에 의해 다른 좌표계에서도 animate3d를 사용할 수 있다. 예를 들어, 구면좌표계에서의 plot은 옵션 coords=spherical을 첨가한다.

```
> animate3d((1.3)^theta * sin(t * phi), theta= -1..2 * Pi,
phi=0..Pi, t=1..8,coords=spherical) :
```

원주좌표계로 하기 위해서는 coords=cylindrical 옵션을 추가한다.

```
> animate3d(sin(theta) * cos(z * t), theta=1..3, z=1..4,
t=1/4..7/2, coords=cylindrical) :
```

6.4 그래프의 주석달기

그래프에 주석을 붙이는 방법은 매우 다양하다. 그림창에서 옵션 title을 넣으면 제목이 위쪽 중앙에 기입된다.

```
> plot(sin(x),x=-2*Pi..2*Pi, title=`Plot of Sine`);
```

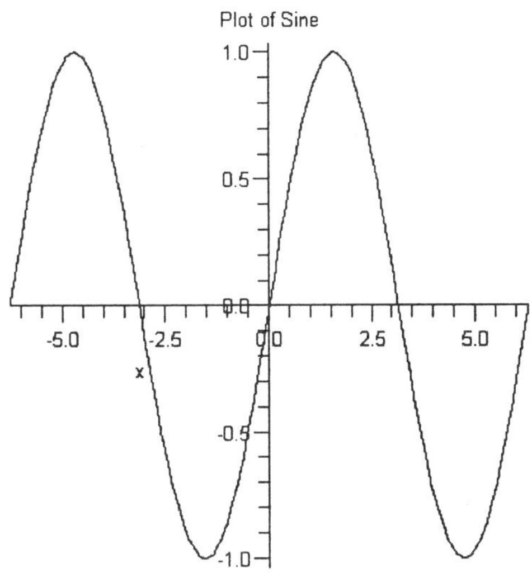

이 때 주의해야 할 것은 제목을 표시할 때 처음과 끝부분에 역인용부호(`)를 붙여야 한다. Maple에서는 역인용 부호로 묶인 문자열을 그대로 화면에 표시된다. 컴퓨터는 액세스하지 않고 다음으로 넘어간다. titlefont 옵션을 이용하여 제목의 모양이나 크기, 폰트 등을 명확히 하여 쓸 수있다. 상세한 내용은 ?plot,options이나 ?plot3d,options를 참조한다.

```
> with(plots) :
> sphereplot(1,theta=0..2 * Pi, phi=0..Pi, scaling=constrained, title=`The Sphere`,
titlefont=[HELVETICA, BOLD, 14]) ;
```

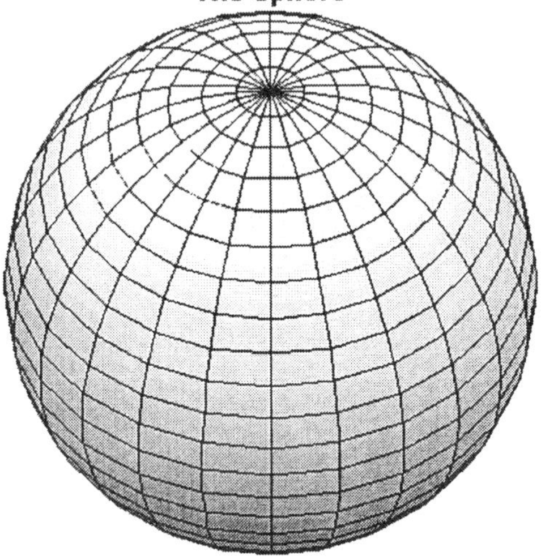

labels옵션을 이용하여 좌표축에 이름을 붙일 수도 있다. labelfont 옵션으로 그 이름의 폰트와 형식을 선택한다. 이름은 그림 안에 표시되어 있는 변수와 반드시 일치하지 않아도 된다. 즉, 변수를 x로 했다고 해서 좌표축의 이름을 반드시 x라고 할 필요는 없다.

```
> plot(x^2, x=0..4,labels=[`time`, `velocity`]) :
```

labels옵션은 그림에 좌표축이 들어 있을 때만 유효하다. 3차원의 그래프는 좌표축이 설정되지 않도록 미리 정해져 있기 때문에 좌표축을 그리고 난 다음에 labels를 붙인다.

```
> plot3d(sin(x * y),x = -1..1, y = -1..1,
labels=[`length`, `width`,`height`], axes=FRAMED) ;
```

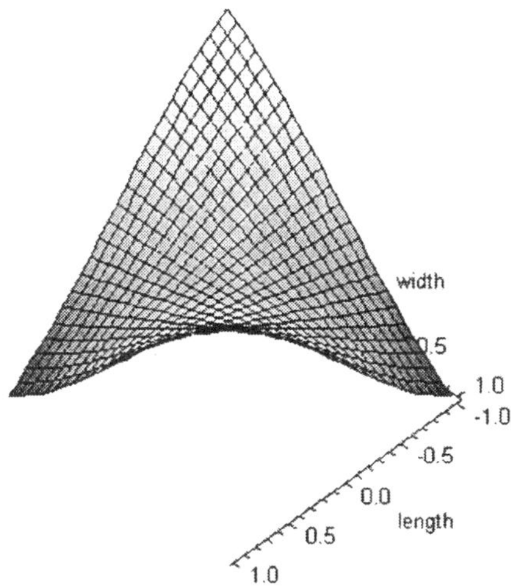

6.5 plots 패키지

Maple은 여러 개의 그래프를 각각 plot하고, 각각 이름을 붙여 놓고 동시에 plot할 수 있다. 이 경우 그래프의 구조가 일반적으로 크기 때문에 기억용량을 많이 차지하므로 입력한 뒤에는 세미콜론(;) 대신에 콜론(:)을 사용하는 것이 바람직하다. 이렇게 하면 뒤에서 사용하기 위해 보존하여 놓은 것이 된다. 이미 주어진 다른 형식의 그래프를 동시에 하나의 그래프로 표현할 수 있는데 그것은 display 명령어를 이용한다. 주의할 것은 display 명령어는 plots 패키지에 내장되어 있으므로 로드시켜 놓거나, plots[display]와 같이 사용한다. 예를 들면 다음과 같이 입력한다.

```
> with(plots) :
> a : =plot([ sin(t),exp(t)/20, t=-Pi..Pi ]) :
> b : =polarplot([sin(t), exp(t), t=-Pi..Pi ]) :
> display([a, b]) :
```

이 방법의 이점은 서로 다른 좌표축의 plot이라도 동시에 표현할 수 있다는 것이다. 3차원 애니메이션에서도 display 명령어는 유용하다.

```
> c : =sphereplot(1,theta=0..2 * Pi, phi=0..Pi) :
> d : =cylinderplot(0.5,theta=0..2 * Pi, z=-2..2) :
> display([c, d],scaling=constrained) ;
```

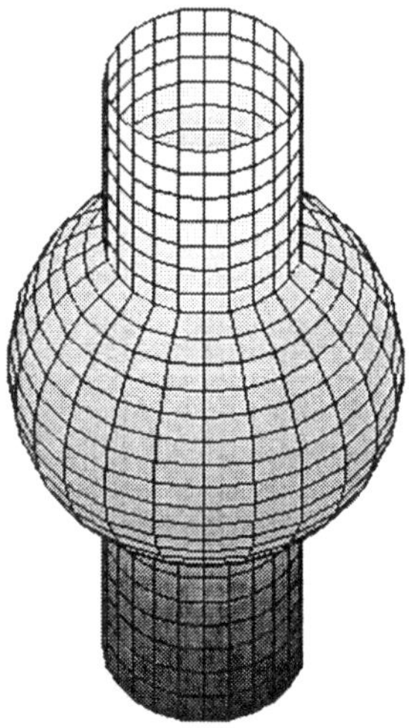

다음은 위의 극좌표에서의 매개방정식 $x=\sin t$, $y=e^t$와 애니메이션으로 직선 $y=mx$를 동시에 plot하여 보자.

```
> e : =animate(m * x,x=-1..1, m=-1..1) :
> display([b, e]) ;
```

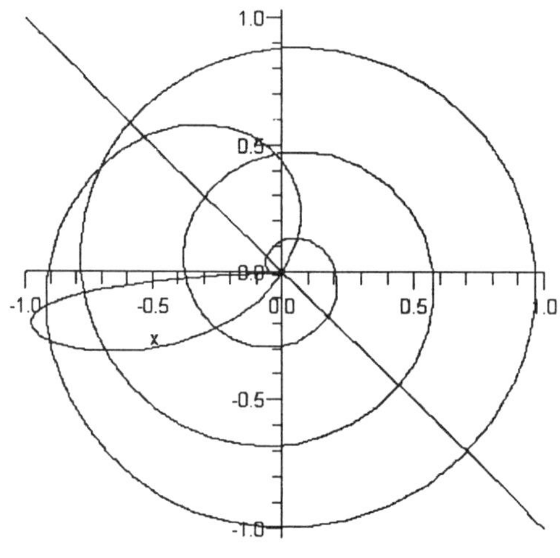

만약 애니메이션이 두 개 이상일 때에는 frames의 개수만 같게 하면 plot할 수 있다.

```
> f : =animate3d(sin(x+y+t), x=0..2 * Pi, y=0..2 * Pi, t=0..5, frames=20) :
> g : =animate3d(t,x=0..2 * Pi, y=0..2 * Pi, t=-1.5..1.5, frames=20) :
> display([f, g]) :
```

plot명령문에서 title과 lables 옵션은 그래프에 제목을 붙이거나 좌표축에 이름을 붙여 준다. textplot과 textplot3d 명령어는 화면의 원하는 장소에 직접 문장이나 말 등을 넣을 수 있다.

```
> with(plots) :
> a : =plot(sin(x),x=-Pi..Pi) : b : =textplot([Pi/2, 1, `Local Maximum` ]) :
> c : =textplot([-Pi/2,-1, `Local Minimum` ]) :
      display([a, b, c], title=`The Sine Curve`) ;
```

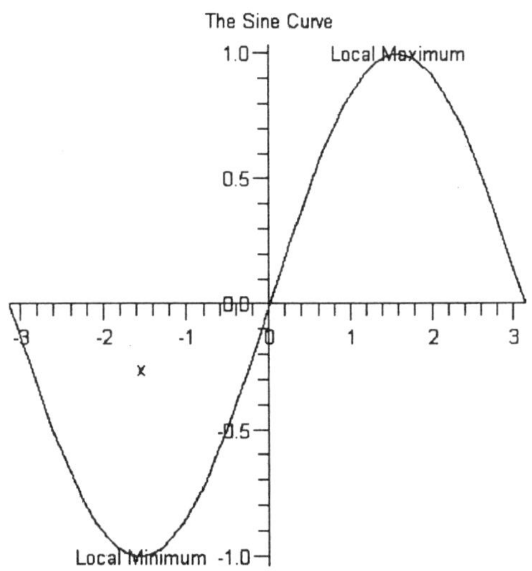

?plots,textplot을 참조하면 화면에 넣는 문장의 위치에 대하여 상세한 설명이 있다. font 옵션은 textplot와 textplot3d 명령어에도 함께 사용할 수 있다.

```
> d : =plot3d(x^2-y^2,x=-1..1, y=-1..1) :
  e : =textplot3d([0, 0, 0, "A Saddle Point" ],font=[HELVETICA, OBLIQUE, 22],
color=black) :
```

```
> display([d, e],orientation=[68, 45]) ;
```

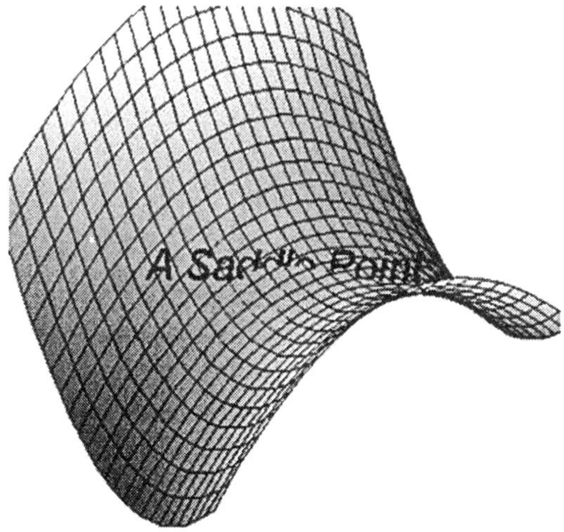

다음은 부등식 $x+y<4$, $0<x\leqq 3$에 대하여 정의된 영역을 plot한 것이다.

```
> inequal([x+y<4,0<x, x<=3], x=-1..5, y=-10..10,
optionsexcluded=(color=yellow)) ;
```

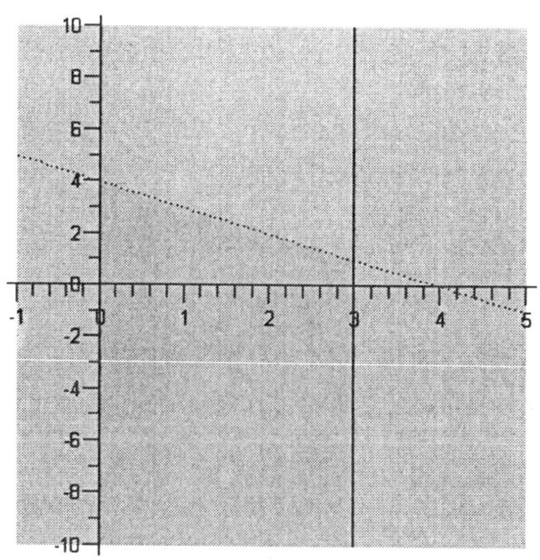

semilogplot은 수평방향의 좌표축이 대수적 크기로 표시되어 있다.

```
> semilogplot(2^(cos(x)),x=1..10) ;
```

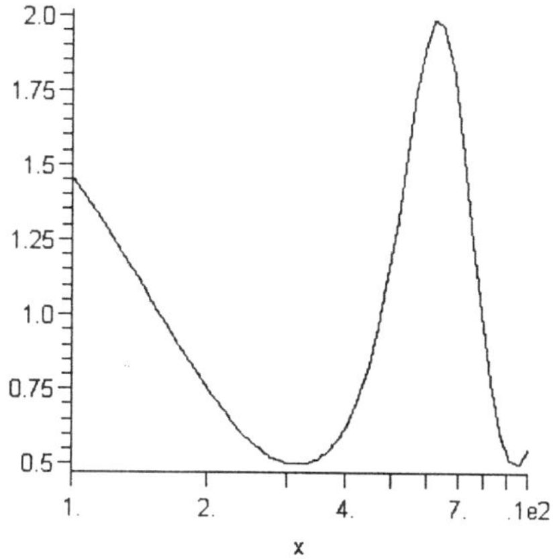

densityplot명령어는 명암으로 함수 값을 표시하는데, 밝은 부분은 어두운 부분보다 함수 값이 크다는 것을 뜻한다.

```
> densityplot(cos(x * y),x=-1..1, y=-1..1) ;
```

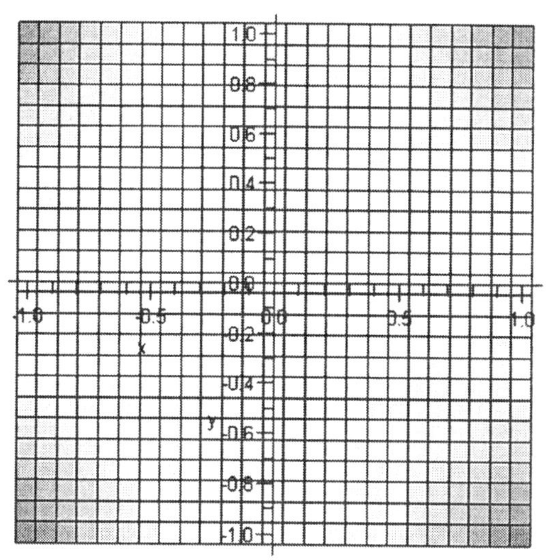

등고선 plot은 $z=\cos(xy)$의 같은 값을 갖는 점을 연결하여 얻어진 곡선이다.

```
> contourplot(cos(x * y),x= -3..3, y= -3..3) ;
```

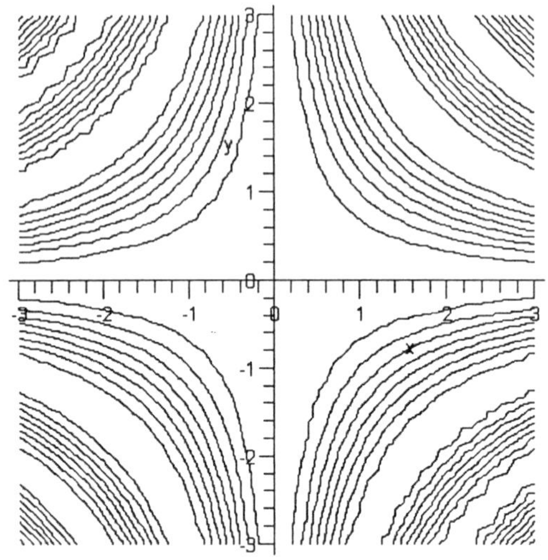

fieldplot 명령어는 다음과 같은 벡터장을 만든다.

```
> fieldplot([y * sin(x * y),x * sin(x * y)], x= -1..1, y= -1..1) ;
```

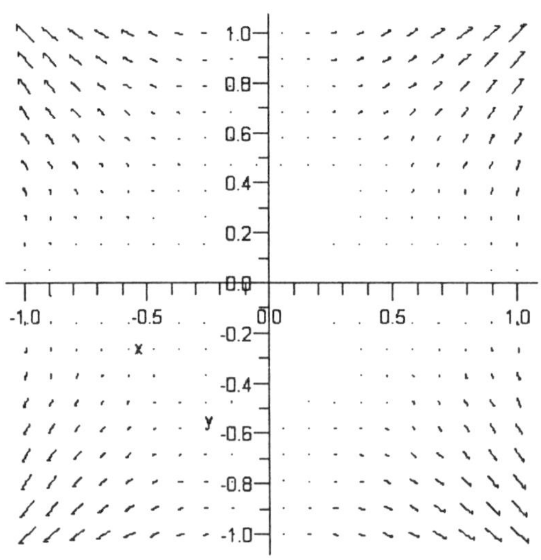

Maple은 3차원공간상의 곡선을 plot할 수 있다.

```
> spacecurve([cos(t),sin(t), t], t=0..5 * Pi) ;
```

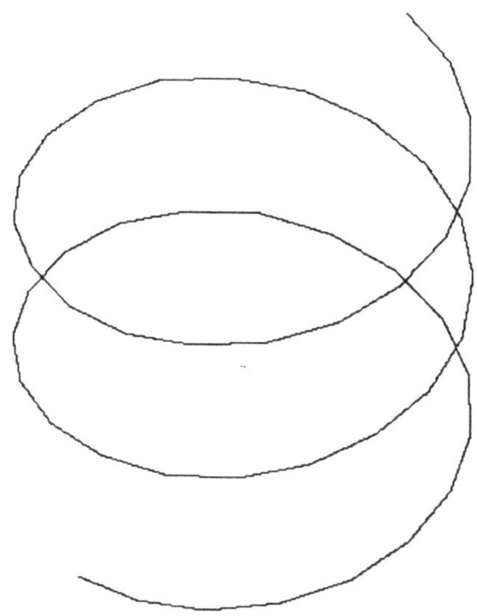

이 공간곡선을 tubeplot 명령어로 그리면 다음과 같은 튜브모양으로 변한다.

```
> tubeplot([cos(t),sin(t), t], t=0..5 * Pi, radius=0.8) ;
```

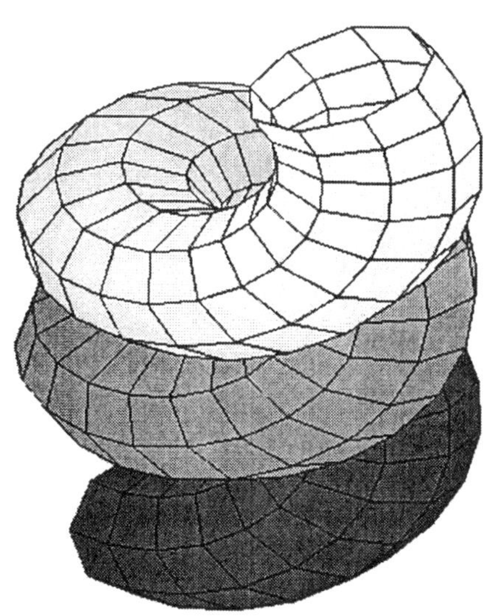

matrixplot명령어는 행렬의 값을 plot한다.

```
> A : =linalg[hilbert](10) :
> B : =linalg[toeplitz]([1, 2, 3, 4, 5, -5, -4, -3, -2, -1]) :
> matrixplot(A+B,heights=histogram, axes=frame, gap=0.3, style=patch) ;
```

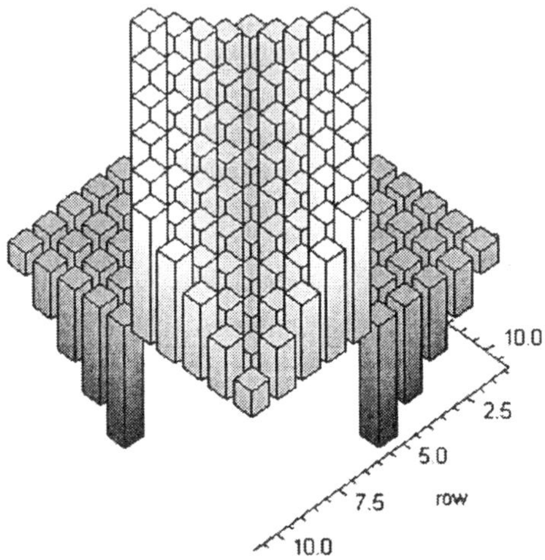

plots 패키지의 implicitplot이나 implicitplot3d는 음함수를 plot할 때 사용한다. 예를 들어 단위원을 다음과 같이 plot할 수있다.

```
> implicitplot(x^2+y^2=1,x=-1..1, y=-1..1) :
```

logplot로수직 좌표축의 대수적 크기를 나타낼 수 있다.

```
> logplot(10^x, x=0..10) :
```

복소평면을 나타내는 직사각형의 석쇠모양(격자)은 $z \rightarrow z^2$의 함수에 의해 다음 그래프와 같이 비뚤어진 모양으로 plot된다.

```
> conformal(z^2,z=0..5+5*I) :
```

rootlocus를 사용하여 해의 궤적(root locus)을 plot할 수도 있다.

```
> rootlocus((t^6 - 1)/(t^2 + 1), t, -5..5, style=point, adaptive=false);
```

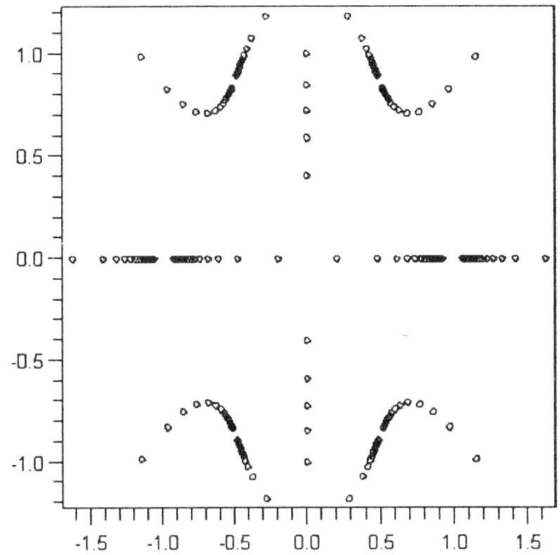

이외에도 plots 패키지에는 다양한 plot이 내장되어 있다.

6.6 그래픽스의 객체 다루기

plottools패키지는 다양한 그래픽스를 위한 객체를 다루기 위한 명령어들을 포함하고 있다. 이러한 명령어를 사용하기 전에 반드시 다음과 같이 패키지를 로드시켜놓아야 한다.

```
> with(plottools);
```

Plottools 패키지 이름 출력됨. 출력 결과 생략

plottools패키지의 객체들은 그 자체로는 실행이 불가능하기 때문에 반드시 display 명령어를 사용하여야 한다. 따라서 다음의 패키지도 불러온다.

```
> with(plots) :
> display(dodecahedron(),scaling=constrained, style=patch) ;
```

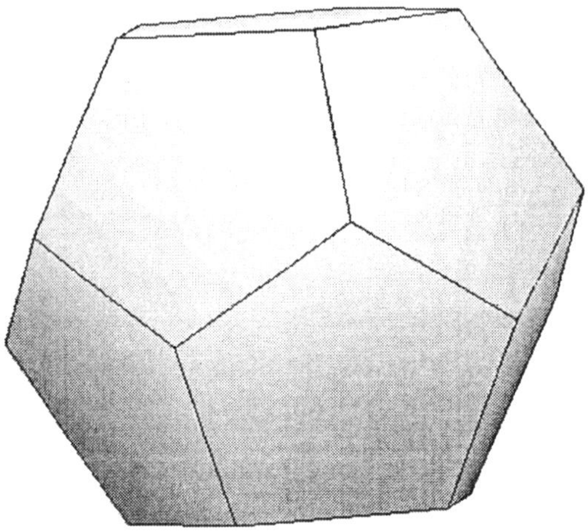

다음은 구를 정의하고 객체에 이름을 붙여 두고 display를 사용하여 plot하여 보자.

```
> t1 : =sphere([3/5, 3/4,1/2], 3/4, color=green) :
> display(t1) ;
```

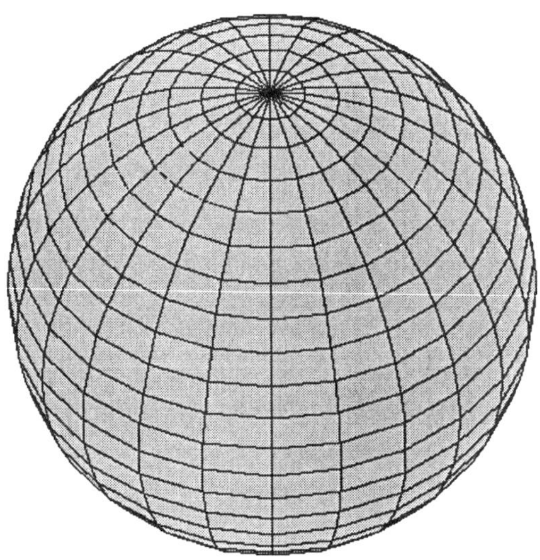

또한 두 개의 객체를 동시에 plot할 수 있고, 좌표축을 넣을 수도 있다.

```
> t2 : =sphere([4/5, 3/2,1/2], 2/5, color=red) :
> display([t1, t2], axes=normal) ;
```

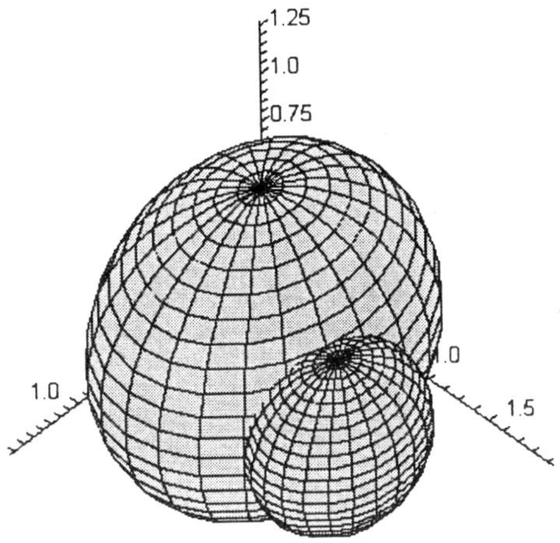

원뿔(cone)은 중심은 $[a, b, c]$이며, 또한 위쪽 반경이 r, 높이가 h인 원뿔은 cone($[a, b, c]$, r, h)와 같이 정의된다. 원뿔도 역시 plottools 패키지에 내장되어 있다. 이 원뿔을 display 명령어로 plot할 수 있고, rotate 명령어로 객체를 회전시켜 plot할 수도 있다.

```
> c1 : =cone([0, 0, 0],1/2, 2, color=blue) :
> display(c1, axes=normal) :
> c2 : =rotate(c1, 0,Pi/2, 0) :
> display(c2, axes=normal) ;
```

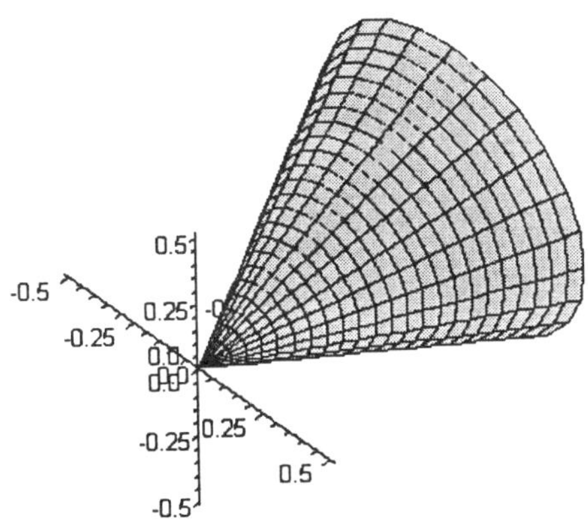

translate로 객체를 이동시켜 plot할 수도 있다.

```
> c3 : =translate(c2, 3,0, 1/4) :
> display(c3, axes=normal) ;
```

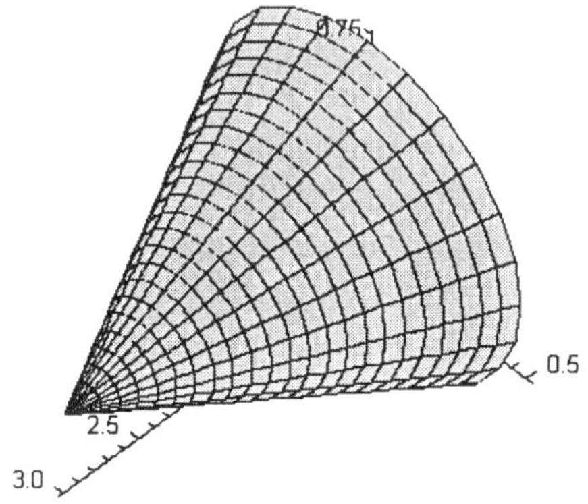

반경 r과 중심 $[a, b, c]$인 좌표를 지정하면 hemisphere($[a, b, c], r$)과 같이 반구를 plot할 수 있다. 반경과 반구의 중심의 좌표를 넣어도 되지만 Maple에서 빈 괄호인 경우는 디폴트값을 plot한다.

```
> cup : =hemisphere() :
> display(cup) :
> cap : =rotate(cup, Pi,0, 0) :
> display(cap) ;
```

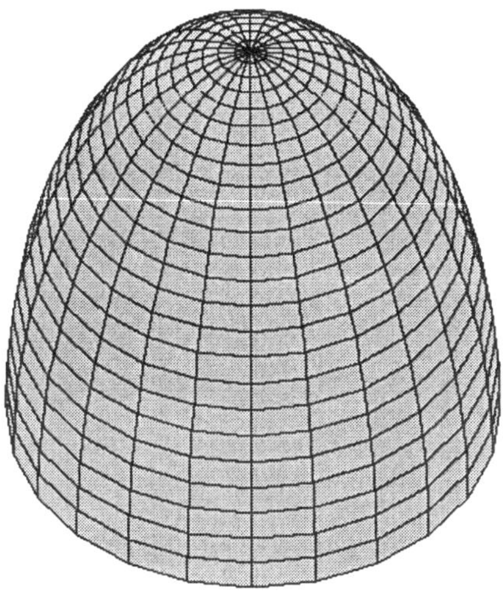

주의할 것은 객체를 이름을 붙여 정의한 뒤에는 콜론(:)을 사용한다(만약 세미콜론(;)으로 하면 Maple의 구조에 관한 긴 자료가 출력되어버린다).

이 장에서는 2차원과 3차원의 양함수, 매개변수 표시에 의한 함수, 음함수 등을 plot하는 것을 다루었다. 직교좌표, 극좌표, 원주좌표 등은 Maple에서 다룰 수 있는 많은 좌표계 중 일부분이다. 게다가 그래프의 애니메이션 기능도 구비되어 있다. 입체적으로 확실하게 볼 수 있게 하기 위해 그림자를 붙이는 것도 가능하다.

함수, 식 등의 그래프를 plot하기 위해 내장되어 있는 plots 패키지 안의 명령어를 사용한다. 이러한 명령어로 만든 특별한 plot에는 등고선, 밀도함수, 대수함수를 포함하고 있다. 또한 plottools 패키지의 명령어로 정밀하게 3차원의 그래프를 표현할 수도 있다. 이와 같은 명령어는 예를 들어 plot한 그래프를 회전하거나 별모양의 plot도 가능하다.

CHAPTER

7

입출력

이 장에서는 사용자가 수식 표현을 입력하고 그 실행된 결과를 출력하는 작업장인 워크시트에 대하여 다룬다. 일반 워드프로세서와 달리 컴퓨터 대수 시스템에서 다루는 수식 표현은 1줄씩 입력하는 1차원 입력과 팔레트를 이용한 2차원 입력으로 나뉘게 된다. 워크시트를 사용하면 일반 수식의 입력뿐만 아니라 수학 보고서 작성을 위한 수식과 일반 글자를 섞어서 입력하기가 쉽고, 그래픽 처리와 웹문서의 변환, VRML 생성 등이 매우 간단하다. 또한 데이터를 파일로 저장하는 방법과 저장한 파일을 읽어들이는 방법, Maple 수식을 Fortran 또는 C 언어 코드로 자동 생성하는 방법 및 Maple 문서를 LaTeX과 MathML로 변환하는 방법도 소개한다.

한편, 인터넷에 산재되어 있는 문서 중에 유용한 데이터를 Maple로 받아서 처리하는 것은 매우 흥미롭다. 웹문서를 TCP/IP 소켓 패키지를 사용하여 웹문서의 내용을 실시간으로 다운받고 그 문서 중의 특정 데이터를 검색하여 추출한 후에 그 데이터를 통계 처리하는 간단한 예제를 소개한다. 그리고 웹서버를 이용하여 Maple의 기능을 자바 애플릿으로 구현하여 작동시키는 Maplet을 개발하는 방법을 알아본다.

7.1 워크시트 인터페이스

워크시트는 사용자가 계산을 수행하고 수식을 다루며 문제해결의 과정을 적어나갈 수 있는 작업공간이다. Maple 사용자는 기호연산의 결과를 워크시트에 일목요연하게 저장할 수 있고, 계산의 결과를 그래픽으로 보여줄 수 있으며 필요한 경우에 Maple 언어로 작성한 프로그램 코드를 저장하고 실행하게 된다. 그 이외에도 워크시트는 다음과 같은 기능을 제공한다. 사용자는 지금까지 Maple로 작업한 내용을 일목요연하게 정리하고 그 다음 단계의 수학적 아이디어를 도출하기 위한 문서작성을 가능하게 해준다. 학생인 경우에는 Maple로 공부한 결과를 리포트로 작성하여 발표를 하거나 과제 제출용 문서를 작성하게 된다. 또한 수학적 아이디어를 고민하는 경우에 토론용 워크시트를 작성하는가 하면, 시각적으로 프리젠테이션할 수 있는 그래픽, 애니메이션, vrml 자료를 만드는 수단으로도 쓰인다. 그리고 Excel과 같은 스프레드시트용 자료를 다루는 작업공간으로서 워크시트는 다양한 기능을 제공하고 있다.

Worksheet 인터페이스

워크시트의 인터페이스는 타이틀바, 메뉴바, 툴바, 컨텍스트바, 워크시트 본문, 섹션, 문단, 제목 등으로 구성되어 있다. 타이틀바는 현재 화면에 나타난 파일의 제목을 나타내는데, 워크시트를 저장할 때 지정한 문서의 이름이 나타나게 된다. 메뉴바는 여러 가지 메뉴를 담고 있는데, 워크시트를 클릭했을 때와 도움말 페이지를 클릭했을 때 메뉴바가 다르게 나타난다. 툴바는 메뉴 항목 중에서 사용자가 빈번하게 사용하는 중요한 메뉴 항목을 한번에 클릭할 수 있는 아이콘으로 구성되어 있다. 컨텍스트바는 워크시트에서 진행되는 작업의 상황에 따라 가장 최근에 선택한 툴바의 항목을 보여주고, 문서 편집에 관련된 메뉴 항목도 담고 있다. 만약 여러분이 웹문서(html) 형태를 알고 있다면, 워크시트도 그와 유사하게 매우 구조적으로 구성되어 있다는 것을 알아차릴 것이다.

1) 첫 출발 : 문단 작성

다음의 코드를 입력하고 "Enter"키를 누르면 결과가 바로 출력된다. 여기서 ">"

프롬트는 계산의 입력 모드이다. " ; "는 코드의 끝을 의미하므로 ""를 항상 빠뜨리지 않는 것이 에러 방지에 도움이 된다. 텍스트 모드를 사용하여 간단한 주를 다는 것이 매우 바람직한 문서 작성법이 된다. 이 경우에는 Ctrl+T 키를 사용하여 "[" 모드로 바꾸면 된다. 반대로 ">" 모드로 바꾸고자 할 경우에는 Ctrl+M 키를 사용한다.

```
> 3!! ; # 이 기호는 코멘트 처리용.
[ 위의 팩토리얼은 연습임.
```

위에서 작성한 명령어 입력과 텍스트 입력은 각각 문단을 이루고 있다. 문단에서 다음 줄로 바꾸고자 할 때에는 Shift+Enter 키를 사용한다. 현재의 문단에서 그 이전 줄에 새로운 문단을 만들고자 할 때에는 Shift+Ctrl+K 키를 누르고, 현재의 커서에서 다음 줄에 새로운 문단을 만들고자 할 때에는 Shift+Ctrl+J 키를 사용한다. 문단을 삭제할 때는 현재 문단을 지시하는 셀을 선택하고 난 후에 Ctrl+Del 키를 누르면 된다.

한글을 입력하는 것은 한글키를 사용하면 되지만 간혹 에러가 생기는 경우도 있다. 이 경우는 문장의 중간에 있는 글자를 수정할 때 생기는데, 수정하고자 하는 글자부터 다시 문장의 끝까지 타이핑해보길 바란다.

2) 섹션 작성

문단이 여러 개 생기면 문서작성을 하는데 섹션을 구성하는 것이 하나의 방법이 된다. 그래서 처음부터 섹션을 만들고 문단을 구성하는 것이 바람직한 방법이다. 섹션과 서브섹션의 입력은 메뉴 "Insert"에서 "Section"과 "Subsection"을 각각 선택하면 된다. 섹션의 셀이 하나 생기면 그 바로 옆에 섹션의 제목을 컨텍스트바의 "Heading 1" 또는 "Heading 2"를 사용하여 입력한다. 각각의 문단에서 텍스트의 편집은 일반 사용과 유사하게 관련되는 편집용 메뉴를 사용하거나 아이콘으로 직관적인 기능을 알려주는 컨텍스트 도구바를 사용한다.

3) Maple 명령어 입력

Maple에 내장된 명령어의 수는 상당히 많으므로, 어떤 명령어를 찾아서 사용해야 하는지 검색하는 것은 매우 중요하다. 일반적인 요령은 수행하고자 하는 명령어를 영어 단어로 바꾼 다음, 그런 명령어가 존재하는지 살펴보고, 만약에 존재한다면 그 사용법은 무엇인가, 관련된 예제는 어떤 것이 있는가를 온라인 도움말을 통하여 파악하는 것이 중요하다. 예를 들어, 선형대수의 관련된 명령어를 살펴보고자 할 때에는 "?linear"라고 입력하면 linear에 관련된 도움말을 모두 열람할 수 있다.

다음은 타이틀과 섹션을 포함하고 있는 워크시트의 화면을 보여주고 있다. 이 워크시트는 Maple 온라인 도움말 속에 포함되어 있다.

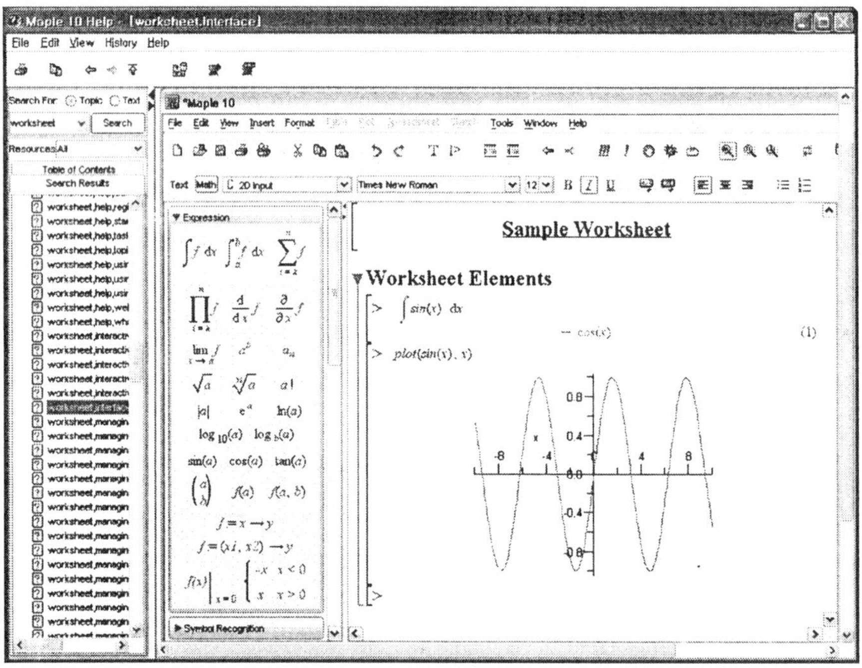

Context - sensitive pop - up menu

컨텍스트에 민감한 메뉴의 구성은 사용자의 작업 상황에 따라 역동적으로 바뀌므로, 오른쪽 마우스를 사용하여 작업의 종류에 따라 필요한 기능을 곧바로 사용할 수 있다. 예를 들면, 텍스트 입력 모드에서는 텍스트 편집에 관련된 팝업 메뉴가 나타난다. 아래 화면에서 R2를 정의하고 그 계산 결과를 클릭해 보자. 그러면 오른쪽 마우스 버튼을 누르면 여러 가지 메뉴가 나타나는데, 그 중에서 differentiate를 선택하면 diff((2), x)와 같이 입력이 되고 계산결과도 함께 나타난다.

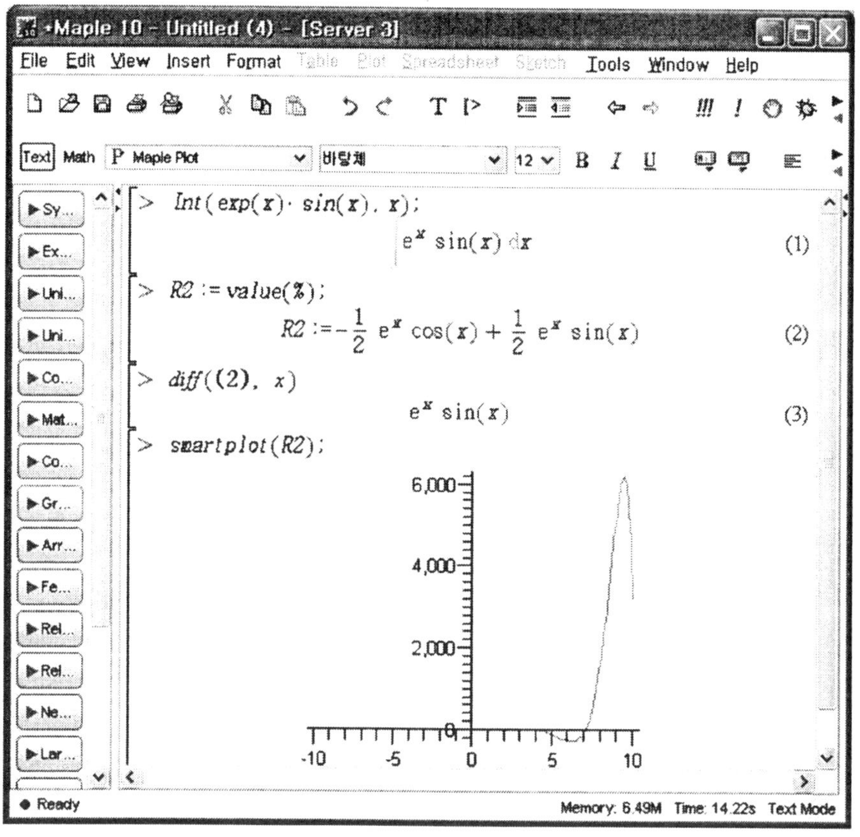

2차원 또는 3차원 그래픽을 작성하였을 때에는 그래픽에 관련된 속성을 수정할 수 있고, 애니메이션 출력에 대해서는 애니메이션을 시연하는데 필요한 메뉴가 등장한다. 특히 수식을 입력할 때 영문 철자를 몇 개 적고 오른쪽 마우스 버튼을 누르면 관련되는 명령어 또는 기호 입력에 관한 메뉴가 나타난다. Maple 입력 모드에서 "ab"를 적고 오른쪽 마우스 버튼을 누르면 "about, abbreviation, abs" 등이 나타난다. 이와 같이 다양한 상황에서도 관련되는 메뉴가 역동적으로 제공되므로 사용자가 작업을 하는데 매우 수월하다.

7.2 팔레트 사용법

수식을 입력하는데 필요한 기호 또는 연산자를 타이핑하는데 보통은 명령어 모드에서 입력하게 된다. 그러나 특수기호, 적분과 같은 연산자와 행렬 등을 입력할 때는 2차원으로 표현되는 폰트를 사용하는 것이 편리하다. 이러한 목적으로 고안된 팔레트는 수식표현을 위한 "Expression" 팔레트, 기호표현을 위한 "Symbol" 팔레트와 "Matrix" 팔레트로 구성되어 있다. 워크시트 왼쪽 부분에 "Expression", "Common Symbol", "Matrix" 버튼을 누르고 필요한 것을 선택하면 클릭하면 된다. 2차원 수식이 나타나면 탭 키를 이용하여 필요한 숫자와 기호를 입력한다.

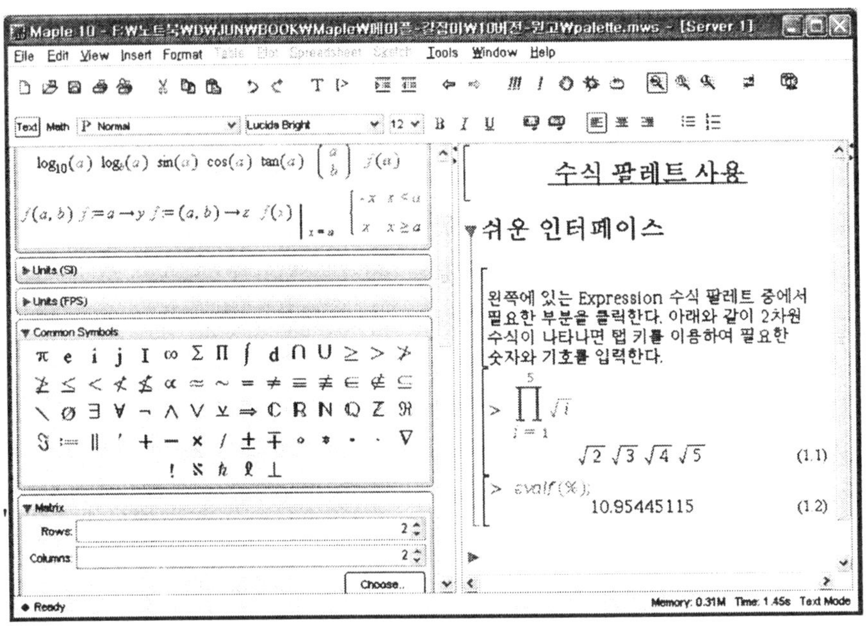

7.3 수학 보고서 작성 예제

Maple 10 버전에서 수학 문서를 편집하여 작성하는 작업이 매우 쉽게 이루어진다. 먼저 File → New 메뉴를 선택하여 Maple 워크시트가 아닌 Document 모드를 만든다. 여기서 Ctrl+M 토글키를 사용하면 텍스트 입력과 수식 입력 모드를 번갈아 바꿀 수 있다. 그런 다음 마치 워드프로세서로 작업하듯이 수학문서를 작성해 나간다.

다음 화면에서 보듯이 텍스트 입력 모드에서 제목을 입력하고 가운데로 배치시킨다. 폰트의 종류와 크기도 워드프로세서 사용하듯이 선택한다. 여기서 흥미로운 것은 한 문장 안에 수식과 계산 결과가 같이 나오게끔 작성하는 것이다. 워크시트 모드에서는 다음과 같이 작성하면 원하는 결과를 얻을 수 있다.

```
> Sum(i^3, i=1..10)=sum(i^3, i=1..10);
```

$$\sum_{i=1}^{10} i^3 = 3025$$

```
> Int(x * sin(x),x) : %  =value(%);
```

$$\int x\sin(x)dx = \sin(x) - x\cos(x)$$

그러나 Document 모드에서는 수식 팔레트를 사용하여 2차원 폰트의 수식을 입력하고 나서 Ctrl키와 +키를 같이 누르면 같은 문장에 계산의 결과가 나타나므로 워크시트보다 한결 간편하게 수학 문서를 작성하게 된다. 다음 그림은 Document 모드에서 수학 문서를 작성한 예를 보여주고 있다.

$$3020 = (2)^2(5)(151)$$

위 문장을 작성하기 위하여 "3020=ifactor(2030)"을 수식 입력 모드에서 작성한 후에 Ctrl키와 +키를 같이 누른다. 그런 다음 "3020=ifactor(2030)" 부분을 삭제하면 된다.

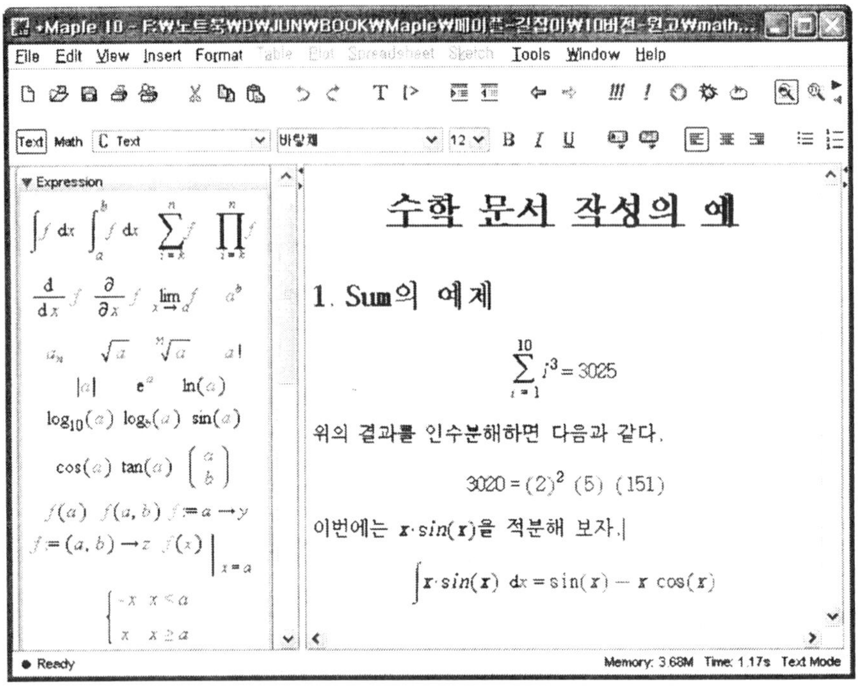

7.4 파일 읽기

다른 워드프로세서(예, 메모장)로 다음과 같은 수치 자료를 작성한 후에 "data.txt"라는 파일 이름으로 저장했다고 하자.

```
0  1          2
1  .678041    .950637
2  -.300216   .673951
3  -.453796   .875293
```

이 파일을 Maple로 읽어들이기 위하여 readdata 명령어를 사용한다. 그 형식은 다음과 같다.

```
readdata(filename, form at, n)
```

Filename은 읽어들일 데이터 파일의 이름이다. 가능한 format은 정수, 부동점소수(float) 또는 문자열이다. 디폴트 값은 float이므로 이것을 생략하면 부동점소수로 읽어들이게 된다. 여기서 n은 읽어들일 데이터 열의 개수인데, 만약 n이 생략되면 디폴트 값 1로 처리하므로, 데이터 첫 번째 열만 읽게 된다. 다음은 readdata 명령어의 간단한 사용법을 보여준다.

먼저 읽어들일 파일이 저장된 디렉터리를 확인하는 것이 중요한데, currentdir() ; 를 사용하면 현재의 디렉터리를 확인할 수 있다. 다른 디렉터리로 바꿀 때에는 디렉터리명을 명시하면 되는데, 예를 들면 다음과 같다.

```
> currentdir("d : /BOOK/Maple/책원고") ;
```

위의 디렉터리에 data.txt라는 파일이 위치하고 있으면, 저장된 데이터의 세 번째 열까지 불러들인다.

```
> L : =readdata("data.txt",3) ;
```

$$L := [[0., 1., 2.], [1., 0.678041, 0.950637], [2., -.300216, 0.673901], [3., -.453796, 0.875293]]$$

데이터의 두 번째 열까지 정수형태로 읽기를 원하면 다음과 같이 실행해본다. 여기서 부동점소수(float)를 정수로 변환하는 것은 불가능함에 주의하고, 다음의 출력에서 보듯이 데이터가 생략됨을 알 수 있다.

```
> M : =readdata("data.txt",integer,2) ;
```

$$M : [[0, 1], [1], [2, 0], [3, 0]]$$

현재 L은 리스트의 리스트이므로 특정 항목, 즉 2번째 리스트의 3번째 항목을 지정할 때 다음과 같이 해본다.

```
> L[2,3] ;
```

$$0.950637$$

만약 L에서 1열과 3열만 얻고 싶은 경우와 2열만 취하고 싶은 경우에는 각각 다음과 같이 실행해본다.

```
> map(x->[x[1],x[3]],L) ;
```

$$[[0., 2.], [1., 0.950637], [2., 0.673951], [3., 0.875293]]$$

```
> L[1..nops(L),2] ;
```

$$[1., 0.678041, -.300216, -.453796]$$

리스트의 리스트인 *L*은 행렬과 유사한 구조를 가지고 있으나, 행렬과 관련된 연산을 빈번하게 사용할 경우에는 convert 명령어를 사용하여 자료 형태를 행렬로 바꾸는 것이 낫다. 그런 다음 전치행렬을 만들기 위하여 linalg 패키지의 사용을 선언하고 행렬 계산과 행렬식을 구할 수 있다.

```
> A : =convert(L,array) ;
```

$$A := \begin{bmatrix} 0. & 1. & 2. \\ 1. & 0.678041 & 0.950637 \\ 2. & -.300216 & 0.673951 \\ 3. & -.453796 & 0.875293 \end{bmatrix}$$

```
> with(linalg) :
> evalm(transpose(A)& * A) ;
```

$$\begin{bmatrix} 14. & -1.283779 & 4.924418 \\ -1.283779 & 1.755800055 & 2.045035527 \\ 4.924418 & 2.045035527 & 6.124058492 \end{bmatrix}$$

```
> det(%) ;
```

$$13.45849907$$

다음은 자주 사용하는 여러 개의 Maple 명령어를 하나의 파일로 저장한 후에 불러내어 실행하는 예제를 소개한다. 다른 워드프로세서(예, 메모장)를 사용하여 Maple 명령어를 입력하여 텍스트 파일로 만든 후에 이 텍스트 파일을 read 명령어로 읽어들이면 실행된 결과를 출력한다.

```
>S : =n->sum(binomial(n,beta) * ((2 * beta)!/2^beta-beta! * beta), beta=1..n) ;
```

$$S := n \to \sum_{\beta=1}^{n} \text{binomial}(n, \beta)\left(\frac{(2\beta)!}{2^{\beta}} - \beta!\beta\right)$$

```
> save S, "cmd.txt" ;
```

위와 같이 n에 대한 특정 함수를 순수함수로 정의한 다음에 S로 이름을 붙이고 그 내용을 "cmd.txt" 파일로 저장한다. 이 경우에 파일을 어느 디렉터리에 저장하는지 살펴볼 필요가 있다. 저장한 파일 내용을 불러오고자 할 때에는 "read" 명령어를 사용한다.

```
> read "cmd.txt";
```

$$S := n \rightarrow \sum_{\beta=1}^{n} \text{binomial}(n, \beta)\left(\frac{(2\beta)!}{2^{\beta}} - \beta!\beta\right)$$

```
> S(15);
```

$$837924730775245849731008853O$$

여기서 read 명령어로 불러들인 파일 내용을 실행한 결과뿐만 아니라 저장된 명령문의 내용도 워크시트에 출력하고 싶은 경우에는 다음과 같이 "interface" 명령어를 사용한다.

```
> interface(echo=2):
> read "cmd.txt";
> S:=n->sum(binomial(n,beta)*((2*beta)!/(2^beta)-beta!*beta),beta=1..n);
```

$$S := n \rightarrow \sum_{\beta=1}^{n} \text{binomial}(n, \beta)\left(\frac{(2\beta)!}{2^{\beta}} - \beta!\beta\right)$$

다시 인터페이스를 원래 상태로 되돌리기 위하여 다음과 같이 입력한다.

```
> interface(echo=1):
```

참고로, "save" 명령어를 사용하면 기존 파일이 존재하는 경우에 그 파일의 내용을 삭제하고 백지 상태에서 새로이 내용을 저장하게 된다. 만약 기존의 "cmd.txt"파일에 다른 명령문을 추가하여 저장하고자 할 때에는 다음과 같이 "save" 다음에 저장할 명령어 이름을 덧붙여 나열하면 된다.

```
> S2:=a*x^2+b*x^2;
> save S,S2, "cmd.txt";
```

7.5 파일 쓰기

대량 자료를 취급할 경우에는 독립된 파일에 자료를 저장하는 방법이 필요하다. 이 경우에는 writedata 명령어를 사용하는데, 이것의 형식은 다음과 같다.

writedata(filename, data, form at)

여기서 filename은 저장할 파일의 이름이고, data는 리스트, 벡터, 행렬, 리스트의 리스트 등이다. format은 자료의 형태로서 integer, float, string 중에 하나를 지정할 수 있는데, 디폴트 값은 float이다.

한편, 기존의 파일에 자료를 덧붙여 저장하고자 할 경우에는 writedata 대신에 writedata[APPEND]를 사용한다. 앞 절에서 소개한 바와 같이 파일이 위치할 디렉터리를 먼저 살펴보는 것이 에러를 피하는 요령이다. 리스트 형태의 자료를 L로 정의하고, 그 자료를 “example.txt” 파일로 저장한다. 이와 같이 “writedata” 명령어를 쓰는 경우에는 그 결과가 화면에 출력되지 않는다.

```
> currentdir("d:/BOOK/Maple/책원고"):
> L:=[1.4142, 3.6015,-27,0];
```

$$L : [1.4142,\ 3.6015,\ -27,\ 0]$$

```
> writedata("example.txt",L);
```

단순히 자료를 기존의 파일에 덧붙이고자 하는 경우에는 다음과 같이 실행한다.

```
> writedata[APPEND]("example.txt",L);
```

저장한 파일을 “readdata” 명령어를 사용하여 읽어들이면 자료를 확인할 수 있다. 만약, *L*을 파일로 저장하지 않고, 화면에 그냥 출력하고자 하면, 파일 이름을 terminal로 두고 “writedata” 명령어를 실행한다.

```
> M:=readdata("example.txt");
```

$$M := [1.4142,\ 3.6015,\ -27.,\ 0.]$$

```
> writedata(terminal,M) ;
1.4142
3.6015
-27
0
```

필요한 경우에 L의 데이터 모두를 map 명령어를 사용하여 소수점 이하를 버리거나 반올림할 수 있다.

```
> map(trunc,M) ;
```

$$[1,\ 3,\ -27,\ 0]$$

```
> map(round,M) ;
```

$$[1,\ 4,\ -27,\ 0]$$

한편, 행렬의 수치 자료를 정의한 후에 그 자료를 터미널에 출력하고자 하면, 다음과 같이 하면 되는데, 행렬 정의를 위하여 먼저 "linalg" 패키지를 불러온다.

```
> with(linalg) :
> B : =matrix(3,3,[1,2,3,-3.7,0,2,1.45,27,2/3]) ;
```

$$B := \begin{bmatrix} 1 & 2 & 3 \\ -3.7 & 0 & 2 \\ 1.45 & 27 & \frac{2}{3} \end{bmatrix}$$

```
> writedata(terminal,B) ;
```

1	2	3
−3.7	0	2
1.45	27	0.6666666667

다음은 앞절에서 이미 소개한 바 있는 save 명령어의 구체적인 예를 살펴본다. save 명령어를 사용하면 Maple의 복잡한 표현식 또는 프러시저를 간편하게 불러 쓰기 위하여 확장자 .m을 갖는 내부 파일로 저장할 수 있다. 다음 예에서는 두 개의 표현식을 각각 expr과 qbinomial로 정의하고, save 명령어로 expr.m 파일로 저장해 본다.

```
> expr : =3 * x^4 - 16 * x^3 + 13 * x + 16 ;
```

$$expr := 3x^4 - 16x^3 + 13x + 16$$

```
> qbinomial : = (n,k) - >product(1 - q^i,i= n - k + 1..n)/product(1 - q^i,i= 1..k) ;
```

$$qbinomial := (n, k) \rightarrow \frac{\prod_{i=n-k+1}^{n} (1-q^i)}{\prod_{i=1}^{k} (1-q^i)}$$

```
> save expr, qbinomial, "expr.m" ;
```

그 다음에 restart 명령어를 실행하여 기존에 정의된 표현식, 변수와 프러시저를 모두 지워버리고 "expr.m" 파일을 읽어들인 후에 expr과 qbinomial(5,2)를 실행해 보면, "expr.m" 파일에 저장된 Maple의 수식이 실행된 결과가 화면에 나타남을 확인할 수 있다.

```
> restart ;
> expr ; qbinomial(5,2) ;
```

$$expr$$
$$qbinomial(5, 2)$$

```
> read "expr.m" ;
> expr ; qbinomial(5,2) ;
```

$$3x^4 - 16x^3 + 13x + 16$$
$$\frac{(1-q^4)(1-q^5)}{(1-q)(1-q^2)}$$

7.6 Fortran과 C 언어 코드 생성

Maple의 수식 표현을 Fortran과 C언어로 자동 생성하는 방법을 사용하면, 사용자가 정의한 프러시저나 표현식을 Fortran 또는 C 언어의 코드로 변환하여 Fortran 또는 C 언어로 추가 작업을 하는데 편리하다. 그러나 이 방법으로 "solve"와 같이 Maple에 내장된 명령어를 Fortran 또는 C 코드로 생성하기는 불가능하다.

1) Fortran 코드 생성의 예

먼저 다음과 같은 수식을 하나 정의해 보자.

```
> solve(a*x^2+b*x+c=0,x);
```

$$-\frac{1}{2}\frac{b-\sqrt{b^2-4ac}}{a},\ -\frac{1}{2}\frac{b+\sqrt{b^2-4ac}}{a}$$

```
> x1:=%[1];
```

$$x1 := -\frac{1}{2}\frac{b-\sqrt{b^2-4ac}}{a}$$

위와 같이 정의한 x1을 Fortran 코드로 생성하기 위하여 "codegen" 패키지를 로드시키고, "fortran"이라는 명령어를 사용한다. 옵션 중에 optimized를 사용하면 지역 변수를 사용하여 코드를 분리시켜 준다.

```
> with(codegen,fortran):
> fortran(x1,optimized);
```

```
t1=b**2
t5=sqrt(t1-4*a*c)
t10=-(b-t5)/a/2
```

다음은 1에서 n까지 모든 정수 $k!$를 합하는 프러시저 sumFac를 정의해 보자. 만약에 sumFac(4)를 호출하면 $1!+2!+3!+4!=34$가 되어야 한다.

```
> sumFac : =proc(k)
local m,x ;
x : =0 ;
for m from 0 to k
do
x : =x+m!
od ;
x ;
end ;
```

```
sumFac : =
    proc(k) local m, x ; x= : =0 ; for m from 0 to k do
        x : =x+m!end do  ; x end proc
    sumFac=proc(k)
        local mx ;
        x : =0
        for m from o to k do
            x : =x+factorial(m)
        end do ;
        x
    end proc
```

```
> sumFac(4) ;
```

34

이 프러시저 sumFac을 optimized 옵션을 사용하여 Fortran 코드를 생성해 보면 다음과 같은 결과를 얻게 된다.

```
> fortran(sumFac,optimized) ;
```

```
doubleprecision function sumFac(k)
doubleprecision k
integer m
doubleprecision x
```

```
            x=0
            do 1000 m = 0, k, 1
               x=x+factorial(m)
1000        continue
            sumFac=x
            return
         end
```

2) C 코드 생성의 예

Fortran 코드 생성과 마찬가지로 앞에서 정의한 x1을 C 코드로 생성하기 위하여 먼저 C 언어용 codegen 패키지를 로드시키고, C 명령어를 실행해 본다.

```
> with(codegen,C) :
> C(x1,optimized) ;
```

```
t1 = b*b ;
t5 = sqrt(t1-4.0*a*c) ;
t10 = -(b-t5)/a/2.0 ;
```

그 다음 앞에서 정의한 sumFac 프러시저에 대한 C 코드를 생성해 본다.

```
> C(sumFac) ;
```

```
#include <math.h>
double sumFac(k)
double k ;
{
   int m ;
   double x ;
   {
     x = 0.0 ;
     for(m=0 ; m<= k ; m++)
       x += exp(lgamma(1.0+m)) ;
```

```
        return(x) ;
    }
}
```

참고로 다음과 같이 Maple에 내장된 solve 프로시저에 대한 C 언어 코드 생성을 시도해 보면 코드 생성이 불가능함을 확인할 수 있다.

```
> C(solve) ;
Error, (in codegen/C) invalid subscript selector
```

7.7 Spreadsheet 사용

도표 형식의 자료를 처리하는데 유용한 자료 형태는 행렬인데, 엑셀과 같은 테이블 형태의 자료 처리 방식 또한 사용자에게 매우 유용하다. 엑셀과 같은 스프레드시트의 화면은 GUI 환경에서만 구동이 된다. 이러한 스프레드시트에서 자료 입력과 특정한 영역의 자료를 처리하기 위한 명령어를 사용하면 다양한 자료 처리가 용이해진다. 특히, 행렬 속의 특정 부분 집합에 해당되는 자료를 수정한 후에 다시 이것을 치환시키는 경우에 이 스프레드시트의 기능을 사용하면 복잡한 자료의 변환을 따로 모듈로 작성하지 않아도 된다. 그런 대표적인 예가 block matrix 처리 기능이다.

스프레드시트의 사용은 Spread 패키지를 호출하는 명령어인 "with(Spread)"로 시작한다. LinearAlgebra 패키지의 모듈인 RandomMatrix를 사용하여 임의의 원소를 가진 10행 5열의 행렬을 만든 다음 그것을 스프레드시트 안에 넣고자 한다. 그런 다음 그 스프레드시트에서 2행3열 원소부터 4행5열로 형성되는 블럭을 선택한다. 2행2열로 구성된 행렬 m2를 스프레드시트의 선택된 블럭으로 삽입시킨다. 그 다음에 "GetValuesMatrix(ssid)"를 실행시키면 현재 선택된 영역에 대한 원소들을 반환하게 된다.

```
> with(Spread) :
> m : =LinearAlgebra : -RandomMatrix(10, 5) :
m2 : =Matrix(2, 2, [[a,b],[c,d]]) :
ssid : =CreateSpreadsheet() :

> SetMatrix(ssid, m) :
EvaluateSpreadsheet(ssid) :
SetSelection(ssid, 2, 3, 4, 5) :
InsertMatrixIntoSelection(ssid, m2) :
GetValuesMatrix(ssid) : GetFormulaeMatrix(ssid) :
```

이 스프레드시트를 포함한 워크시트의 출력은 다음에서 보는 것과 같이 화면에 나타난다.

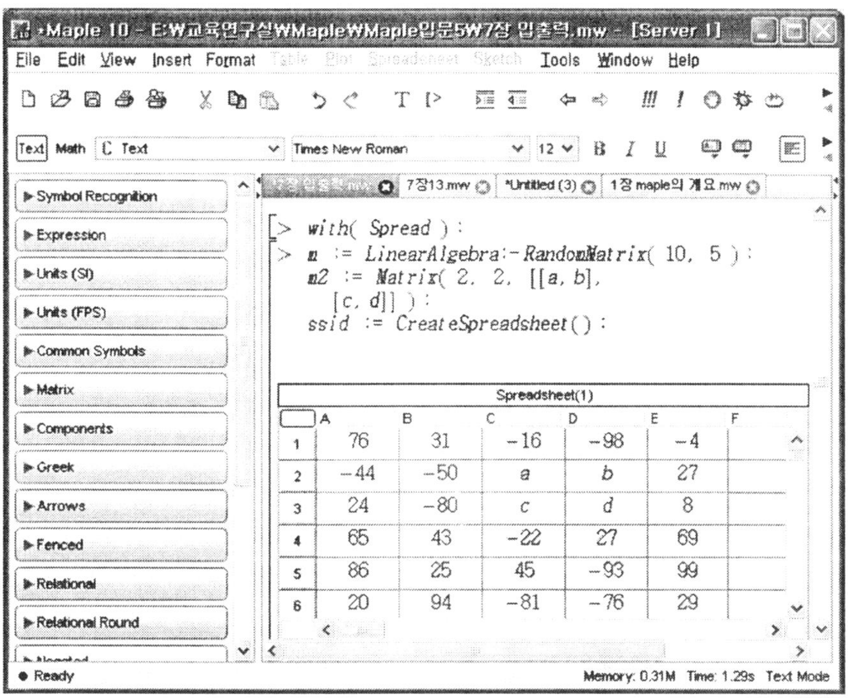

7.8 Excel과의 연동

사용자에게 익숙한 엑셀 스프레드시트 환경에서 강력한 기능의 Maple 함수를 불러내어 엑셀에서 구현하기 어려운 부분이나 Maple 명령어를 활용하여 정밀한 계산과 그래프 표현을 하는 기능을 살펴보자. 이 기능으로 인하여 복사와 덧붙이기 기능을 통해 Maple과 Excel 사이의 자료 교환이 가능하게 되었다. 엑셀에서 Maple 함수를 사용하는 어려움을 해소하기 위하여 Maple 함수 마법사가 따로 제공된다. 또한 Excel 안에서 Maple 도움말을 사용하기도 한다.

이 연동 기능은 엑셀에서 Maple이 추가되는 형태로 구현된다. 우선 엑셀에서 메뉴 "Tools", "Add - Ins"를 선택한다. 그런 다음 목록에서 Maple의 추가 기능을 선택하고, 만약에 이 추가 기능이 보이지 않으면 찾아보기에서 WMIMPLEX.xla 파일을 선택한 다음 "OK" 버튼을 누른다. 그 다음, "**Maple 10 Excel A dd - in**" 체크박스를 선택하고 마지막으로 "OK" 버튼을 누른다. 이렇게 하면 엑셀에서 Maple 10을 연동하는 절차가 끝나게 된다. 도움말을 보기 위하여 메뉴 "View"에서 "Toolbars"를 선택하고 "Maple 10"을 선택하면 도움말 아이콘이 나타난다.

다음 그림은 엑셀에서 자료처리를 수행한 다음에 엑셀의 챠트 기능에서 지원되지 않는 3차원 그래픽의 기능을 Maple에서 호출하여 그래픽을 출력하는 예를 보여주고 있다. 또한 엑셀의 자료처리 결과를 Maple의 워크시트에 복사하여 사용할 수 있다.

1장에서 소개한 바와 같이 수학공식을 도표로 만들거나, 자주 쓰는 수식표현을 표로 만들기 위하여 엑셀의 스프레드시트 기능을 사용하면 매우 편리하다. 미적분에서 자주 나타나는 삼각함수의 미분과 적분표를 만들거나, 푸리에 함수의 미적분 표를 만드는 경우에 Maple의 미적분 기능을 호출하면 된다. 미리 함수를 입력하고 하나의 미분 또는 적분의 명령어를 입력하여 그 결과를 수행한 다음에 셀을 드래깅하여 나머지 셀의 기호연산을 자동적으로 마무리하게 된다.

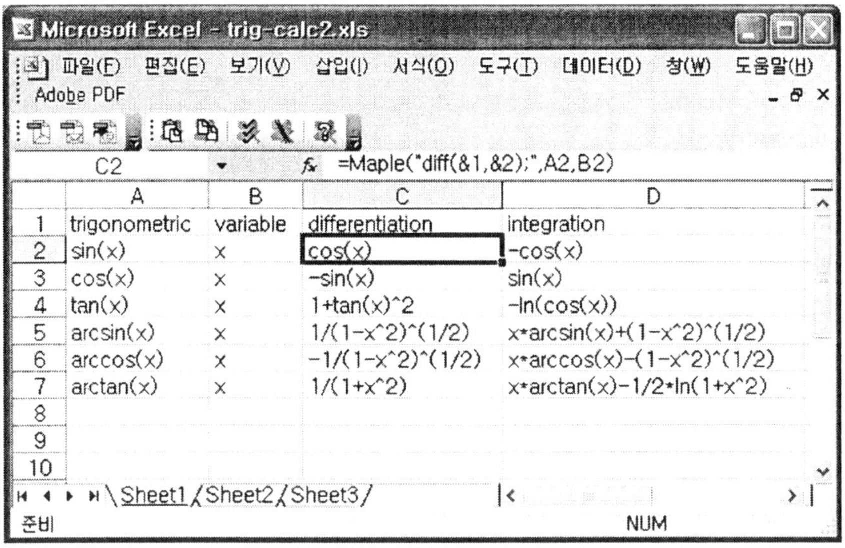

Microsoft Excel - trig-calc2.xls

C2 =Maple("diff(&1,&2);",A2,B2)

	A	B	C	D
1	trigonometric	variable	differentiation	integration
2	sin(x)	x	cos(x)	-cos(x)
3	cos(x)	x	-sin(x)	sin(x)
4	tan(x)	x	1+tan(x)^2	-ln(cos(x))
5	arcsin(x)	x	1/(1-x^2)^(1/2)	x*arcsin(x)+(1-x^2)^(1/2)
6	arccos(x)	x	-1/(1-x^2)^(1/2)	x*arccos(x)-(1-x^2)^(1/2)
7	arctan(x)	x	1/(1+x^2)	x*arctan(x)-1/2*ln(1+x^2)
8				
9				
10				

위의 자료를 Maple에서 행렬로 불러오거나 Maple의 스프레드시트로 읽어오기 위하여 다음과 같이 실행해 본다. 우선 위의 엑셀 자료를 탭으로 분리된 텍스트 파일로 저장한다. 예를 들어 파일 저장하기에서 적당한 디렉터리(예, D)에 trig-calc.txt라는 파일 이름으로 저장한다. 그런 다음에 Maple에서 다음과 같이 실행해 본다.

```
> with(LinearAlgebra):
> B:=ImportMatrix("D:\\trig-calc.txt"):
```

이 행렬 데이터는 다시 필요한 경우에 스프레드시트에 삽입할 수 있다.

```
> with(Spread):
> calc:=CreateSpreadsheet();
> SetMatrix(calc, B);
```

이렇게 실행된 Maple의 출력은 다음과 같다.

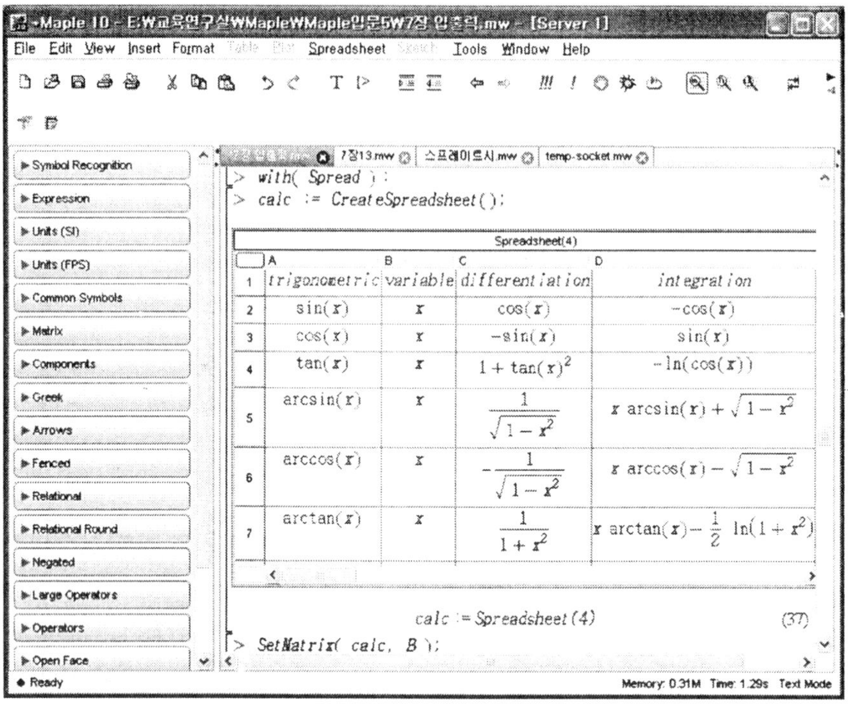

엑셀에서 처리된 자료를 다시 Maple에서 지원하는 선행대수의 다양한 수치연산과 대수적 연산의 기능을 사용하면 엑셀 자체 내에서 또는 Maple의 스프레드시트에서 자료를 입체적으로 처리할 수 있다. 이 장점을 살리면 실생활에서 등장하는 다양한 실제적인 자료를 엑셀과 Maple에서 스프레트시트 식 통계 처리와 기호 계산을 동시에 할 수 있다. 또한 자료의 분석을 그래픽으로 처리하면서 통계와 관련된 명령어를 실행해보면서 알고리즘을 작성해보는 연습을 해 나가면 단계별 분석을 통하여 어려운 수학과 통계 처리도 거뜬히 해 나갈 수 있으리라 기대한다.

7.9 HTML 문서로 저장하기

Maple로 작업한 내용을 웹서버에서 홈페이지 형태로 제공하고자 할 때에는 워크시트를 HTML 문서로 변환하는 것이 가장 쉬운 방법이 된다. 현재 작업을 마무리한 워크시트가 있다면, 먼저 "File" 메뉴에서 "Export As"를 선택한 다음 "HTML …"을 클릭하면 된다. 그런 다음에 저장할 파일의 이름과 디렉터리를 지정해 주면 대부분의 Maple의 수식과 그래픽은 gif 파일로 변환되고, 나머지 문서의 서식은 HTML 문법으로 변환된다.

여기서 문서 변환의 종류를 간단히 소개한다. "Export As"의 하위 메뉴 항목 중에 "Maple Text…"를 선택하면 워크시트의 입출력 부분을 1차원 폰트로 구성하고 섹션 등의 서식에 포함된 텍스트는 따로 주석(# 표시)으로 처리해 준다. "Plain Text…" 항목을 선택하면 워크시트의 내용이 텍스트 문서로 변환된다. 또 다른 변환 방식은 워크시트를 RTF로 저장하는 것인데,. "RTF…" 항목을 선택하면 된다. 이 문서는 Visual Basic으로 수식을 표현하거나 Internet Explore 웹브라우저에서 바로 볼 수 있는 서식을 담고 있다. 만약에 MathML를 선택한다면 현재의 워크시트를 MathML 브라우저 또는 WebEQ 자바 애플릿을 사용하여 읽을 수 있는 문서 형식으로 바꿀 수 있는데 이에 대한 부분은 다음 장에서 자세하게 다시 소개한다.

웹문서로 변환되는 워크시트는 다음과 같은 기능을 보존하게 된다.

1) 워크시트가 제목과 부제목을 가지고 있는 경우에, 사용자의 웹브라우저가 프레임 기능을 지원한다면 왼쪽 프레임에 제목과 부제목이 메뉴 형태로 나열되어 문서를 쉽게 볼 수 있도록 변환한다.
2) Maple의 스프레드시트 문서는 도표 형식으로 바뀐다.
3) 워크시트에 하이퍼링크가 만들어져 있다면 웹문서에도 똑 같은 하이퍼링크가 만들어진다.
4) 애니메이션 그래픽은 웹문서에서 작동되는 애니메이션용 GIF 파일의 형태로 변환된다.

참고로 정적인 HTML 문서로 변환하는 방법은 수식을 gif 파일로 처리하는 단점이 있지만, 웹브라우저에서 문서를 읽어들이는 지연 시간을 줄일 수 있으므로, 신속하게 웹문서를 로드 시킬 경우에는 여기서 소개하는 방법이 선호되고 있다. HTML 형식으로 변환된 웹문서는 필요한 경우에 나모 편집기 등을 사용하여 손쉽게 HTML 소스를 수정할 수 있는 장점을 갖고 있다. Maple 워크시트를 HTML 문서로 변환시키는 사용자는 컴퓨터에 저장된 폴더 전체를 웹서버로 전송하고 난 후에 웹브라우저로 그 결과를 확인하는 것이 바람직하다.

7.10 LaTeX 문서로 저장하기

수학용 논문 또는 보고서를 작성하여 출판하고자 할 때에는 Maple 문서를 수학 문서 편집 기능으로 널리 쓰이는 LaTeX 코드로 변환시킨다. 그런 다음 LaTeX 전용 편집기를 사용하여 이 파일을 수정하여 ps 파일 또는 pdf 파일로 출력하면 문서 출판이 용이하게 된다. 여기서 LaTeX이란 수식을 출력하기 위하여 Donald Knuth가 개발한 TeX의 매크로 패키지이다. TeX은 수학 문서의 출판 도구로서 현재 존재하는 프로그램 중에 가장 완성도가 높은 것으로 간주되고 있다.

이 절에서는 Maple의 워크시트에서 수식을 처리한 결과를 LaTeX 형식으로 바꾸는 과정을 소개한다. 이 과정에서 특정식 한 개만 변환시킬 수도 있고 워크시트 전체를 LaTeX 파일로 변화시켜 확장자가 .tex인 파일로 저장할 수 있다. 먼저 표현식 몇 개를 LaTeX 형식으로 바꾸어보자.

```
> latex(x^2+y^2 =z^2) ;
```

{x}^{2}+{y}^{2}={z}^{2}

```
> latex(Limit(int(f(x),x=-n..n),n=infinity)) ;
```

\lim _{n\rightarrow \infty } \left(\int _{-n}^{n}\!f \left(x \right) {dx} \right)

이 중에서 한 개의 LaTeX 형식을 파일에 저장하고자 하면, 다음과 같이 파일이름을 추가하면 된다.

```
> latex(x^2+y^2 =z^2, "LatexFile.txt") ;
```

이렇게 생성된 LaTexFile.txt 파일에 다른 LaTeX 코드를 추가하여 저장하고자 하면 append라는 옵션을 추가하여 실행한다.

```
> latex(1/(a * * b), "LatexFile.txt",append) ;
```

LaTeX 형식으로 변환된 결과는 문자열(string)로 저장되어 있기 때문에 일반적인 Maple 형태로 저장되어 있지 않다. 따라서 이 "LatexFile.txt"를 읽어들이기 위하여 read 또는 readdata 명령어를 사용하면 에러가 발생하고, 일반적인 파일을 읽을 수 있는 readline과 같은 명령어를 사용하면 파일 내용을 화면을 출력시킬 수 있다.

```
> readline("LatexFile.txt");
```

"{x}^{2}+{y}^{2}={z}^{2}"

이 readline 명령어는 현재의 파일 포인터에서 한 줄만 읽을 수 있기 때문에, 파일 전체를 읽기 위하여 다음과 같이 한다. 우선 restart 명령어를 실행한 후에 한 줄씩 읽은 문자열을 content라는 지역 변수에 덧붙인다. 이 과정을 파일의 마지막 줄에 다다를 때까지 반복하고 나서 파일의 내용을 모두 담은 content를 마지막으로 반환시킨다.

```
> restart:
readfile:=proc(filename)
local line,content;
content:="";
line:=readline(filename);
while line <> 0 do
    content:=cat(content,line);
    line:=readline(filename);
end do;
content;
end:
```

이렇게 정의한 readfile 프러시저를 LaTeX으로 불러들일 파일 이름과 같이 호출하면 다음과 같이 LaTeX 형식으로 저장된 내용을 출력하게 된다.

```
> readfile("LatexFile.txt");
```

"{x}^{2}+{y}^{2}={z}^{2}\\left({a}^{b}\\right}^{-1}"

다음은 작업하고 있는 워크시트 전체를 LaTeX 형식의 문서로 변환시켜 보자. 예를 들어 다음과 같은 작업을 현재의 워크시트에서 하고 있다고 가정한다.

```
> Int(1/(1+x^4), x)=int(1/(1+x^4), x);
```

$$\int \frac{1}{1+x^4}dx=\frac{1}{8}\sqrt{2}\,ln\left(\frac{x^2+x\sqrt{2}+1}{x^2-x\sqrt{2}+1}\right)$$

$$+\frac{1}{4}\sqrt{2}\arctan(x\sqrt{2}+1)$$

$$+\frac{1}{4}\sqrt{2}\arctan(x\sqrt{2}-1)$$

```
> plot3d(sin(x) * cos(y),x=0..2 * Pi,y=0..2 * Pi) ;
```

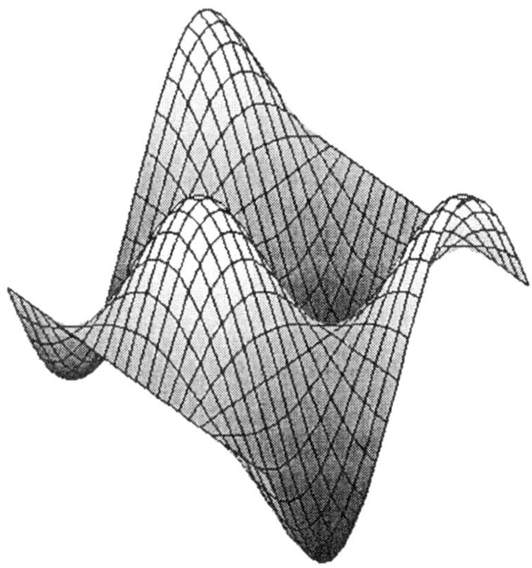

```
> solve(a * x^2+b * x^2+c=0,x) ;
```

$$\frac{\sqrt{-(a+b)c}}{a+b},\ -\frac{\sqrt{-(a+b)c}}{a+b}$$

```
> Limit((int(f(x),x=-n..n)),n=infinity) ;
```

$$\lim_{n\to\infty}\int_{-n}^{n} f(x)dx$$

이렇게 작업한 워크시트 전부를 LaTeX 문서로 변환하기 위하여 File 메뉴의 "Export As"에서 "LaTeX"를 선택한다. 여기서 워크시트에 나타나지 않는 수식이나 그래픽은 LaTeX 문서로 변환되지 않음에 유의해야 한다. 그런 다음, 적당한 파일 이름(예, latex-test.tex)과 이 파일을 저장할 디렉터리를 지정한다. 그러면 "latex-test.tex"의 이름으로 TeX 문서가 생성되고, 3D 그래픽 부분은 따로 "latex-test01.ps" 이름의 포스트스크립트 파일로 생성된다. LaTeX 변환 과정에 대한 좀더 자세한 사항은 온라인 도움말 창에서 latex을 입력하여 자세히 읽어볼 수 있다. 참고로 이미 작성한 LaTeX 파일을 Maple에서 읽어오는 방법은 현재 없는 것으로 알고 있다.

7.11 MathML 파일로 저장하기

Maple 10 버전은 향상된 기능으로 워크시트를 MathML 문서로 변환할 수 있는 기능을 제공한다. MathML이란 Mathematical Markup Language의 약자로 웹상에서 수학 정보를 교환하는데 적용될 표준의 일종이다. 현재 W3C(World Wide Web Consortium)에서 이런 표준화 작업을 하고 있다. MathML 2.0은 수식 표현의 제시 방법과 수식 표현의 내용을 다루는 Markup 언어인데, Maple 10은 이 MathML 2.0을 지원하고 있다. MathML에 관한 자세한 내용은 http://www.w3c.org/Math 사이트에 나와 있다. MathML과 유사하게 상호작용적 수식 표현과 의미 구조의 파악을 웹상에서 처리할 수 있는 표준화 작업인 OPENMATH는 유럽을 중심으로 전개되고 있음을 참고하기 바란다(http://www.openmath.org 참조).

우선 MathML의 형식을 알아보기 위하여 다음과 같이 MathML 패키지를 로드한 후에 이 패키지의 Export 함수를 이용하여 적분에 대한 수식을 MathML로 바꾸는 예제를 살펴보자.

```
> restart;
> with(MathML);
```

$$[Export,\ ExportContent,\ ExportPressentation,\ Import,\ ImportContent]$$

```
> expression:=Int(sqrt(x),x);
```

$$expression := \int \sqrt{x}\, dx$$

Export 명령어를 사용하여 위에서 정의한 expression을 MathML 2.0으로 변환시킨다. 그런 다음 그 결과를 XMLTools 패키지의 Print 명령어를 사용하여 들여쓰기로 출력한다.

```
> Export(expression) :
> XMLTools : -Print(%) ;
```

```
<math xmlns='http://www.w3.org/1998/Math/MathML'>
  <semantics>
    <mrow xref='id4''>
      <mo>&Integral;</mo>
      <mrow xref='id3'>
        <msqrt>
          <mi xref='id2'>x</mi>
        </msqrt>
      </mrow>
      <mo>&InvisibleTimes;</mo>
      <mrow>
        <mo>&DifferentialD;</mo>
        <mi xref='id1'>x</mi>
      </mrow>
      </mrow>
      <annotation-xml encoding='MathML-Content'>
        <apply id='id4'>
          <int/>
          <bvar>
            <ci id='id1'>x</ci>
          </bvar>
          <apply id='id3'>
            <root/>
            <ci id='id2'>x</ci>
           </apply>
           </apply>
         </annotation-xml>
      <annotation encoding='Maple'>Int(x^(1/2),x)</annotation>
```

```
  </semantics>
</math>
```

한 눈에 보기에 위의 MathML 출력은 HTML과 유사한 형태를 띠고 있는 것처럼 보이는데, 자세히 보면 display와 content별로 다른 문법 구조를 보여주고 있다. 즉, 표현식을 구문(syntax) 차원에서 단지 제시하는 부분과 내용에 대한 의미론(semantics) 차원에서 표현식의 내용을 다루는 부분으로 나누어져 있다. Fortran 코드와 C 코드를 생성하는 것과 유사한 방법으로 다음과 같이 실행하면, MathML 2.0의 코딩 방법 두 가지를 확인할 수 있다.

```
> with(codegen) :
> MathML(expression) ; #위의 출력 결과와 같음.
> MathML(expression, output=content) ; # 내용 부분의 코딩

<math xmlns='http : //www.w3.org/1998/Math/MathML'>
  <apply id='id4'>
    <int/>
    <bvar>
      <ci id='id1'>x</ci>
        </bvar>
        <apply id='id3'>
          <root/>
          <ci id='id2'>x</ci>
        </apply>
      </apply>
 </math>

> MathML(expression, output=presentation) ; # 제시 부분의 코딩

<math xmlns='http : //www.w3.org/1998/Math/MathML'>
  <mrow>
    <mo>&Integral ; </mo>
    <msqrt>
```

```
    <mi>x</mi>
  </msqrt>
  <mo>&InvisibleTimes ; </mo>
  <mrow>
    <mo>&DifferentialD ; </mo>
    <mi>x</mi>
  </mrow>
 </mrow>
</math>
```

Maple 워크시트 전체를 MathML로 변환시키기 위해서는 File 메뉴의 Export As 아래에 있는 HTML with MathML 항목을 선택한다. 이 방법은 수식 외의 대부분을 HTML로 변환하고 그래픽과 같은 이미지 부분은 gif 파일로 변환하므로 정형화된 수식에 한하여 MathML로의 변환이 가능하다. 메뉴 선택 후에, 디렉터리 지정과 함께 저장할 파일 이름을 입력하고 나면 수식을 변환할 몇 가지 옵션이 나타나는데 이것은 MathML의 표준화 작업이 현재진행형이라는 점을 반영하고 있다. 옵션 중에 MathML 1.0은 수식 제시(display) 부분만 지원되고, MathML 2.0은 수식 제시(display) 및 내용(content) 처리 문법이 지원되며, MathML 2.0 with WebEQ는 수식의 변환을 WebEQ에서 지원하는 자바 애플릿으로 처리하는 기법이다. 이와 같은 옵션은 사용자의 웹브라우저의 기능 여부에 따라 MathML 문서를 읽을 수도 있고, 그렇지 못할 수도 있기 때문에 MathML 1.0을 지원하는 웹브라우저인지, MathML 2.0을 지원하는 웹부라우저인지를 확인할 필요가 있다. 만약에 MathML을 지원하지 못하는 웹브라우저를 사용하는 경우에는 다음의 사이트를 방문하여 MathML 뷰어인 WebEQ를 다운하여 사용하면 MathML 문서를 웹상에서 읽을 수 있다.

http : //www.maplesoft.com/standards/MathML/Viewer/index.html

7.12 VRML 파일 작성하기

웹상에서 가상현실을 구현하는 방법으로 VRML 파일을 작성하고 해당되는 플러그인을 설치한 후에 웹브라우저에서 3차원 입체 그래픽을 감상할 수 있다. 우선 VRML 파일을 작성하기 위하여 Maple에서 제공하는 vrml 명령어를 사용하여 2차원 또는 3차원 그래픽을 작성해야 한다. 이 vrml 명령어는 plottools라는 라이브러리를 먼저 로드해야 실행된다.

다음의 예제는 3차원 튜브를 작성하는 Maple 코드이며 이 파일은 "Torus.wrl"이라는 이름으로 저장된다. 3차원 그래픽으로 생성된 튜브는 Pic 파일 형식으로 저장되었으며, 이것을 화면에 출력하면 다음과 같이 나타난다. VRML 뷰어로 "Torus.wrl" 파일을 열어보면 가상현실과 같은 모드에서 그래픽을 감상할 수 있다.

```
> with(plottools) :
> c1 : =[sin(x)-2 * cos(0.5 * y),cos(x)-2 * sin(0.5 * y),y] :
c2 : =[cos(x)+2 * sin(0.5 * y),sin(x)+2 * cos(0.5 * y),y] :
pic : =plot3d({c1,c2},x=0..2 * Pi,y=0..15,grid=[25,15],style=patch,   lightmodel=
light4) :
vrml(pic, `Torus.wrl`, transparency=0.5) ;
```

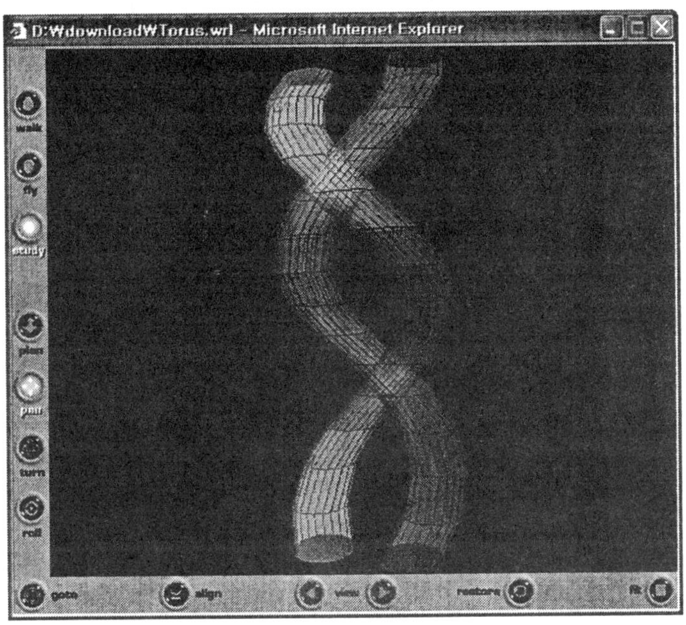

다음은 "draw" 명령어를 사용하여 tetrahedron을 3차원 그래픽으로 그린 다음, 이것을 VRML 파일로 저장하는 예를 소개한다. 이 VRML 파일을 다양한 각도에서 감상하기 위하여 VRML 플러그인(예, cosmos plug-in)을 설치하면 다음과 같이 그래픽이 웹브라우저에 나타난다. 여기서 소개한 vrml용 플러그인은 인터넷에서 무료로 다운받을 수 있다.

```
> with(plottools):
  with(geom3d):
> geom3d[tetrahedron](t1, geom3d[point](o, 0, 0, 0), 1.):
geom3d[tetrahedron](t2, o, 1.0001):
vrml(geom3d[draw]([t2, t1], tickmarks=[3, 3, 3],axes=frame), 'link.wrl',
tickback_color=brown, tickfore_color=yellow);
> vrml(geom3d[draw](geom3d[tetrahedron](t,geom3d[point](o1, -2, 2, 1), 1.),
orientation=[-109, 52], color=COLOR(RGB, .9335294125, .9129411760,
.5205882350)), 'main.wrl', anchor=[1="link.wrl"]);
```

7.13 TCP/IP 소켓 사용하여 웹자료 다운받기

Maple 10이 제공하는 TCP/IP 소켓 패키지를 사용하면 방문이 허용된 웹사이트 서버에 접속하여 필요한 데이터를 받아볼 수 있다. 예를 들면 주식 정보를 제공하는 http://finance.yahoo.com 서버에 접속하여 마이크로소프트 또는 맥도널드의 주가를 실시간으로 다운받을 수 있다. 이렇게 다운받은 데이터를 Maple에 내장된 명령어로 통계 처리를 하고, Maple 언어를 사용하여 수학 모델을 작성하면 실제 데이터를 사용한 탐구적 활동으로 연결시킬 수 있다. 여기서는 인터넷 자료를 다운받는 과정과 다운받은 자료를 Maple에서 간단한 통계 처리하는 부분만 설명한다.

우선 http://finance.yahoo.com 사이트를 방문하면, 주식에 관한 정보를 얻을 수 있다. 웹페이지에서 제공하는 링크를 따라가면서 원하는 회사 코드를 바로 입력하거나 회사의 이름을 "symbol lookup"을 통하여 코드를 찾아서 입력하면 관련 주식 정보가 나타난다. 이 일련의 작업을 url 주소로 처리할 수 있는가? 가능하다. 즉, 어떤 웹브라우저의 상단에 있는 url 주소란에 특정 문자열을 입력하면 같은 주식정보를 얻을 수 있다. 만약에 마이크로소프트 회사의 주식 가격을 바로 알고 싶으면 마이크로소프트 회사의 코드명인 MSFT를 사용하여 다음과 같이 웹주소를 입력하면 된다. 이것을 HTTP 용어로 말하면 Get 방식으로 웹문서를 읽는다고 한다.

<u>http://finance.yahoo.com/q?s=MSFT</u>

이와 같은 일련의 작업을 Maple에서 직접 구현할 수 있다. 우선, 인터넷 데이터를 읽기 위하여 Maple의 "Sockets" 패키지를 로드한 후에 특정 웹주소(여기서는 http://finance.yahoo.com)를 포트 80번으로 열기를 요청한다. 이것은 목적지 웹주소를 클릭한 것과 같은 효과를 낸다. 그 다음 그 주소의 하위 디렉터리의 특정 문서를 접근해서 내용을 읽어야 하는데, 이것은 "Write" 명령어로 특정 주소와 포트 번호를 써주면 된다. 이 예제에서는 "/q?s=MSFT" 부분을 "Write" 명령어로 작성하여 서버에 전송한다. 여기서 Get과 Post 방식의 차이점을 알아야 하는데, 보통 보안 등이 필요하지 않는 평범한 웹문서를 열기 위하여 "Get" 방식을 사용한다는 점만 이해하고 넘어가자.

여기서 웹주소를 직접 입력하는 부분을 Maple 언어로 작성할 때 다음과 같이 두 분으로 나누어서 코딩해본다. 그 다음 서버에서 전송하는 해당 문서를 읽어들이고자 할 때 "Read" 명령어를 사용한다.

```
> with(Sockets);
> s:=Open("finance.yahoo.com",80);
```

$$s := 0$$

```
> Write(s, "GET /q?s=MSFT \n");
```

$$40$$

```
> Read(s):#틀림
> Close(s):# 열어 둔 소켓을 닫는다.
```

여기서 하나 주의할 점은, 서버에서 전송해 주는 웹문서가 문자열로 이루어져 있는데, 보통 문자열이 매우 길기 때문에 한 줄씩 문서의 끝까지 읽어들일 수 있는 루틴을 따로 작성해야 한다. "Read" 명령어는 Maple 시스템이 지정한 버퍼의 용량 한도 내에서 문자열을 읽어들이므로 한번에 문서의 끝까지 읽어들이지 못한다. 따라서 다음과 같이 순환문을 작성하여 매번 읽어들인 버퍼 용량의 문자열을 합한 후에 마지막에 그 문자열 모두를 반환하는 코딩을 해 본다.

```
> ReadPage:=proc(s)
  local HTMLsource, nextBlock;
  HTMLsource:=" "; #빈 문자열
  nextBlock:=Sockets:-Read(s):#첫 블럭의 문자열을 읽어들인다.
     #읽어들인 블럭이 빈 것이 아니라면 다음을 실행한다.
     while nextBlock <> false do
          # 현재의 문자열에 읽어들인 블럭을 합친다.
          HTMLsource:=cat(HTMLsource,nextBlock);
          # 다음 블럭을 읽어들인다
          nextBlock:=Sockets:-Read(s);
     end do;
     HTMLsource;#모두 합친 문자열을 반환한다.
  end proc:
```

위에서 작성한 프로시저를 다음과 같이 호출하면 웹문서의 전체를 문자열로 처리할 준비가 된다.

```
> HTMLsource : =ReadPage(s) :
```

이렇게 웹문서를 읽어들인 후에 필요한 부분만을 발췌하는 문서 파싱을 해야 하는데, 여기서 필요한 것은 주식 데이터이므로 먼저 문자열 처리 패키지 "StringTools"를 사용하여 다음과 같이 해본다. 첫째 주식 정보가 있는 문장을 찾아야 하는데 html 문서 중에서 "</small><big><b>" 부분을 검색한다. 둘째, 그 문장 중에서 <b>...</b>로 둘러싸인 부분이 주식 가격이다. 문자열의 일부분을 추출하는 SubString을 사용하여 주식 가격의 정보를 반환하고 이어서 parse 명령어를 사용하여 문자열을 숫자로 인식시킨다.

이상 설명한 바와 같이 파싱 부분을 첨가하여 웹문서에서 주식 자료를 실시간으로 다운받기하는 Maple 코드는 다음과 같다.

```
> CurrentStock : =proc(companyCode)
  local s, i, j, id, urlString, text, stockString, Price ;

  urlString : =cat("GET /q?s=", companyCode, "\n") ;
  s : =Sockets : -Open("finance.yahoo.com",80) ;
  Sockets : -Write(s, urlString) ;
  text : =ReadPage(s) ;
  Sockets : -Close(s) ;
  # 주식 가격이 있는 문장을 찾는다.
  id : =cat(' ',"</small><big><b>") ;
  i : =SearchText(id,cat(``,text)) ;
  if i=0 then
    i : =SearchText("No such ticker symbol",cat(' ', text)) ;
      if i>0 then
         error "%1 is an unknown ticker symbol",stock
      end if ;
       error "Unable to interpret results from %1",server ;
  end if ;
```

```
  # 주식 정보가 있는 문장을 찾은 후에 다음을 찾는다.
  # <b>...</b>로 둘러싸인 부분이 주식 정보이다.
  j : =SearchText("<b>",cat(' ', text), i..-1) ;
  if j=0 then
      error "Quote for %1 not found",stock
  end if ;
  i : =i+j+2 ;
  j : =SearchText("</b>",cat(' ', text), i..-1) ;
  if j=0 then
      error "Unable to interpret results from %1", server ;
  end if ;

# 주식 가격에 해당되는 문자열을 추출한다
stockString : =StringTools : -SubString(text,i..i+j-2) ;

# 주식 데이터가 숫자인지 확인하기 위하여 파싱한다.
   Price : =parse(stockString) ;
    if type(Price, numeric) then
      Price ;
   else #숫자 데이터가 아니면 1000을 반환한다.
      -1000 ;
   end if ;
  end proc :
```

여기서 마이크로소프트의 주식 가격을 알아보기 위하여 다음을 실행해 본다.

```
> CurrentStock("MSFT") ;
```

$$26.85$$

여러 회사의 주식 정보를 알기 위하여 위에서 정의한 프로시저를 여러 회사의 코드 이름에 map 시키면, 그 결과를 목록 데이터로 얻게 된다.

```
> stocks : =map(CurrentStock, ["MSFT", "SUNW","YHOO"]) ;
```

$$stocks := [26.85,\ 5.28,\ 29.32]$$

이렇게 하여 만약 다음과 같은 주식 데이터의 리스트를 얻었다면 이 데이터를 Maple의 언어로 그래프를 그려본다거나 평균과 분산 등을 구해본다. 다음은 "stats" 패키지를 사용하여 평균을 구하는 일례를 보여준다.

```
> with(stats) :
> describe[mean](stocks) ;
```

20.48333333

7.14 도움말 토픽 생성 및 삭제

Maple의 도움말 기능을 추가하고 삭제하는 기능은 도움말의 기능을 확장하거나 추가함으로써 Maple의 사용자 편이성을 높이고자 할 때 매우 유용하다. 먼저, Maple의 도움말을 토픽별로 직접 참조하고자 할 경우에는 다음과 같이 명령어를 실행해 본다. 이것은 워크시트에 "?int"를 입력하여 실행하는 것과 같은 효과를 낸다.

```
> INTERFACE_HELP(display, topic=int) ;
```

Maple과 같은 컴퓨터 대수 시스템의 도움말 기능은 갈수록 강화되고 있어서,사용자가 필요한 경우에 토픽별로 도움말을 직접 추가할 수도 있고, 원하지 않는 경우에 삭제할 수도 있다. 우선 "tutorial"이라는 토픽의 도움말 설명을 텍스트 형태로 만들어 보자.

```
> INTERFACE_HELP(insert, topic="tutorial",
  text=TEXT("Title : Help on MyTopic", "Description : MyTopic deals with...",
"Example : Example1 of MyTopic is..."), library=libname) ;
```

그 다음, 이 텍스트 설명을 나타나게 할 도움말 화면의 상단에 나타나는 브라우저의 계층적 메뉴에 "MyTopic"을 삽입하는 예를 보여준다. 다음의 코드를 실행하면, "Mathematica/Algebra/MyTopic"의 계층 구조에 해당되는 도움말 메뉴를 생성시킨다.

> INTERFACE_HELP(insert, topic="tutorial", browser="Mathematics/Algebra/MyTopic", library=libname) ;

다음을 보면 libname이 Maple의 라이브러리 디렉터리를 명시하고 있는데, 여기에 위치한 maple.hdp 파일에 접근하여 도움말 토픽을 생성시키고 있음을 간접적으로 알 수 있다.

> libname ;

C : \Program Files\Maple 10/lib

이와 같이 생성한 "MyTopic"을 직접 도움말 화면에서 클릭해보면 다음과 같이 해당 도움말을 읽을 수 있다.

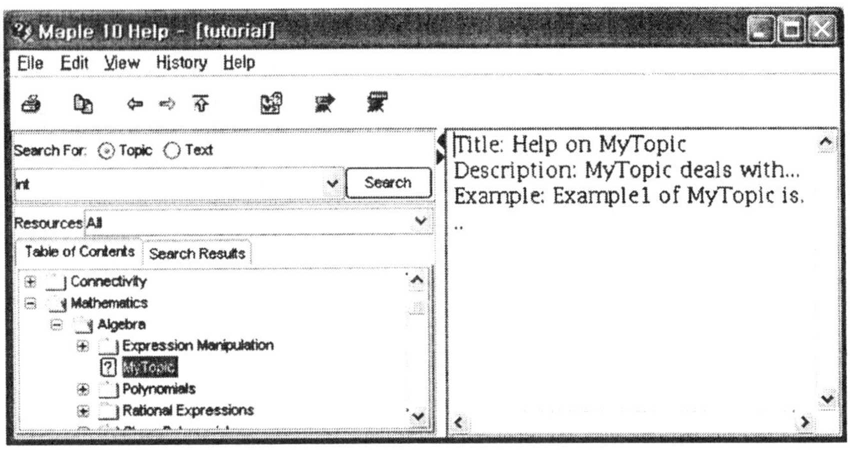

이미 생성한 토픽별 도움말 텍스트와 그 토픽 제목을 삭제하는 것은 도움말 관리 과정에서 필요하다. 토픽 삭제는 토픽 생성과 유사하지만 토픽 생성을 지시하는 insert 대신에 delete를 사용하고 있음에 유의하기 바란다.

> INTERFACE_HELP(delete,topic="tutorial", library=libname) ;

> INTERFACE_HELP(delete, browser="Mathematics/Algebra/MyTopic", library=libname) ;

7.15 Maplet 만들기

Maplet은 Maple의 기능을 자바 애플릿에서 사용할 수 있도록 만든 애플릿 기반의 웹연동 소프트웨어이다. 예를 들어 Student[Calculus1] 패키지 안에 있는 기능을 웹 기반 환경에서 구동시키려면 Maplet으로 구현하고 Maple 전용 서버인 Maple Net 서버에 탑재하면 된다. 미적분 학습에 대한 Maplet을 개발한 사례를 http://calclab.tamu.edu/maple/maplets/ 사이트에서 참고하면 많은 도움이 될 것이다.

먼저 리만합에 대한 Maplet을 만들기 전에 리만합 계산을 그래픽과 합의 형태로 출력하는 student 패키지 사용을 살펴보자. Student[Calculus1] 패키지 안에 들어있는 ApproximateInt 명령어를 사용하면 리만합을 바로 계산하거나 합의 형태, 그리고 직각사각형의 합으로 출력할 수 있다. 먼저 Student[Calculus1] 로드시키고 x^2의 함수를 −1부터 1까지 적분해 보자.

```
> with(Student[Calculus1]):
R:=Int(x^2, x =-1..1);
```

$$R:=\int_{-1}^{1} x^2 dx$$

위의 적분꼴을 바로 계산하고자 하면 ApproximateInt 명령어를 호출한다.

```
> ApproximateInt(R);
```

$$\frac{33}{50}$$

리만합의 꼴로 표현하고자 할 때는 옵션 output=sum을 사용한다.

```
> ApproximateInt(x^2, x =-1..1, output =sum);
```

$$\frac{1}{5}\left(\sum_{i=0}^{9}\left(-\frac{9}{10}+\frac{1}{5}i\right)^2\right)$$

```
> evalf(%);
```

$$0.6600000000$$

리만합의 그래프와 함께 면적을 계산하고자 할 때 옵션 output=plot을 사용한다.

```
> ApproximateInt(x^2, x =-1..1, output =plot);
```

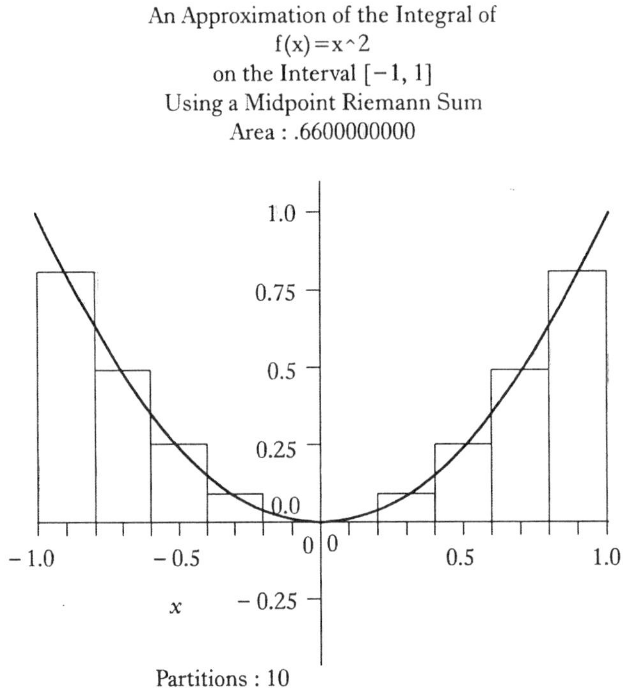

리만합의 계산에서 partition=10, method=midpoint로 설정되어 있음에 유의한다. 필요한 경우 옵션을 변경시키면 된다(예, method=upper, lower, left, right 등). 아래 화면은 partition=20, method=lower로 옵션을 바꾸었을 때 리만합을 계산한 결과와 그래프 출력을 보여준다.

```
> ApproximateInt(x^2, x = -1..1, partition = 20, method = lower, output = plot);
```

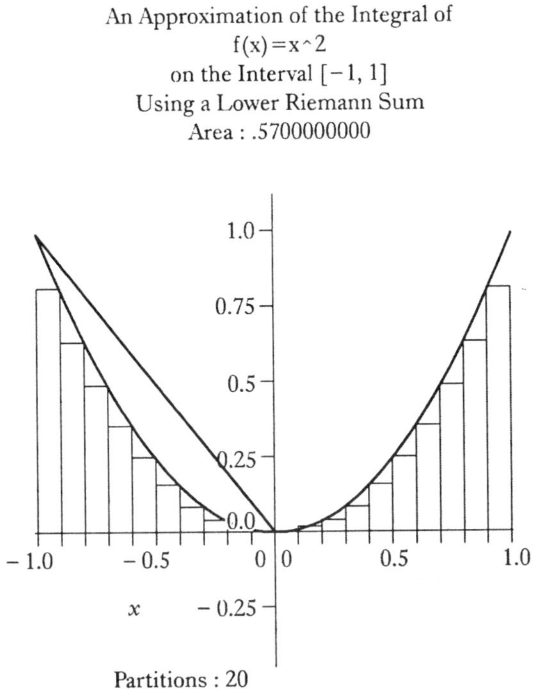

자, 이제부터 리만합을 구하는 Maplet을 만들어 보기로 하자.

1) 간단한 Maplet 만들기

먼저 Maplets[Elements] 패키지를 로드시키고 Maplet 명령어를 사용한다. 간단한 텍스트를 출력하기 위하여 test : = Maplet[["Welcome to my world"]]를 인수로 지정한다. 그런 다음 Maplets[Display] 명령어를 사용하여 메시지를 출력해 본다.

```
> with(Maplets[Elements]):
test: =Maplet([["Welcome to my world!"]]):
Maplets[Display](test);
```

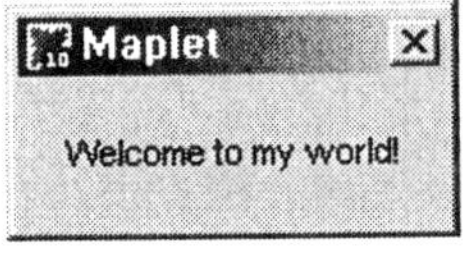

2) 텍스트 박스 만들기

유사한 방법으로 다음과 같이 텍스트 박스를 만들어 본다. TextBox[‘F’]에서 ‘F’는 텍스트 박스 객체의 이름을 의미한다.

```
> textBox := Maplet(
[[“Enter a function”,
TextBox['F'](value =“cos(x)”, width =10),
“Left endpoint”,
TextBox[‘a’](value =“0”, width =3),
“Right endpoint",
TextBox[‘b’](value =“4”, width =3)] ]
):
Maplets[Display](textBox):
```

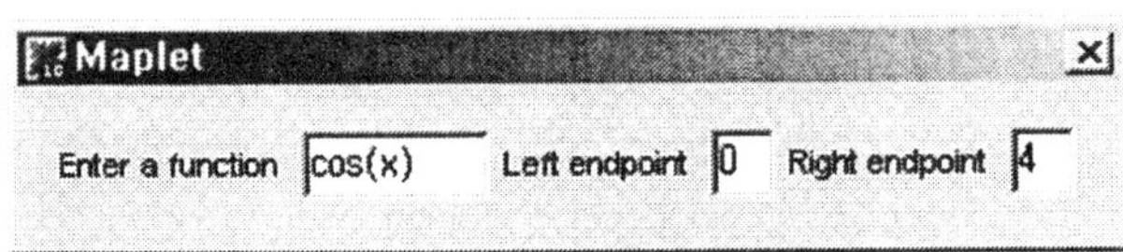

3) 버튼 만들기

유사한 방법으로 다음과 같이 버튼을 만들어 본다. Button[‘B1’](“Close”, Shutdown(true))에서 ‘B1’는 버튼 객체의 이름을 의미하고 “Close”는 버튼에 나타날 글씨를, Shutdown(“true”)는 그 버튼을 눌렀을 때 true를 반환하고 창이 닫히는 것을 의미한다.

```
> button := Maplet(
[“Select one : ”,
[Button[‘B1’](“Close”, Shutdown(“true”)),
Button[‘B2’](“Plot”, Shutdown(“JustPlot”))]
]
):
Maplets[Display](button);
```

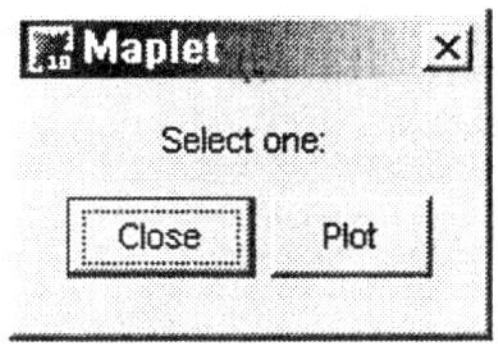

4) 함수 출력하기

위에서 연습한 것을 종합하여 함수를 그래프로 출력하는 Maplet을 만들어 보자. 여기서 주의할 것은 그래프를 출력하는 공간을 제공하는 객체인 Plotter의 이름 'P'와 "Plot" 버튼이 눌러졌을 때 이벤트를 발생하는 onclick='JustPlot' 부분이다. 즉, JustPlot이라는 이벤트를 처리해야 하는데 이것은 Action['JustPlot'] 코드에서 실행된다. 이것은 Evaluate('P'='plot(F, x=a..b)') 코드를 실행시키므로 Plotter의 객체인 '*P*'에 사용자가 정의한 함수 *F*를 *x*의 범위 *a*에서 *b*까지 그래프로 출력하게 되는 것이다.

```
> justPlot := Maplet(
[["Enter a function",
TextBox['F'](value ="cos(x)", width =10),
"Left endpoint",
TextBox['a'](value ="0", width =3),
"Right endpoint",
TextBox['b'](value ="4", width =3)],
[Plotter['P'](width =300, height =300)],
[Button['B1']( "Close", Shutdown(['F'])),
Button['B2']("Plot", onclick ='JustPlot')]],
Action['JustPlot'](
 Evaluate('P'='plot(F, x =a .. b)')
)
):
Maplets[Display](justPlot);
```

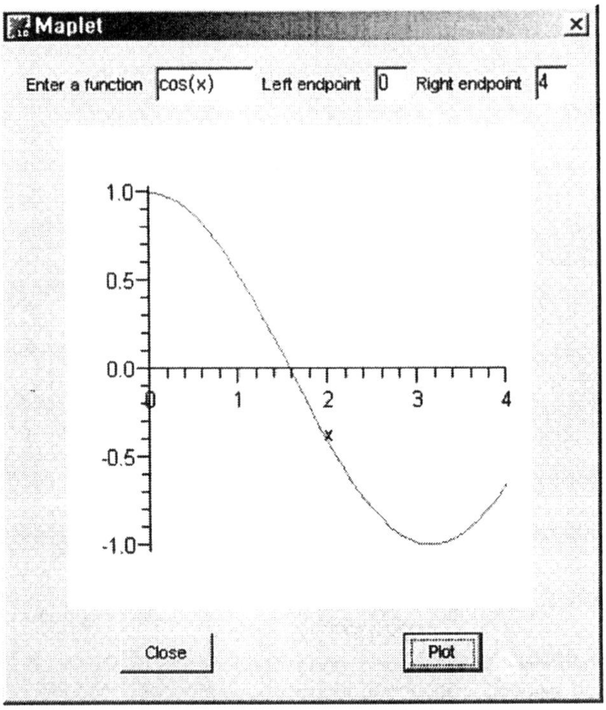

5) 정교한 인터페이스 만들기

슬라이드바와 같이 정교한 인터페이스를 만들어 본다. 그리고 수식이 표현될 MathMLViewer도 같이 만들어본다.

```
> outputs : =Maplet(
[["Number of partitions",
Slider['n'](0..100, 10, 'majorticks' =20, 'minorticks' =5, 'snapticks' ='false')],
[Plotter['P'](width =300, height =300)],
[MathMLViewer['RS'=75, width =400)] ]
) :
Maplets[Display](outputs) ;
```

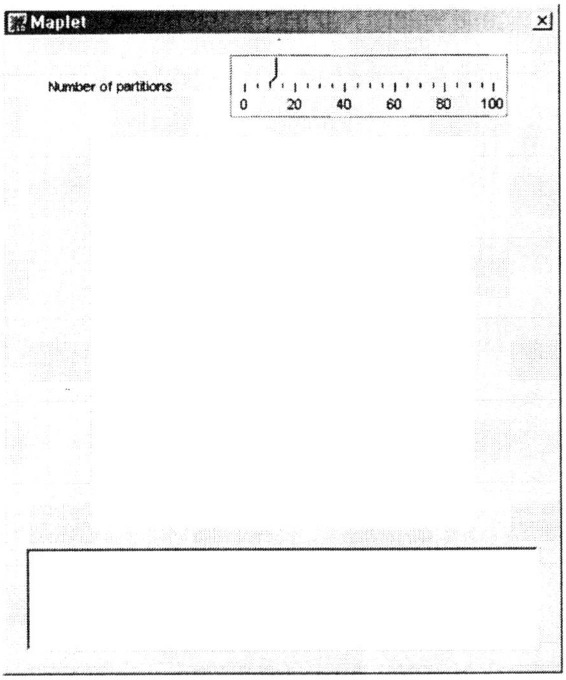

6) 리만합 Maplet 만들기 시작

이제 필요한 인터페이스와 객체를 눌렀을 때 작동될 액션 부분을 처리하여 리만합 Maplet을 만들어 보기 시작하자.

먼저 다음과 같이 ApproximateInt 명령어를 사용하여 함수를 그래프로 출력하는 PlotRiemann 프로시저와 리만합의 형태로 결과를 출력하는 WriteRiemann 프로시저를 작성한다. 이때 두 프로시저의 인수로는 사용자가 정하는 함수를 나타내는 f, x의 범위를 지정하는 a, b 그리고 분할의 수를 지정하는 n이다.

```
> PlotRiemann : =proc (f, a, b, n)
  Student : -Calculus1 : -ApproximateInt(f, x =a .. b, partition =n, output =
plot, title=" ") ;
end proc :
WriteRiemann : =proc (f, a, b, n)
  Student : -Calculus1 : -ApproximateInt(f, x =a .. b, partition =n, output =
sum, title =" ") ;
end proc :
```

이렇게 작성한 프로시저와 앞에서 만들었던 인터페이스를 결합하는 최종적으로 Maplet 작성을 마무리한다.

```
> use Maplets : -Elements in
RiemannSumMaplet : =Maplet(
[["Enter a function",
  TextBox['F'](value ="cos(x)", width =10),
  "Left endpoint",
  TextBox['a'](value ="0", width =3),
  "Right endpoint",
  TextBox['b'](value ="4", width =3)],
["Number of partitions",
Slider['n'](0 .. 100, 10, 'majorticks'=20, 'minorticks'=5, 'snapticks'='false')],
[Plotter['P'](width=300, height=300)],
[MathMLViewer['RS'](height=75, width=400)],
[Button['B1']("Close", Shutdown(['F'])),
  Button['B2']("Plot", onclick='JustPlot'),
  Button['B3']("Show Riemann Sum", onclick='ShowSum')]],
Action['JustPlot'](
        Evaluate('P' ='plot(F, x=a..b)')),
Action['ShowSum'](
        Evaluate('target'='P',
                  'function'='PlotRiemann',
                  Argument('F'),
                  Argument('a'),
                  Argument('b'),
                  Argument('n')),
        Evaluate('target ='RS',
                  'function'='WriteRiemann',
                  Argument('F'),
                  Argument('a'),
                  Argument('b'),
                  Argument('n'))
```

```
    )
):
end use:
Maplets:-Display(RiemannSumMaplet);
```

이 코드에서 주의할 것은 Button['B3']인 "Show Riemann Sum" 버튼이 눌러졌을 때 실행되는 Action['ShowSum'] 부분이다. 먼저 PlotRiemann와 WriteRiemann 프로시저가 각각 Plotter 객체와 MathMLViewer 객체에 출력된다. 이때 Action['ShowSum']에서 인수로 받아들이는 부분은 Evaluate('target'= , 'function'= , Argument('F'), Argument('a'), Argument('b'), Argument=('n'))으로 구성된다. 네 개의 Argument는 사용자가 지정하는 함수 F, x의 범위인 a와 b, 분할의 개수인 n으로 구성되고 이것의 실행결과가 출력될 객체를 지정하는 부분은 target에 의하여 결정되고, 호출할 프로시저는 function에 의하여 처리된다. 이때 외부에서 정의한 프로시저를 Maplet 내부에서 실행하기 위하여 use Maplets:-Elements in ~~~ end use:블록을 설정해야 한다. 다음 화면은 "Show Riemann Sum" 버튼을 눌렀을 때 실행된 결과를 보여주고 있다.

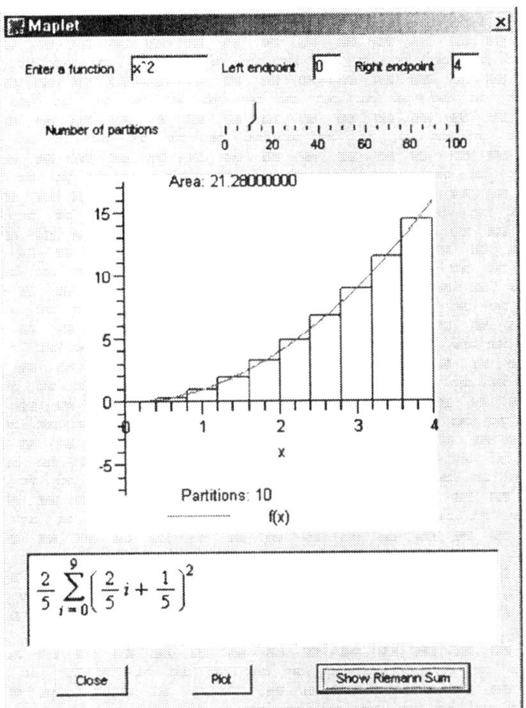

참고문헌

[1] Andre Heck, Introduction to Maple, Springer-rlag, 1993.

[2] Bruno. Buchberger, Should Students Learn Integration Rules? SIGSAM Bulletin 24/1, pp. 10-7, Jan. 1990.

[3] Bruce Char, Keith Geddes, Gaston Gonnet, Benton Leong, Michael Monagan and Stephan Watt, First Leaves : A Tutorial Introduction to Maple V, Springer-rlag, 1992.

[4] Bruce Char, Keith Geddes, Gaston Gonnet, Benton Leong, Michael Monagan and Stephan Watt, First Leaves : The Maple V Language Reference Manual, Springer-rlag, 1991.

[5] Bruce Char, Keith Geddes, Gaston Gonnet, Benton Leong, Michael Monagan and Stephan Watt, First Leaves : The Maple V Library Reference Manual, Springer-rlag, 1991.

[6] Robert Corless, Essential Maple, Springer-rlag, 1995

[7] M. J. Wester (Eds.), Computer Algebra Systems. John Wiley, 1999.

[8] H. Q. Le, Client-Server Communication Standards for Mathematical Computation. Unpublished master thesis, University of Waterloo, Canada, 1999.

[9] David Tall (Ed.), Advanced mathematical thinking. Kluwer Academic Pub, 1991.

[10] W. Scharlau and H. Opolka, From Fermat to Minkowski. Springer-Verlag, 1984.

[11] H. Lewis and C. Papadimitriou, Elements of the theory of computation. Prentice Hall, 1981.

[12] M. Beeson, Foundations of constructive mathematics. Springer-Verlag, 1985.

[13] J. Callahan and K. Hoffman, Calculus in context. Freeman and Company, 1995.

[14] N. Kajler (Ed.), Computer-human interaction in symbolic computation.

Springer WienNewYork, 1998.
[15] B. Mishra, Algorithmic Algebra. Springer-Verlag, 1993.
[16] A. M. Cohen (Ed.), Computer Algebra in Industry. John Wiley & Sons, 1993.

찾아보기

(L)

(M)

(N)

(O)

(P)